# 腦與力
# 無限公司

**虛實整合的挑戰！**
**史丹佛商學院**
**教你領先企業必備的十大核心能力**

勞勃·席格 Robert siegel
葉中仁 譯

**The Brains and Brawn Company**

**How Leading Organizations Blend The Best of Digital and Physical**

獻給 Lil' Deb-Deb, Lolly Bear,

Oovan, 和 Süm

# 各界推薦

・如果你還在考慮自己的公司是破壞者或守成者，你可能問錯問題了。勞勃．席格的《腦與力無限公司》是以無畏勇氣擁抱這兩種思維優勢、並推動公司極致發展的領導者必讀之書。

——亞歷士．戈斯基（Alex Gorsky），嬌生公司（Johnson & Johnson）董事長兼執行長

・在這本切合時宜的書中，勞勃．席格對競爭優勢的傳統觀念提出精彩挑戰，為強化企業、創造價值、達到成功目標提出基本的路線圖。不管對卓然有成或寄望未來的企業領導者來說，《腦與力無限公司》都是必讀之書。

——茱莉．史威特（Julie Sweet），埃森哲（Accenture）執行長

・簡單來說——這是勞勃．席格的一部傑作。他的作品反映了價值取捨、科技與真理的真實樣貌。數位化重要，創新重要，創造力重要。不過說到底，每個事業真正重要的，

是它對消費者和客戶的關注。對客戶的強烈關注，把客戶利益放在每個決策的最優先順序上，是事業成功的終極秘訣。不知不覺中，我反覆閱讀這些章節，邊讚嘆席格在字裡行間展現的經驗、專業和洞察力。《腦與力無限公司》完美展現的平衡感，可讓每個企業領導者受益。

——華特・貝汀格（Walt Bettinger），嘉信理財集團（Charles Schwab）總裁兼執行長

- 《腦與力無限公司》是對數位世界裡公司成功之道的深刻探索。勞勃・席格援引大量研究和企業領袖的對談，從用顛覆眼光看待自身產業的新進開創者和企業巨頭身上，歸納出具體可行的洞見。

——安妮・沃西基（Anne Wojcicki），23andMe執行長

- 勞勃・席格的貢獻傑出，他釐清如今的成功企業需以獨特方式結合數位和實體的技術和能力。這並不是非此即彼的決定，未來的贏家們必然同時擁抱腦與力的力量。

——布萊恩・康乃爾（Brian Cornell），目標百貨（Target Corporation）董事長兼執行長

- 無庸置疑，我們正處於破壞式創新的新時代，每個事業都必須改變運作方式才能生

存與發展。勞勃．席格的《腦與力無限公司》出現的正是時候，不管是新創者或守成者，如今都勢必要在數位時代改寫傳統的商業規則。

——亞倫．列維（Aaron Levie），Box 執行長、共同創辦人兼董事主席

• 《腦與力無限公司》在不斷演進的現代經濟與社會提供了成功藍圖。它告訴領導者，如何建造有生產力的公司，在數位和實體世界以互惠的方式並存。

——達拉．崔賽德（Dara Treseder），派樂騰（Peloton）資深副總裁兼全球行銷與傳播長

• 我們活在腳步越來越快的商業世界。平台主宰了幾個產業，數位和實體的分隔已不復可能。因此，公司必須用新的評判標準自我衡量。勞勃．席格定義了公司評估自身競爭力最相關的幾個特質。全世界每個執行長都應該遵照腦與力的框架來評估自己的公司。

——馬蒂亞斯多夫納（Mathias Döpfner），艾克塞爾．史普林格集團（Axel Springer SE）執行長

• 近來，轉型這個字眼已從熱門名詞變成策略的必需品。不過它說來容易，做起來難。傳統公司必須改變技術和文化；新創公司往往缺乏規模和物流。勞勃．席格在《腦與

力無限公司》為二者都提供了一些想法。不同於相關主題的其他書籍，席格為轉型提供具信服力的框架及實務上的鮮活案例。席格以強烈的互動風格，將他的學術才能應用到真實世界。《腦與力無限公司》是進行人生最重要變革的人們必讀之書。

——傑夫．伊梅特（Jeff Immelt），恩頤投資（NEA）創投合夥人、前奇異電氣（GE）董事主席兼執行長

‧充滿洞見。以事實為據。令人手不釋卷。勞勃．席格說明既存的公司在顛覆的世界裡可以持續成功，他們要做的，是以數位推動的轉型來改造他們類比式的商業模式。既存守成者必讀之書。

——卡洛斯．布里托（Carlos Brito），百威英博（AB InBev）執行長

‧經歷過創業、創投資本、企業創新等各種職業生涯，勞勃．席格提供強而有力的框架，思考二十一世紀如何做到偉大的成就。少了腦與力，企業領導者不可能期待，在不斷被顛覆的世界裡獲得成功。

——麥克斯．威塞爾（Maxwell Wessel），SAP公司執行副總裁兼學習長

・只有同時兼具世界級講師和創投資本家能力的勞勃・席格有辦法寫出這本為企業管理設定新標竿的傑作。如今的公司就如同一個有機體，不能光靠腦或力而發達。在《腦與力無限公司》這本書裡，透過對十個關鍵能力進行系統性的評估，這是任何公司或有機體都需掌握的，席格導引他的讀者們達成目標。

——安德烈・史崔特（Andre Street），StoneCo 創辦人

・勞勃・席格的《腦與力無限公司》是關於每位執行長的最優先議程——達成實體世界和數位世界的融合——的雷霆力作。

——維傑・高文達拉簡（Vijay Govindarajan），達特茅斯學院塔克商學院（Tuck School of Business at Dartmouth）考克斯特聘教授（Coxe Distinguished Professor）

・父母常希望孩子能「頭好壯壯」，意指頭腦好、身體強壯！企業的永續發展也是如此。在策略思維上需有右腦敏銳的嗅覺與創意，也需要左腦的邏輯與分析力；在策略執行上，不同企業功能不僅需要極致的發揮與努力，同時也要做到平衡搭配，分工協調無間隙。本書作者透過許多標竿案例，分享如何善用「腦」與「力」，協助你的企業建立持久

不敗的競爭力！

——詹文男，數位轉型學院共同創辦人暨院長，臺灣大學商學研究所兼任教授

• 以內燃機為動力來源的汽車工業，發展至今已超越一個世紀，隨著環境變遷與科技演進，汽車工業也不斷迭代、持續發展，形成一個龐大的產業結構，其中有分工複雜的供應鏈、標準嚴謹的設計製造流程，以及遍布全球的銷售網絡系統，進而建立了產業壁壘。

但在電動車興起後，產業結構改變、壁壘鬆動，科技業的思維融入傳統汽車產業，這樣的變革，帶來衝擊、也帶來新的商機。把前幾年智慧手機取代傳統行動電話時代的 computer in pocket 的概念，推向汽車和 Smart EV 而形成 computer on wheels！

藉由作者的分享，讓我們學習在審度時勢後，運用腦與力的框架自我分析，以既有的優勢為支點，以創新科技為施力，撬動轉型升級的巨輪，讓企業持續成長獲利。

——鄭顯聰，鴻海電動車MIH總經理

• 讀這本書的過程，好像又回到當年跟著教授做案例分析，看過一個又一個企業如何成功以及如何失敗，也好像看到 Momo 過去十八年來，一步一腳印走出來的千億營業額得到應證。

我完全同意，Momo 不為了追求數位化而數位化，而是利用數位化來擴大核心競爭力。我們不會為了擁有大數據而做大數據，而是用大數據來了解自己跟客人。

這是一本很用心蒐集案例的好書，也很負責地為每一個案例，用科學的方法表達出「為什麼」。值得大家慢慢品味。

——林啟峰，富邦媒體科技董事長

推薦序

# 新時代企業總體檢

文／羅文倩（華威國際科技合夥人）

面對趨勢和技術變動快速、社經局勢錯綜複雜的情況，什麼樣的體檢表才能精確檢視企業的能力？這是我近年來工作時一直反覆思考的問題。年初在亞馬遜書店發現史丹佛教授席格寫的這本書，我毫不猶豫立刻購讀。很高興遠流迅速出版中文版，讓作者提出的架構和系統領導力思維，能啟發台灣更多不同階段、不同產業和不同商業模式的經營者，全面思考在這個時代中成長與轉型的問題，以及領導者需要具備的視野和推動能力。

身為創投從業人員將近三十年，我絕大部分的工作內容有二：一是試著評估有機會投資的新創企業的潛力，以進行投資的決策；二是與投資的新創企業並肩作戰，幫助他們逐步建立起完整的競爭能力。在決定是否投資的評估階段，都會有一個盡職調查（Due Diligence）的流程，我們會建立一個清單，逐項檢視新創公司的各項能力和程度。這其實很類似於一個「體檢」的過程。在個人電腦的年代，當我們在進行公司能力評估的時候，檢核的清單大多是按照「產」「銷」「人」「發」「財」的基本功能別來進行，只是針對科技業的新創，著重順序會調整為以「發」——研發，和「人」——創辦人與團隊為優先，以對應外在市場的機會和新創企業所處的發展階段。

當我一九九八年後被外派到美國矽谷進行投資的時候，剛好從頭經歷了一次互聯網的熱潮，我開始發現，有越來越多的新創公司，一坐下來討論的重點是商業模式，而不是產品或技術本身，這導致過去盡職調查的清單無法讓我們完整評估這些新創公司的潛力，必須不斷調整清單上的項目。但是在這一段時間，產業間的界線還是很清楚的，只是有很多的新創公司試著以互聯網的技術和模式來取代原本的線下實體模式，有些成功（如Amazon），有些失敗（如Webvan、eToy）。

但是到了二〇一〇年以後，編列出投資評估時的這份「體檢清單」的挑戰越來越大，主因智慧型手機和移動互聯網的出現和快速的市場滲透，帶來了更多商業模式上的創新。這段期間的商業模式創新，更多的是改變了過去產業的界線，出現了跨產業市場的競爭，以及全新的產業市場的機會。例如共享經濟、社群平台、微信和Line這類訊息社交應用等等。而隨著智慧型手機將網絡和連結帶到每一位消費者的點指之間，線上與線下生活的交融性更強，消費者已經是過著「虛實融合」的生活。這時，商業的核心逐漸從商品或服務轉換到消費者本人身上，新創公司必須提供最有效率或是最有意義、滿足消費者需求的解決方案，同時這個解決方案也不能只限於線上或實體。

面對以上這些變化，挑戰的不只是新創企業，對於原先產業裡的領導企業和許多大型公司而言，更是必須迅速回應的問題。而回應的第一步是需要回答：

哪些能力可以幫助公司有效因應現今競爭情勢下虛實整合的挑戰？

回應這個問題，作者提出了一個新的架構「腦與力體檢表」，幫助現今的企業——無論是新創或是傳統領導企業，無論產品服務是數位或是實體形式——都能檢視自身是否具備完整的能力組合，以取得競爭優勢和持續成長。這個架構以模擬人體構造的方式陳述，其中五項能力屬於「腦力」，另外五項能力屬於「體能」，這就是「腦與力無限公司」跨越數位和實體，整合出來的一個答案。

在我閱讀這本書的過程中，很大的樂趣來自於，作者說明每一項能力時均使用了多個案例，大多數是我們耳熟能詳的領先型企業或是新創獨角獸。很多重點個案中都提供深入且詳細的內容，讓讀者除了理解這一項能力的意涵之外，還可以同時看到個案企業是如何建立或增進這一項能力，如何藉由這項能力提高企業的競爭優勢。內容深入淺出易讀，是管理者必備的參考。

當我完整閱讀過後，突然理解作者為何要將這十項能力以模擬人體器官或功能的方式來說明，而不是直接以條列的方式說明：

1.這十項能力是需要同時並存、彼此互相協作的。與條列出的清單不同，「體檢」的清單是檢查讓人體維持運作必須要有的器官，再來是檢查功能強弱；這個腦與力的清單也是。這十項能力是用來支持企業回應用戶對虛實整合的需求所需要的；不同的階段也許各項能力的強弱不同，但是同時存在，才有互相協作後發揮的效力。

2.屬於「腦」的部分的五項能力，偏於數位化或是情感性的能力；而屬於「力」的五項，則偏於講求運營和流程的傳統意義上的企業能力。但是在建立和增進這些能力的過程中，都需要一定程度的技術投入來支持，也都需要講究細節的執行能力來推動，不會因為腦的部分只依賴數位化程度來訓練，力的部分只有SOP來精進。這個部分也啟發我重新檢視「數位轉型」的議題，持有更平衡的看法。

最觸動我的還有第四部最後一章：〈系統領導力〉。如果前面的十項能力分別代表組織的「腦力」與「體能」，最後這一個落實在領導者身上的系統領導力代表的就是「心」。有心才能夠進行「覺察」，然後辨明弱點，擬定改進方案，推動組織的持續成長和強壯。很建議以領導人自期的讀者深入閱讀，幫助自己建立明辨重要時刻和做出關鍵決定的能力。

# 台灣版序

很高興我的書即將在台灣出版。《腦與力無限公司》是根據我在史丹佛商業學院所開設的兩個課程：「企業家的兩難」和「系統領導」寫成。

在這些課程裡我們學到三個重點：第一，每一家成功向前邁進的公司，他們提供給顧客的產品和服務都結合了數位和實體；第二，既有的守成者未必註定消亡，新創的破壞者也不代表有神力加持，能夠勝出的公司必須同時採取二者的優點。最後一點，我們學到了新型態的領導力，我們稱之為系統領導，它是未來十到二十年推動公司成功向前的關鍵。

本書介紹腦與力的框架。成功的企業為了提供顧客更好的服務，會著重五項數位和五項實體的特質。數位的特質包括：左腦——在公司內部使用分析法；右腦——駕馭創造力；杏仁核——以同理心和顧客及員工交流；前額葉皮質——風險管理；還有內耳——在持有和對外結盟之間取得平衡。

實體特質包括：脊椎——管理公司內部的物流；雙手——製作物品的技藝，負責生產製造；肌肉——以全球規模來營運的藝術。手眼協調是為了打造產業的生態系。最後還有韌性，讓公司得以永續經營。

在領導方面，系統領導者為了成功向前邁進必須處理四個關鍵問題。

1. 看出原本不被認為是相關聯事物之間的連結。
2. 同時推動創新並維持公司良好的營運。
3. 結合IQ和EQ，智力與情感兼具才能成為二十一世紀的偉大領導。
4. 有產品經理的思維，確實理解顧客的需要，知道如何製作產品，並透過商業手段把產品帶向市場，在公司內部成功運作。

一九九九年，當我以矽谷新創公司執行長的身分第一次訪問台灣時，所遇到的公司的願景和韌性留給我深刻的印象。當時，我的創業公司想尋找製造業的結盟夥伴來製作結合軟硬體的消費電子和計算機產品，而台灣公司以低成本提供高品質硬體產品的巧妙程度獨步全球。我原本考慮和日本的電子製造商合作，最後選擇了一家台灣公司，因為它比其他任何對手都更能符合我客戶群的需求。

我下一個職位是在矽谷半導體的一家新創公司，我想起當時的我多次造訪台北，找到許多攝影機製造商有能力整合我們公司的影像感應器和影像處理器，將我們的硬體設計轉化成架構良好的保全攝影機。當然，我們在矽谷的零件是由台積電所製造，這家公司同時也是我們公司的投資者。我的公司與台灣的密切關聯也因為這裡的生產能力而更加鞏固。

我職涯的下一步來到了奇異電氣，我負責奇異公司影像安全監視部門。我知道當公司的攝影機製造工廠要製造我們所設計的保全攝影機，最合理的選擇是收購一家台灣的公司，並在公司可以運作的地點建立永久性的製造廠。同樣地，我和台灣的合作成果豐碩，在收購後也成了公司成功運作不可或缺的一部分。

在我擔任這三個角色的這段時間，我觀察到我們設計和銷售的產品結合了運算、數位成像以及消費電子產品的功能，而這些產業功能界線已模糊難分。此外，隨著這些產品需要更多的連結性和軟體，我了解到主流大公司越來越強調數位和實體的結合，以迎合消費者的需求。

過去幾十年來，台灣在結合製造業與半導體知識這方面，一直扮演關鍵的角色，這也促使企業越來越需要同時強化數位和實體的能力。二〇二二年我著手這本書的時刻，台灣已經是全世界半導體製造業最重要的地點，並且成為當今互連世界裡的關鍵要角。

然而，如今的世界正經歷另一場前所未有的科技創新。溝通和協作工具的持續發展只會繼續加深融合數位和實體的客戶解決方案的重要性。最初奠基於實體，製作硬體或任何實體產品的公司，或是以數位為基礎，像是現今的軟體公司，都必須學習融合二者最大的能力，才能在未來為顧客有效提供服務。

個人或是企業領導者的挑戰在於，他們必須思考未來如何以不同於過往的方式導引他們的公司。過去憑藉工程、銷售或製造這類特定功能性角色崛起，其他部分則依賴其他合作團隊來完成的做法，如今已不再適用。在萬物連結的世界裡，二十一世紀的企業領導人對公司的每一個構成部分都必須有更深刻的理解，他們同時也需要敏銳關注公司如何與生態系統的其他人互動。這個我稱之為「系統領導」的能力，將是未來幾十年企業成功具決定性的特徵。

我期盼這本書的讀者能借鑑台灣過去三十年來如此成功的諸多重大特質，也希望這本書能導引領導者為未來三十年的成長拓展新的領域和能力。把更加先進的數位功能整合到實體的基礎，將有助於公司在未來提供顧客更密切也更成功的服務。透過發展「系統領導」強調的技能：包括觀察事物之間的關聯性、具備產品經理思維、管理情境脈絡以及擁抱自我認知；在我看來，很顯然台灣的企業有強大的潛力在未來持續成長和勝出。

——勞勃・席格，美國加州史丹佛
二〇二二年三月十六日

# 目錄

# 第一部

# 大觀念

數位化推動全球企業轉型的呼聲不絕於耳，有時令人覺得過猶不及。不過，全世界新冠疫情大流行告訴我們，數位化固然重要，在數位和實體領域之間做好銜接工作的公司，才能在未來占據優勢。

本書第一部分，我會說明腦與力的框架，並介紹引領世界新秩序的成功公司所需具備的十項特質。之後進一步分析，一家著名的汽車公司和一家試圖顛覆醫療保健產業的新創公司。我將分析這兩家公司如何整合實體和數位的技能組合。

# 第一章 當今真正的競爭優勢

「數位轉型是當今公司所要面對的最重要議題！」你是不是聽膩了這種話？我也是。有時候，在我的史丹佛商學院教室，或在我矽谷的創投基金公司簡報會上，如果有人一個勁兒說個不停，我會真想撞牆。

請別誤會，數位化當然是個巨大且極重要的趨勢。各產業的領導人都必須和它一搏。不過，儘管矽谷的信徒們熱衷鼓吹，但說到底，它並不是唯一重要的能力。在商業上，有些不像它光鮮耀眼、較為務實的面向，像是物流和製造，仍扮演公司成敗的關鍵，不管公司規模是大是小。在數位轉型的喧天戰鼓聲中，有些傳統、老派的能力經常被輕忽和低估。

在我稱之為腦（brains）和力（brawn）的兩個領域之間，已經出現一道文化鴻溝。其他人也許會說，這是數位相對於實體，顛覆者思維（disruptor mindset）相對於守成者思維（incumbent mindset），新創公司相對於「財星五百大」（Fortune 500），或科技文化相對於產業文化的二分法。不管你喜歡哪一種詞句，現在都該是彌合鴻溝和重新架構二分法的時候了。

數位化耀眼的突破性進展對我們的想像力留下強烈的衝擊，許多人甚至無法把它和實際製造東西和運送東西的公司聯想在一起。最年輕、最有抱負的領導者會想在哪兒上班，是在 Google 還是福特汽車（Ford）？在推特還是強鹿機械（John Deere）？在 Netflix 還是家得寶（Home Depot）？或者，這還需要問嗎？

這樣的態度其實有點被誤導了。你不能假設傳統產業的巨人就一定前途無望。當然，有些所謂的恐龍會從此一蹶不振，但其他人仍可以事業興隆，把數位科技的新能力成功融入他們製造和運送產品的既有技能。同樣的道理，一些數位破壞創新者將是贏家，但顯然不是人人都能成功。

不管對你的個人事業或你的整家公司而言，如今真正的競爭優勢在於，知道如何把數位和實體的強項相互補強，並透過協調運作，創造出比精通個別能力更豐碩的成果。認定這兩個世界基本上互相衝突，是危險且短視的想法。相反地，你要把腦和力想像成商業裡的巧克力和花生醬，或約翰・藍儂（Lennon）和保羅・麥卡尼（McCartney）：雖然各具寶貴價值，但結合起來威力將無限倍增。建立兩者強大的夥伴關係是當今企業最重要的問題。

## 我的第一手情報

我是以學者和創投資本家的雙重身分，在驚嘆連連的觀察後做出這個結論。

首先，一連串的驚奇來自我在史丹佛開設的課程「企業家的兩難」（The Industrialist's Dilemma），從二〇一六年起這門課由我和企業軟體巨頭ＳＡＰ公司的學習長麥克斯．威塞爾（Max Wessel）和雲端服務的Box公司執行長亞倫．列維（Aaron Levie）共同開授。當初我們開辦這個課程時，計畫邀請科技公司的高層主管來分享他們對於改寫傳統商業規則的洞見。我們也希望邀請一些有前進想法，正在擁抱數位轉型的企業領導者。另外，也想找些正在與破壞式創新苦戰的傳統產業執行長。

不過事情發展超出預期之外。過去六年來，在「企業家的兩難」課程中以及我和前奇異電氣（ＧＥ）執行長傑夫．伊梅特（Jeff Immelt）合開的「系統領導力」（Systems Leadership）課程裡，我一次又一次地因為這七十多位知名講者的談話而驚訝不已。屬於守成者／財星五百的講者，包括：家得寶（Home Depot）執行長克雷格．梅尼爾（Craig Menear）、嬌生公司（Johnson & Johnson）執行長亞歷士．戈斯基（Alex Gorsky）、開拓重工（Caterpillar Group）前總裁羅伯．查特（Rob Charter）、百威英博（AB InBev）顛覆式成長首席（Chief Disruptive Growth Officer）佩卓．亞普（Pedro Earp）、葛蘭素史克

（GlaxoSmithKline）執行長艾瑪・瓦姆斯利（Emma Walmsley），以及前 AT&T 執行長蘭達爾・史蒂芬森（Randall Stephenson）。隸屬於破壞性創新陣營的，我們邀請包括：23andMe 執行長安妮・沃西基（Anne Wojcicki）、Lyft 執行長羅根・葛林（Logan Green）、Stripe 執行長派翠克・克利森（Patrick Collison），以及前 Google Nest 執行長東尼・法戴德（Tony Fadell）等等。

一次又一次，這些公司主管動搖了我的假設：哪些公司會有美好未來，哪些會陷入嚴重的麻煩中。在顛覆者持續創新的同時，許多既存的傳統公司正在找出有創意且積極的方法來對抗他們。這些重量級公司運用本身的規模和資源、過往的市場占有、歷經榮枯歷史循環的機構知識，將之轉化成競爭優勢。然而，在更加廣泛的商業界，卻極少人知道，他們究竟如何辦到的。

我第二個重要的觀察，來自我身為 XSeed Capital 基金合夥人和 Piva Ventures 創投合夥人的工作；這兩家公司都是標榜破壞性創新的旗手。我注意到，許多和我們合作的科技公司雖然充滿創新能量，卻無法或不願遵循繁瑣的步驟，來建立長期的客戶關係。其中許多在建立系統性的管理流程時也遇到障礙。也因此，他們的業績表現極度不穩。我理解到，這些具備腦力的顛覆者少了可以驅動穩定長期獲利的關鍵能力——他們要精通這些體力的技巧，最好的方法就是跟他們意圖推翻的既存者學習。

接著，猝不及防地，這些趨勢變得與我個人切身相關。

## 封城的啟示

二〇二〇年三月六日晚上，我和七位商學院研究生聚餐時，讀到了以下新聞快訊：基於新冠病毒的疫情，史丹佛大學將從星期一開始，全數改為線上授課。在這學年剩餘的時間裡，我過去二十年琢磨出的課堂教學技巧將變得完全無關緊要。我必須找出透過Zoom，同時掌握近百名學生專注力的方法，並盡可能接近學生的課堂體驗。

傳統教學需要一套深度的身體技能。你要學會從學生的眼神解讀教室的氣氛，判斷出那些人正在專心聽課，哪些人正覺得無聊，還有哪些人正陷入五里霧中。你也學會如何解讀肢體語言——哪些人有氣無力、哪些人屏氣凝神——還有大笑和哀嚎的聲音提示，這取決於我當天笑話的糟糕程度。但現在我唯一的反饋，只有螢幕上我無法辨清的一百張小小的臉孔。而且學生們全然無聲，只有某人想問問題或回答我的提問時，才會有藍色的小手圖標亮起來。

這不只是對我，對全校教職員和全世界各層級的教師都帶來了震撼。我們被迫在不自在的情況下，做出快速而徹底的調整。我們別無選擇。

經過一星期的磨合後，我很慶幸地在新的學季開始前，獲得兩星期沒課的空檔。我把這段時間投入我的虛擬大戲。我投資換了更大的電腦螢幕、更高品質的攝影鏡頭以及備用的網路連結，以防課堂中途斷訊。我和我的助教們湊在一起討論，如何維持學生的學習熱度並鼓勵課堂參與。我重新整理家裡的辦公室，好讓我起身走動時不至於走出鏡頭外。我把房間重新裝修一番，把它變成有史丹佛風格的工作室。我和來賓講者預先討論，如何充分運用他們的視訊時段並做好準備。

隨著課堂經驗在下一學季的改善，我有了一番領悟：我和我的同事們學到的這些數位教學技能，隨時會在我們未來的教職派上用場，而不只限於疫情期間。我也為在南美洲、歐洲、東南亞和中東的一些全球公司主持過遠距會議。這些經驗讓我確信，教育這檔事再也不會完全回到過去，一個人站在演講廳的模樣。影音和通訊科技將持續進步，人們將不斷找出有創意的方式來應用這些科技。短短幾年內，教學可能會被視為是一個混合式的工作，不管在教室或透過影音視訊，都必須能讓學生專注聽課和有效溝通。

每個星期——有時是每天——我都在見證，我工作領域蛻變的新階段，結合數位和實體優點的轉型正在進行中。隨著我適應這個新世界的挫折感被它的各種可能性帶來的興奮感取代，我領悟到我自己的經驗，正好是我教學內容裡「近距離且個人」的一堂課。我已經加入數以百計的企業和組織，開始改寫傳統規則並擁抱數位轉型。

## 數位和實體的最佳組合

教學的道理日益適用於各行各業：再也沒有什麼是完全數位或完全實體的。腦的領域，像是生技、電玩和軟體，也需要通路夥伴、供應鏈、客服及品管。力的領域，像是廢金屬回收、實體零售業以及建築業，如今需要處理海量的數據，並透過人工智慧與雲端運算來協調複雜的機具。

以個人層面來說，過去傳統上屬於腦的工作，比如：蘋果 AirPods 的產品經理，也需牢牢掌握全球製造和配送的細節。至於傳統上屬於力的工作，像是通用汽車（General Motors）工廠樓層主管，現在也需有能力應付比數十年前，美國太空總署（NASA）工程師負責的還要更複雜的科技。

在組織層級裡的情況也一樣，若想成功，便越來越需要兩個領域的最佳組合：一方面是數位新創公司的速度、敏捷性及容許冒險等特色，另一方面是既有大公司對系統、典範實務（best practice）以及長期客戶關係的關注。

如今，我們生活在腦與力的綜合世界，若你還沒被說服，想一下這個問題吧：這個地球上，最強大、最具破壞力、最危險的公司是哪一家？光是考慮是否進軍某個市場（醫療健康？銀行？雜貨？電視？），就足以讓那個產業的既存者不寒而慄的公司是哪一家？當然是亞馬遜（Amazon）——它正好是後續章節中，我會詳細討論的唯一一家，腦與力十項的競爭力表現都近乎完美的公司。

## 腦與力的基本說明

腦與力的框架，透過十項特性——數位和實體各五項——來分析每家公司的核心能力。以下，簡單說明屬於腦這一邊的五種競爭力。

### 左腦：使用分析工具

隨著各種產品和服務取得大數據越來越容易，每家公司都需有運用這些資訊的一套策略，來改善客戶服務、提升產品並控制成本。我把這種能力稱之為左腦，也就是腦部進行邏輯思考的中心。

本書的案例是：提供金融服務的嘉信理財集團（Charles Schwab）。這家公司名下管理超過七十億美元的資產，掌握數量和種類驚人的客戶資料。嘉信理財聰明的從這些數據中獲得啟發，同時採取謹慎小心的態度，以價值驅動（value-driven）的方式來保護隱私，並提升客戶的信任度。

## 右腦：駕馭創造力

隨著公司的成長，它們多半會發展出系統和流程，促成較大規模的有效擴展和良好營運。可惜的是，這些系統常導致公司持續創新不易。不過，一些成長中的公司可以持續找出或大或小的創意方式，來符合客戶需求和市場趨勢的預期。在此，我們用右腦來代稱，用以發展新商業模式和新產品的創造力。

書中的案例是愛齊科技（Align Technology），這家公司發明了隱適美（Invisalign）取代過去的傳統牙套，以透明塑膠牙套來矯正牙齒。愛齊科技的關鍵創新在於結合數位影像和3D列印，客製化地製作可拆卸、不礙眼且易於配戴的矯正器。此外，愛齊科技還找出創新的商業模式，與牙醫師和牙齒矯正師建立夥伴關係——這是過去沒人嘗試過，可以觸及更多潛在顧客的方法。

## 杏仁核：善用同理心

同理心以杏仁核為代表，是腦部處理情緒的部位。具有強大杏仁核的管理團隊擅長理解顧客、員工和外部的合作對象，並和他們進行真誠的連結交流。

這裡的例子是凱薩醫療集團（Kaiser Permanente）。這家管理式醫療巨頭長期由傑出的執行長伯納德．泰森（Bernard Tyson）主持，直到二〇一九年十一月他過世為止。管理式醫療護理產業往往被形容成缺乏彈性與冷漠，但泰森卻始終散發溫暖和慷慨。他鼓勵員工，重視對病患的同理心，提醒他們公司販賣的產品不是醫療照顧，而是健康。凱薩醫療運用科技來研究醫師和護士的真正需求，並協調所有利害相關者的激勵措施，以達成最好的照顧。

## 前額葉皮質：風險管理

腦的前額葉皮質負責評估風險並做出決定。人類天性會避開風險，因為我們以狩獵採集為生的祖先，生存在充滿神祕危險的世界，每件新奇的事都可能代表新的威脅。但對當今的許多公司，特別是一些最大型的公司來說，一味避免風險反而非常不利。晉升和加薪這類激勵措施，往往獎勵主張保持現狀的人，而非勇於冒險的人們。

本書的代表性案例是世界最大的酒類製造商百威英博。執行長卡洛斯・布里托（Carlos Brito）了解到公司一味規避風險的問題後，採取以下不尋常的策略：他任命了新的破壞性成長首席（chief disruptive growth officer）——名叫亞普的明日之星。有趣的是，亞普衡量成功的標準是，如何透過鼓吹承擔風險的文化，用最快的速度淘汰掉自己的職務。

## 內耳：持有和結盟的平衡

每家公司都面對著基本的策略問題：哪些功能該由公司持有並直接管理，哪些該付費給外人管理？隨著行動運算、雲端、數據分析及人工智慧的興起，任何公司都不再可能獨力提供全套的技術解決方案。具備更多技術項目，可以加強與客戶的緊密關係；減少本身的項目，則可以讓真正重要的部分更加運用自如。內耳是我對這項平衡挑戰使用的比喻，它控制了我們的平衡感。（實際上，內耳也可說是腦的外部延伸，但請別介意，我離題了。）

這裡的案例是Instacart，這家零工經濟（gig-economy）的新創公司已躍升為雜貨代購配送的龍頭。在創辦人阿普瓦・梅赫塔（Apoorva Mehta）的靈活領導下，這家公司發展出一套巧妙的方法，維持與眾多合作夥伴的平衡關係，特別是決定 Instacart 供貨品質成敗的連鎖超市。這家公司需面對商業模式持續的破壞，像是亞馬遜收購全食超市（Whole Foods）（它抽走 Instacart 的一個重要合作夥伴），以及在新冠疫情期間突然暴增的配送訂單，不斷調整以維持平衡。

接下來，我們簡單看一下，力這一邊的五個競爭力。

## 脊椎：物流

在傳統觀念裡，把物流、供應鏈做好，把正確的東西在正確時間送到正確地點，絕對沒機會讓你登上《財星》（*Fortune*）雜誌的封面——除非你是提姆．庫克（Tim Cook）而且能憑藉能力被擢升為蘋果（Apple）的執行長。不過，強壯的脊椎是將美好經驗傳遞給顧客的必要條件，甚至包括那些快速數位化的產業部門。

這一章將介紹三個主要的零售連鎖商——百思買（Best Buy）、家得寶以及目標百貨（Target）——他們駁斥所謂「零售業末日」（retail apocalypse）之說，在他們的體力中添加了腦力。他們把實體零售業的強項加入電子商務的創新做法，強化了他們的脊椎。這些被當成恐龍的公司各自都有眼光遠大的領導團隊，運用物流的優勢來達成更靈活且令人滿意的顧客體驗，令亞馬遜或其他對手難望其項背。

## 雙手：製作物品的技藝

在一九九〇年代全球化浪潮加速的時期，許多製造業把他們的工廠搬移到世界上成本較低的地區，特別是東南亞和墨西哥。不過隨著新科技興起，像是製造業加工、機器人生產裝配線以及3D列印，在美國這類高工資國家，如今也可用低廉的成本來設計和製造東西。聰明的公司正藉著創新的方法來強化他們的雙手，生產高品質但消費者仍可負擔的產品。

書中的案例是桌面金屬公司（Desktop Metal），這家美國麻州的公司利用3D列印技術幫助用戶製作從原型到量產階段的高品質金屬零件。桌面金屬與其客戶緊密合作，提供客製化的解決方案。它打造互信夥伴的長期關係，提供頂級會員一般的優質服務。

## 肌肉：善用規模的槓桿操作

規模經濟仍具有重大優勢，但某些方面來說，要管理一個橫跨地區、國家或跨洲的組織比以往更困難。它需要強壯且靈活的肌肉來進行「全球在地化」(glocally)的運作——充分利用全球的規模和在地的專業應付充滿挑戰、各自獨特的市場。

我們這裡的案例是米其林(Michelin),一家擁有一百三十年歷史的輪胎製造商,其十三萬名員工在全球一七五個國家營運。米其林得力於它製造和工程的全球規模,同時授權給本地經理人來客製化適合該地區的產品和服務。舉例來說,米其林的中國輪胎生產成本必須遠低於在歐洲和北美製造的輪胎,否則米其林在中國將因價格因素而被市場淘汰。

## 手眼協調:組織生態系

商業生態系指的是,相互連結的一群組織為共同利益而互相配合調整。供應商、通路夥伴(channel partner)、投資者、法律規範者(regulators)及競爭者經常處於流變的狀態,需同時應付生態系成員競相提出的要求。它就像拋球戲法一樣,要把它做好,需要良好的手眼協調。

在流動且不確定的環境中執行管理工作,給領導者帶來了一些挑戰。為了打造這個生態系,你什麼時候必須採取果斷行動?什麼時候該為了產業演進而退居二線,交由其他人領頭?若你跟通路夥伴、重要競爭對手對市場未來的願景截然不同,你可以怎麼做?

這裡的好例子是 Google 的安卓（Android）子公司，全世界有五分之四的智慧型手機和平板電腦仰賴它打造的作業系統來驅動。雖說，安卓是獨特產業裡的獨特公司，它成功管理複雜的生態系，為我們其他人都上了重要的一課。

## 韌性：長期生存之道

長命百歲是任何公司的終極挑戰，不管此一時如何成功，都無法保證永續經營。管理好一家公司的名聲和品牌，安度景氣興衰的循環，需要源源不絕的強韌耐力。

這裡引用的案例是嬌生公司，它自一八八六年創立以來，持續不斷演進。至今，嬌生仍謹遵一九四三年公司董事長羅伯特．伍德．強生（Robert Wood Johnson）所寫的著名公司信條——做任何決策都必須符合公司的核心價值。它把新科技視為工具，而非萬靈丹，努力維持在廣泛市場的競爭力——從爽身粉到止痛劑泰諾（Tylenol）到實驗性的癌症療法。如今，這家公司正面臨一些司法與公關的大挑戰，將進一步考驗其韌性。

## 系統領導者：推動腦與力持續進步

本書最後一章探討的主題，我稱之為系統領導力（Systems Leadership）——是把公司的腦與力極大化的一門技藝。

傳統上，主管因特定功能的專業而晉升為資深管理階層，例如：營運、行銷、工程、銷售或財務。只要他們的團隊能補足其知識缺漏，即使他們看待公司和商業生態系的視野有所侷限，也能成功經營公司。不過，如今的領導者需要更廣泛的專業和技能，包括同時關注彼此明顯衝突的事務：像是實體相對於數位；大圖像相對於基本的小細節；以及水平擴大規模的通則性解決方案（generic solutions），相對於加深顧客忠誠度的客製化解決方案（customized solutions）。系統領導者需要高ＩＱ來理解技術性的內容，同時也要有ＥＱ來打造運作良好的團隊，並激勵其追求卓越。一方面，他們要達成今年的財務目標，同時還要能推動五年內，可能還無法看見成效的變革。

在這最後一章，我們會多介紹兩名系統領導者，一位是服飾業電商 Stitch Fix 的創辦人和執行董事長卡翠娜．雷克（Katrina Lake）。不管是時尚、大數據、品牌創意及職場文化，她對公司各個重大面向都有充分認知。雷克著手於推動創新，像是結帳時的詳細問卷（「你為什麼不買那一件？」），還有在人力資源方面，執意強調「文化適應」（cultural fit）和「文化加乘」（culture add）。她同時也能抗拒誘惑，展現推動破壞式創新的意願。

## 腦＋力＝樂觀主義

對各項產業而言，如今都是困難的時代，我們正面臨新冠疫情引發的經濟動盪、日益激烈的全球競爭還有科技方面的持續變化。不過，我在這本書所做的研究，強化了我先天樂觀的想法。並不是每個舊的、既有的產業都和百事達影視（Blockbuster Video）的下場相同，因為被數位的新創公司顛覆而摧毀，這種想法根本不對。同樣地，也不是所有火熱的新創公司最後都和 WeWork 一樣，因為過度擴張，以致找不出一個可以持續獲利的路徑。

相反地，當有腦的公司強化他們的體能，大幅改善腦力的大門也始終對傳統體能型的公司敞開。我期盼接下來幾章能說服你相信，沒有任何人或任何公司必須受困在舊思維裡。不管任何層級——個人、團隊、部門、公司乃至整個產業——都存在著機會，可讓我們彌合腦與力的落差，創造可長可久的競爭優勢。

第二章

# 兩個徹底轉型的嘗試

我們討論到，如果我們拿到全世界的DNA，究竟會發生什麼事。他說，這會改變世界。

——安・沃西基（Anne Wojcicki），23andMe執行長

藉由腦與力的框架，我們得以根據十項在傳統指標裡不被注意的能力來評估一家公司。底下，就讓我們深入探討兩家正面臨重大轉捩點的公司，來說明這個評估方式如何進行。其中一家規模巨大、全球知名並以強大的實力著稱，如今正亟思如何與有腦的顛覆者競爭。另一個則是矽谷一家有腦的新創公司，正努力增加更多實體能力，來達成長期獲利的目標。這二者都在尋找腦和力的美妙平衡點，儘管各自是從相對的方向朝這個點邁進。

第一家戴姆勒公司（Daimler）是從一八八五年起就開始賣車的汽車業標竿。它旗下三十萬名員工，致力於維護賓士汽車（Mercedes-Benz）這個世界最富盛名品牌的卓越地位。

二〇一九年，戴姆勒在全球銷售超過三百三十萬輛汽車，但未來幾年將面臨極嚴苛的考驗，因為全球汽車業在這段時間正出現多方面的動盪。電動車競爭慘烈，特斯拉（Tesla）這個耀眼的競爭對手正吞食市場占比。共乘公司（ride-sharing）如：優步（Uber）、來福車（Lyft）和滴滴出行（DiDi）將持續減低個別消費者的總體需求。中國是巨大的市場，但往往難以駕馭。在此同時，製造安全性高、價格實惠的自動駕駛汽車競賽已經開打。面對這麼多攸關存亡的威脅，戴姆勒正對其優先要務展開策略規劃，大量投資於研發和收購（R&D），並重新調整公司文化以維持競爭力。

接著，我將評估 23andMe，它從二〇〇六年起已經賣出家用DNA檢測包（home DNA testing kits）給一千兩百萬人，但它的員工仍不到七百人。在建立了價值龐大的人類基因組數據庫後，這家公司把它的未來押寶在把這些資訊轉化成熱賣的新藥上。它的執行長安．沃西基想做的是重新改造醫療保健產業，並與葛蘭素史克（GlaxoSmithKline）這類筋肉強健的老牌公司結盟。不過，萬一 23andMe 的藥物開發計畫失敗，萬一DNA的家用檢測只是一時的熱潮，它可能燒光資本而且無生意可做。

在描述了這兩家公司各自面臨的挑戰及其回應之道後，我會根據腦與力框架的十項基準，給予每家公司〇至十分的評分。這個分數總結他們在結合數位和實體能力上的表現，並對其未來幾年的競爭力提供清楚的指標。

## 戴姆勒：保護與延續公司傳承

二〇一七年，我到斯圖加特（Stuttgart）訪問了幾位戴姆勒的高層主管，當中包括當時剛成立的新業務部門「CASE」的執行長威爾科・史塔克（Wilko Stark）（在公司官網，CASE 譯為「瞰思未來」，四個字頭的縮寫分別代表：智能互聯〔connected〕、自動駕駛〔autonomous〕、共享出行〔shared〕、電力驅動〔electric〕）。史塔克需負責向當時戴姆勒的董事會主席迪特・蔡澈（Dieter Zetsche）直接彙報，帶領公司前往一個對內燃機引擎的汽車──公司核心競爭力──充滿險惡挑戰的時代。[1]

史塔克只消探頭往窗外看，立刻會想起自己任務的急切性。他在斯圖加特的辦公室被好幾棟戴姆勒向外擴展的廠房所圍繞──乾淨整潔、生態友善的工廠，屋頂攀滿綠色植物。他看著這些工廠，不敢忘記三十萬名工人的未來要仰仗「CASE」部門的成功。

附近另一座重要的象徵性建築是賓士博物館（Mercedes-Benz Museum），它是斯圖加特首要的觀光景點。這座九層樓的螺旋狀美麗建築，可讓參觀的遊客一睹這家公司在一百三十五年的歷史中，超過一百六十部經典車款，包括：汽車先驅卡爾・賓士（Carl Benz）和戈特利布・戴姆勒（Gottlieb Daimler）打造的車款。[2]這座博物館不只是公司的榮耀，也是德意志國族的榮耀宣言。汽車業為德國貢獻了百分之五的國民生產毛額（GDP），對提升國家地位的貢獻更不僅於此。如果戴姆勒、BMW、奧迪（Audi）這類汽車公司在未來消失不見，德國人根本難以想像。

史塔克對戴姆勒的未來不曾表露擔心，但他也誠實面對問題，不會故意淡化公司面臨的嚴峻挑戰——不只來自歐洲、日本、韓國和美國的傳統競爭對手，還有一些似乎從四面八方同時湧來的新威脅。

二〇一六年CASE部門成立之前，戴姆勒已穩定成長多年，並剛創下有史以來最好的財務營收成績。要成立一個容納數百名員工，其中多數人年齡低於戴姆勒員工平均年齡的獨立部門，並撥出一百億美元的獨立預算，在此刻似乎是個好時機。史塔克得到公司高層的全力支持，可以擬定多年期的策略來打造並取得對抗各方對手的任何必要資源。還有一個額外挑戰是，CASE被要求（盡可能）避免競食公司核心產業創造的利潤。傳統汽車不會在短時間內消失，它們仍扮演著戴姆勒獲利的關鍵角色。

史塔克嘗試把戴姆勒新開發的腦和成熟穩當的力結合在一起，且讓我們檢視，底下各項重大挑戰中，存在於現在與未來之間的張力。

汽車業推展電動車（EVs）已有約二十年。二〇〇四年，特斯拉籌募了它第一筆七百五十萬美元的創投基金。早它一年之前，通用汽車（General Motors）才停止了生產EV1，這是它進軍電動車大眾市場的第一次失敗嘗試。一名通用汽車的發言人解釋說，電動車並非「長期而言，對通用汽車來說可行的商業主張」。[3]

三年後，特斯拉推出第一款充電後可行駛逾兩百哩的電動車Roadster，同時也推出第一部鋰電池的汽車。截至二〇一七年，隨著多款汽車推出，上市後，股價一路上揚，特斯拉已成為全球電動車的領導者。分析家預估，到了二〇四〇年，市場的電動車總數會達到五億三千萬輛，超過傳統車的總數。甚至更早一些，電動車的成本效益預期在二〇二五年就會與內燃機引擎的汽車不相上下。[4]全世界各大汽車廠不管是否準備好了，都勢必投入這股電動車的熱潮。

二〇一〇年起，戴姆勒與中國的比亞迪汽車（BYD Auto）合資，第一次嘗試製造電動車，不過到二〇一六年為止，每年大約只賣出四千部電動車。史塔克的新目標是在二〇二二年之前，推出至少十款電動車，並打算在二〇二五年年底之前，讓電動車在全球的銷量占戴姆勒汽車銷量的百分之十五至二十五。戴姆勒編列了超過一百一十億美元的預算，要開發每一種車款的電動車版，加上包括電池、回收計畫及充電站的完整生態系統。同時，戴姆勒也計畫要讓它的廂型貨車、卡車和大客車電動化。

主要的障礙是，如何找出減低生產成本的方法，讓電動車取得消費者負擔得起的更廣泛市場。這包括：如何重組工廠，讓內燃機引擎的汽車和電動車可以在相同的生產線上製造——昂貴的投資會需要幾年才能回收。另一個策略是關於專有鋰電池的生產。一座建在德國卡門茨（Kamenz），占地五十英畝的碳中和新工廠，可讓戴姆勒的產能擴增四倍。

同時，戴姆勒也宣布以十億美元的投資來擴充它在美國阿拉巴馬州塔斯卡魯薩（Tuscaloosa）的製造廠以生產電動休旅車（SUV），並在附近興建一座新的電池工廠。馬斯克（Elon Musk）在推特上嘲笑這項宣布道：「對戴姆勒這樣的巨人來說，這不算很多錢。他們該再出多一些。少了個零。」[5]

戴姆勒的推特帳號隔天做出回應道：「你可能說對了，馬斯克。少掉的零在這裡：新一代電動車的投資會超過一百億美元，然後電池生產會超過十億美元。」[6]

## 自動駕駛

第二個重要趨勢是自動駕駛汽車的發展，隨著GPS、位置感測器（positioning

sensors）及人工智慧等科技漸趨成熟，讓科幻的假想日益接近事實。不過到目前為止，它仍存在許多疑慮，包括：成本過高、消費者欠缺興趣、立法規範嚴格，還有最重要的安全考量。二〇一六年五月，一名特斯拉的駕駛使用自動駕駛系統時不幸喪命。另外，二〇一八年三月，一部自動駕駛的優步汽車撞死路人，過程中完全沒有減速。儘管有這些障礙，樂觀人士仍預測自動駕駛車（autonomous cars）擁有以下好處——因人為錯誤造成的交通事故減少、路人生命保障提高，以及交通堵塞情況隨著速限提高而改善——最終將使其成為必然趨勢。

二〇一六年十月特斯拉宣布，未來它的所有汽車都將配備「在安全程度遠高於人類駕駛的情況下，完全自動駕駛所需的硬體」。[7] 加入這場競逐的也包括傳統車廠（BMW、奧迪、飛雅特〔Fiat〕、克萊斯勒〔Chryslet〕、福特）、科技巨頭（蘋果、英特爾、百度、優步），以及一些新創公司（Waymo、nuTonomy、Zoox、Drive.ai）。二〇一六年十二月成為字母控股（Alphabet，Google 的母公司）旗下獨立子公司的 Waymo，創立第一年就寫下超過三百萬哩的自動駕駛里程紀錄。通用汽車為了開發自己的自動駕駛汽車，在二〇一六年收購了自動車新創公司 Cruise Automation，並在二〇一七年宣布已經完成「第一套可大規模量產的自動駕駛汽車生產設計」。[8]

早在二〇一三年八月，一輛賓士 S500 智慧駕駛汽車，完成了德國曼海姆（Mannheim）

和佛茨海姆（Pforzheim）之間超過一百公里的自動駕駛，創下第一個長途自動駕駛的成功紀錄。史塔克構想中的未來自動車不只是自動駕駛，同時還可以處理自動加油甚至洗車的任務。他預期，二〇二一年年底戴姆勒就可以發展出完整運作的自動駕駛車，並將首先投入共享搭車產業。戴姆勒宣布與 Uber 建立合夥關係，以發展自動駕駛 Uber 汽車的網絡。這項安排效法的對象是二〇一六年通用汽車與 Lyft 的夥伴關係，以及福特汽車收購共享搭車新創公司 Chariot。

自動駕駛的另一塊重要拼圖是取得地圖，比對數據和定位服務。戴姆勒投資了 HERE 這家公司，它原是諾基亞（Nokia）的一個部門，如今專職設計無線地圖比對系統。對戴姆勒來說，獨立於主流地圖供應商之外至關重要，如此一來，便無需受制於 Google Maps 這類的服務商。

## 共享出行

在此同時，Uber 和 Lyft 這類共享搭乘公司正在降低全球個人自用車的需求。二〇〇九年 Uber 在舊金山成立，像舊金山這樣的城市，擁有自己的車子日益不符合經濟需求。截至二〇一七年為止，Uber 在全球六百三十個城市運作，每個月服務四千萬名用戶。其共乘模式的成功孕生了其他競爭對手，像是美國的 Lyft 和 Sidecar，中國的滴滴出行以及巴西的 99 Taxis。越來越多人不耐於照顧自家車的繁瑣累贅，汽車廠便需另謀他途以彌補收益的損失。

為了回應這個問題，戴姆勒開始收購和投資於提供共乘服務、代訂交通工具、運送服務以及短期汽車租賃的企業。最早期的這類投資之一是 car2go，這是一家在都會地區提供彈性汽車租賃的新創公司，讓人們可以透過手機，不限租期地輕鬆預訂租車。截至二〇一七年，car2go 是全世界最大、發展最快速的租車共享平台，擁有超過兩百五十萬名會員和一萬四千輛汽車。[9]

Moovel 是另一間戴姆勒完全持有的子公司，它提供用戶透過各種汽車和腳踏車共享 app 來進行比價和預訂。二〇一七年，Moovel 在全球擁有三百四十萬名用戶。戴姆勒也收購了 mytaxi，這間成功的德國新創公司透過手機 app，連結計程車司機和乘客。二〇一六年，mytaxi 與倫敦的 Hailo 合併，戴姆勒仍持有總體百分之六十九的股份。二〇一七年年中，當 Uber 失去在倫敦的營運執照時，mytaxi 適時做出強勢回應，宣布百分之五十的車資折扣。[10]「CASE」的高層預計，還會在共享移動產業中投資更多。

## 智能互聯

如今，全世界的開車族都希望能在他們的車上使用自己的手機或類似科技，透過 app 來遠距檢查油量，或在駕駛面板上取得 Spotify、Waze 以及 Google Map 這類的服務。這種全方位智慧連結的需求，需要智慧車載系統（telematics）的高度整合。汽車公司要是滿足不了顧客的需求，蘋果公司這類科技界的巨頭將欣然接手。

「CASE」團隊發展智能互聯，有以下三個選擇。第一個選擇是許多汽車業的做法，就是把駕駛的手機，透過過類似蘋果的 CarPlay 系統，連接到汽車的儀表面板。第二種選擇是授權給第三方的軟體來控制介面。對戴姆勒而言，最有企圖心的選擇則是發展專屬於自身的作業系統和介面。他們選擇了第三個方案，發展出專供賓士車使用的「Mercedes me 系統」。「CASE」團隊相信，一旦掌控介面的設計，公司便可以提供更完善且精緻的體驗。未來，Mercedes me 也可以設計出提供專屬會員服務的平台。

二〇一七年，Mercedes me 推出的軟體功能包含：停車定位、汽車開關鎖以及透過手機遠距，檢視油料和系統等功能。透過它的「門房服務」（Concierge Service），這套軟體可以建議餐廳並透過聲控來代訂票券。它同時也配備了車聯網（Car-to-X communication），這個創新設計最終可讓所有車廠生產的汽車透過無線訊號相互聯繫，以避免交通意外和堵車的情況。如同賓士汽車網站上形容的：「如果你能看到下一個彎道後面的彎道，甚至更遠，那會是什麼情況？你將可以調整你的駕駛方式，減除危險的情況。」[11]這是令人興奮的科幻式願景，但截至二〇二一年仍未能實現。

## 中國

二〇一九年，在中國共售出近兩千六百萬輛汽車，這裡是全球最大的汽車市場。[12]同時也是全世界最大的汽車生產國，二〇一九年的汽車產量占全球近百分之二十三。此年，在中國共售出逾一千兩百萬輛電動車，占全球電動車銷量的百分之五十七——超過美國和歐洲加起來的總和。[13][14]

中國政府決心，憑藉電動車在全球汽車產業迎頭趕上，這個新的競賽場對一些老牌的汽車製造商來說並不具必然的優勢。永續性（sustainability）是著重電動車的另一個理由；中國有十三億人口，人均收入持續成長中，還有空氣汙染的問題；若持續打造內燃機引擎，在未來將形成災難。對戴姆勒來說，最大的問題是如何搶占一席之地，進入這個巨大且快速成長，又有其獨特挑戰的市場。一名主管形容中國是「十四億人口的市場……，我們不會說他們的語言，不理解他們的文化，它的消費者比美國或歐洲的消費者年輕許多，而且還有我們不熟悉的歷史、社會及商業脈絡」。15

戴姆勒同樣也不熟悉，如何與一個嚴格控管經濟和產業的政府打交道。中國傾注資源投資電動車，提供各種方式的補助，同時對中國之外的製造商設定嚴格的方針，例如：他們必須和中國本地的公司組成合資企業，才能在中國做生意。更糟的是，這些規定有時說變就變，如一名戴姆勒的主管所說：「一開始，我們在三年前開發了一款油電混合車，電動模式的里程範圍是三十公里。我們做好車之後，他們說，『為了讓車子更有賣相，你們的里程必須到五十公里。』現在我們做出可以達到五十公里的混合車，他們又說，『很好，不過別用韓國的電池片。你們必須用中國的電池片。』」16

更麻煩的是，戴姆勒必須擔心在一個智慧財產權保護寬鬆的國家，如何保護自己的智慧財產。我們無從得知，中國的合資夥伴會把戴姆勒的技術規範拿去做什麼，但在中國做生意，沒有這些合資夥伴又絕對行不通。如一名主管所說，「如果你想為你的ＩＰ設置防護牆，長期而言不會有用。唯一有效的解方就是創新的速度要更快一些。」17

## 公司文化與人才

除了上述這些技術和財務挑戰外，戴姆勒的企業文化也走在十字路口。這家公司執著於卓越和精準，使它成為超過一個世紀的產業領導者，但如今，這項特質也可能妨害公司的創新再造。要如何讓戴姆勒的三十萬名員工學習接受這巨大的改變，同時維持公司聞名於世的品管標準？

「CASE」團隊努力徵召較年輕、與時代新潮流更合拍的員工，不過他們發現人才招募並不容易。一名主管私下告訴我，「我們做的是很棒的車子，但馬斯克談的是上火星！如果你是優秀的年輕工程師，你會想去哪邊工作？」戴姆勒為了「CASE」計畫的一些特定職務，發起全球徵才行動，招募遠自印度、美國、以色列和新加坡等地的人才。

另一個兩難的問題是，處理德國嚴格的勞動保護法律及來自強大工會的壓力。二〇一七年六月，一萬九千名在圖爾凱姆（Untertürkheim）的汽車廠員工，抗議公司決定在卡門茨興建新的電池工廠，而非將其設在他們廠區的附屬單位。工會的抗議行動讓下圖爾凱姆的兩款賓士車生產中斷，公司只好做出讓步，同意在當地設立另一座電池工廠。[18]「CASE」推行計畫引發的類似勞資爭議，未來絕對可能再次出現。

## 代理商

上述這些改變，對汽車業過去倚賴強大、獨立代理制度建立的傳統銷售模式，會帶來什麼影響？代理商們擔心，電動車將影響他們的售後營收，由於維修需求減少，估計營收會減少百分之二十左右。

史塔克若要與代理商維持和諧關係，得依賴戴姆勒持續成長的能力。他解釋說，「目前以全球而言，我們每年成長百分之十，因此只要我們沒有額外擴張，實際上我們的代理網絡、代理商的營收流可以持續增長。」[19]儘管特斯拉的直銷模式和在全球各地一些類似的實驗獲得成功，戴姆勒仍舊相信，大部分消費者在買車之前，會希望親自試車體驗，因此代理商不至於在短期內消失無蹤。

## 戴姆勒的未來

戴姆勒很熟悉如何在世界各地與傳統對手競爭，但特斯拉帶來的卻是獨特的挑戰。特斯拉的顧客似乎可以原諒它的任何錯誤，這讓特斯拉可以放手大膽冒險——這和戴姆勒不計一切代價，維護自己品牌和名聲的做法大不相同。特斯拉的投資者對獲利緩慢似乎有無窮的耐心；戴姆勒的投資人會因為每一季表現不符預期而做出懲罰。此外，戴姆勒需同時兼顧傳統車和電動車，特斯拉則可以專心一致，以主宰電動車市場為其目標。

在此同時，戴姆勒還要擔心一些過去未涉足汽車產業的科技巨頭。Waymo 和百度都投資了大筆金額在自動車，蘋果和字母公司為開發聯結軟體而相互競爭。這些科技巨人遇到任何問題，都可以找出比戴姆勒多十倍的工程師來處理。

對史塔克而言，最好的回應方式是確保戴姆勒在核心事業維持第一名的地位：設計並製造出偉大的好車。不過他也擔心，戴姆勒可能變成類似中國電子製造商富士康一樣的公司；富士康比起它的客戶，如蘋果公司，不具太大的市場力量（market power），淨利率（profit margin）也低了許多，這是因為富士康提供的是低價、公司品牌無太多附加價值的硬體製造服務。戴姆勒需避免自己成為其他人酷炫新科技的任務執行夥伴。

隨著二〇二一年到來，戴姆勒的挑戰絲毫沒有變輕鬆。二〇二〇年，亞馬遜以十二億美元收購矽谷的自動駕駛汽車公司Zoox；據報導，蘋果為了發展本身的汽車業，正與亞洲的主要車廠談判。[20][21]連微軟公司也越來越主動提供雲端服務給全球的多家汽車公司。[22]戴姆勒的競爭賽場，似乎變得日益錯綜複雜。

## 評估戴姆勒

戴姆勒如何因應這些變化，同時保有卓越製造的傳統和產業龍頭地位？目前還言之過早，尤其汽車非常仰賴全球經濟健全成長，二〇二〇年的經濟衰退也給它帶來嚴重傷害。

根據戴姆勒的基本面，而不談經濟面，底下是我透過腦與力框架的十項基準，給予戴姆勒的評估：

**左腦：使用分析法　＝　5**

戴姆勒對運用客戶數據更加熟練。不過特斯拉每晚都會回傳賣車資料給公司，並在遠端透過無線升級處理軟體程式漏洞。戴姆勒離這一步還有一些距離。

**右腦：駕馭創造力　＝　6**

戴姆勒努力投資和實驗多方面的創新，但尚未取得主導地位。

**杏仁核：善用同理心　＝　4**

戴姆勒仍是以實情為導向的公司，沒有把對外部的同情理解列為優先要務。不過，它與背景和觀念極為不同的夥伴——例如在中國——的合作情況已有改善。

**前額葉皮質：風險管理　＝　5**

快。

戴姆勒顯然比過去更能承受風險，但我並不認為他們的冒險有足夠侵略性或夠

**內耳：持有和結盟的平衡　＝　5**

戴姆勒嘗試擁有多項技術，但或許太多了。舉例來說，它要打造企業專屬的連結平台或許是個錯誤，因為如今，消費者似乎比較偏愛用自己的手機與汽車進行連結。借用出身SAP公司和我在史丹佛共同授課的威塞爾之說：「如果你的策略是每件事都要做，那你等於沒有策略。」

**腦的總分＝25／50**

**脊椎：物流　＝　9**

把汽車運送到全世界，是戴姆勒的一項核心競爭力。他們有一套科學方法。

**手：製造物件　＝　9**

如我們所見，他們在產品製作追求卓越方面，拒絕打折。

**肌肉：運用規模＝9**

他們同樣也很善於讓產品適用於各大洲的主要國家。

**手眼協調：生態系管理＝5**

戴姆勒與公司外部關係的處理，以及參與更廣泛生態系的互動還未臻完善。

**韌性：長期存活能力＝8**

以過去的歷史而言，戴姆勒在這方面表現非凡。但如何維繫下個十年的品牌和名聲，目前仍不明朗。

**力的總分＝40／50**

**總分＝65／100**

## 23andMe：從DNA檢測到改變世界的藥物

現在，讓我們深入探討一家截然不同的公司，它同樣也面對重大轉折點。二〇一九年五月，我在加州山景城（Mountain View）的辦公室訪問了23andMe執行長安妮・沃西基（Anne Wojcicki）。辦公室有著典型腦的新創公司氣息，執行長狹小如魚缸的辦公室以兩片玻璃牆隔開，位在緊鄰電梯的迴廊。這裡看不到紅木傢具或豪華擺飾。[23]

自二〇〇六年創立後，沃西基就把公司打造成全世界最大的基因資訊數據庫（它最大的競爭對手Ancestry.com緊追在後）。她的原創概念是直接面對消費者的基因檢測包（genetic testing kit），規模已擴及一千兩百萬名客戶，其中大多同意提供自己的基因溯源、健康史、基因型（genotype）和表型（pheotype）資訊，用在可能挽救生命的研究用途上。二〇一五年以來，23andMe一直探索著把這些基因數據轉化為強效新藥的最佳方法，用以治療從癌症到氣喘等疾病。沃西基的雄心無人可敵：她要做的是，「利用基因數據，推動健康醫療革命」。[24]

這家公司朝藥物開發的擴展，對領導團隊帶來重大的新挑戰。他們必須在居家DNA檢測的熱潮退去前，建立起發展製藥產業的灘頭堡；二〇一九年，他們的檢測包已經到達峰頂。製藥成敗對23andMe來說，是獲利豐碩的光明未來與短期內痛苦關門的差別。

## 六年內，從零到四十萬

一九九六年，沃西基取得耶魯大學的生物學士學位後，在華爾街的避險基金擔任健康醫療分析師。不過當她對健康醫療了解越多，內心越感到不安。這個產業的眾多參與者——醫師、保險公司、醫院——陷入結構與財務的複雜機制，無暇關注他們應當服務的病患。在參加了華盛頓特區一場令人氣餒的醫療健康會議後，她決定離開華爾街，找尋改善體制的方法。回想起當時，她說：「我突然領悟到，有那麼多人因為醫療體系的無效率而大發利市，想從內部做出改變，根本沒有希望。」[25]

開會前幾個月，沃西基在一場投資晚宴遇到洛克斐勒大學（Rockefeller University）的科學家馬庫斯．史托菲爾（Markus Stoffel）。他提到正在進行中的遺傳學計畫，是調查密克羅尼西亞的科斯雷島（Kosrae）一小部分居民出現病狀的原因。她回想當時的談話說，「他說，他們的數據多到應付不來……但偏偏缺少足夠數據來釐清問題。我們談到了，如果能取得全世界的DNA將會發生什麼事。他說，這將改變全世界。」

當時，沃西基的約會對象是Google 共同創辦人瑟吉．布林（Sergey Brin）。布林知道沃西基對DNA的興趣，邀請她一起參加他和琳達．埃維（Linda Avey）的一場會議，埃維是基因研究工具的先驅研究者，也是基因晶片公司 Affymetrix 的主管。（布林的母親為帕金森氏症所苦，Affymetrix 正進行與帕金森氏症相關的計劃。）沃西基和埃維對遺傳學及提升用戶自主權抱持同樣的熱情。她們兩人與埃維的前任老闆保羅・庫森札（Paul Cusenza）共同創生了 23andMe，公司名稱取自人類ＤＮＡ的二十三對染色體。這家公司藉由 Google 提供的種子基金而成立，並在二〇〇七年十一月，以九百九十九元美金的費用賣出公司第一份客戶基因檢測。

顧客訂購 23andMe 的檢測包時，要填寫一份健康史的資料，並選擇是否容許公司基於研究目的，研究他們匿名後的基因資訊和問卷。他們也可以決定，是否授權 23andMe 為了日後的研究與他們聯繫。之後，顧客會收到一份郵寄的檢測包，他們要採集唾液樣本，再回寄到實驗室進行基因型分型（genotyping）和分析。在四至六星期內，顧客可以取得健康和基因溯源的結果。

這些報告大受歡迎，裡頭包括了超過兩百六十三項資料內容，從他們攜帶基因疾病的狀況，到對各種藥物的可能反應到祖先的溯源。六年後，23andMe 成了全世界基因測試的領導平台，領先 deCODE Genetics、Navigenics、Pathway Genomics 和 Counsyl Genetics 等競爭對手。到了二〇一三年下半年，它的數據庫有超過四十萬人的檢測結果，其中百分之八十的人同意提供其健康和基因資訊供研究之用。

這家公司的科學家開始出版接受同儕評估的學術論文，其中一份論文揭露了與帕金森氏症相關的三個基因變異，另一份論文把與胸部大小的相關基因，連結到增加乳癌風險的相關性。23andMe 使用自我報告的醫學數據，發表了超過一百八十個基因相關性的突破性證據，這與傳統研究方法有重大的分野。

## 食藥署下重手

隨著消費者和研究這兩方面都傳出好消息，23andMe 得以募資到近九千萬美元進行持續擴展。不過，接著便在二〇一三年十一月遭受重大打擊，美國食品和藥物管理署（FDA）下令，停止這家公司在美國出售其健康報告。美國FDA說它不符合政府許可的規定標準，並對它不正確的結果可能導致的公共衛生後果提出警告。

23andMe 在FDA許可下，在二〇一五年重新推出一個較多限制的健康報告，訂價一百九十九美元。如今接受檢測的健康個人只會被告知，是否攜帶三十六種遺傳病症的相關基因異變，包括：囊狀纖維化（cystic fibrosis）、鎌狀細胞貧血（sickle cell anemia）以及戴薩克斯症（Tay-Sachs）。不過，轉換到一個受規範產品的成本並不小，因為公司方面必須重新改造它的規格與品管流程。二〇一七年四月，FDA許可了健康報告的一些新增項目，包括：帕金森氏症和阿茲海默症的風險檢測。[26]

二〇一八年，這家公司又獲得兩項ＦＤＡ的授權，一個是提供特定人口層與乳癌和卵巢癌相關的基因風險因素報告，另一個則是提供基因異變可能影響某些藥物反應的資訊。二〇一九年年初，他們也取得當局許可，可對客戶的遺傳性大腸直腸癌基因風險（hereditary colorectal cancer syndrome）提出警告。

不過，就在他們以為與ＦＤＡ已相安無事的時刻，二〇一九年四月，醫學診療競爭對手Invitae的一項研究宣稱，近百分之九十帶有乳腺癌易感基因（BRCA）的檢測者，在接受 23andMe 的 BRCA 檢測裡無法被測出。有些乳癌專家認為，這代表客戶無法正確理解 23andMe 有其局限性的檢測。發現基因組 BRCA1 區域的瑪麗．克萊兒．金恩博士（Dr. Mary Claire King）告訴《紐約時報》，「美國ＦＤＡ不該准許這個過時的方法用在醫療目的……他們不完整的檢測造成誤導、不實保證的結果，可能危害女性生命。」[27]

這種批評似乎有失公允。23andMe 明確而且反覆提醒顧客，他們的測試是針對在阿什肯納猶太人（Ashkenazi Jews）身上常見的三種特定變異，而非所有已知的基因變異。在ＦＤＡ的評估過程中，該公司被要求提交使用者理解程度的研究，裡頭也顯示，用戶們理解檢測的局限性。23andMe 自身所做的研究也發現，攜帶這三種異變基因之一的人，有百分之四十四的人沒有 BRCA 相關癌症的家族史。另有百分之二十一的人沒有報告自己有任何猶太祖先，這意味著，他們在傳統的 BRCA 篩檢指引中不會被列入。公司也強調，所有從他們的檢測提出的警告，都需由醫師進行後續檢查。

沃西基認為這些爭議令人挫折，但並令人不意外。23andMe 不只顛覆了傳統的基因研究室；也取代了基因諮詢專家的工作，直接讓用戶取得自己的健康資訊。它挑戰了健康醫療的傳統父權體系以及病患無法承受壓力，所以檢測結果需由醫師協助說明的假設。想當然爾，既有體制裡的守成者會做出回擊。

## 獲利之路

沃西基的熱情和直率讓她成了傑出的募資人。她回想二〇一七年年中，向紅杉資本（Sequoia Capital）進行募資簡報的過程，在 23andMe 首輪募資時，紅杉資本拒絕加入，反而支持它的競爭對手 Navigenics。她說：「我來這裡不是為了爭取你們的支持，而是想告訴你們我們在做些什麼。我們會成功。我們經歷了許多事，每個人都不看好我們。如果你們想要我們的股票上市，或想在短期退場，那你們就不適合我們。我想找的是真正擁抱這個願景，想和我們同行、走這一段路的人，不過這條路將非常崎嶇。我無法承諾時間表。我無法確切承諾你們，事情會如何發展。但我跟大家承諾，這個願景很穩固。」[28]

23andMe 驚人的用戶成長令紅杉資本印象深刻，不過沃西基的這番話才真正讓交易拍板定案。他們同意，帶頭籌募新一輪二．五億美元的投資。就如紅杉資本的合夥人羅埃洛夫．波塔（Roelof Botha）所言，「就我而言，能遵循道德指引、願景和熱情的創辦人，就是我會想支持的對象。」[29]

不過，創業投資（VC）的募資很快就需要持續的獲利來接續。光靠用戶檢測——九十九美元的「祖先溯源」（Ancestry）報告（別跟它的競爭對手 Ancestry.com 混淆了）以及一百九十九美元的「健康與祖先溯源」（Health and Ancestry）報告——仍舊賠錢，雖然虧損已有改善。管理團隊必須決定，究竟要提高價格以求獲利，忍受成長將減緩的缺點，或用低價格的檢測，維持數據組的成長。他們遵循沃西基最初的願景，做出以下決定：要運用基因數據來推動醫療健康產業的革命。他們必須維持擴張，因為隨著數據庫裡基因型數量的成長——目前已收集八百五十萬人——對藥物研究人員就更有價值。科學研究不會出現回報遞減的情況。因此他們決定繼續維持家用檢測的低價策略，並尋求其他短期和中期的可獲利途徑。

其中一個途徑是，透過它驚人的高用戶互動率來變現，其互動數據顯示，公司最長期使用的客戶，有百分之四十八在九十天內至少會開啟一次他們的檔案，以研究他們基因組的代表意義。在如此強大的用戶互動下，沃西基相信，應該有些用戶在原本的健康與祖先溯源報告之外，會願意付費購買更多服務。她的團隊已著手研究，會員付費訂閱制度可能帶來的額外營收。

另一個途徑是，二〇一九年和疾病管理平台 Lark 建立夥伴關係，把他們的基因資訊整合到 Lark 的健康方案中。沃西基在結盟的記者會上宣布：「取得你的基因資訊真的只是開始——運用這個資訊來防止嚴重的健康威脅是重要的下一步。我們與 Lark 的合作，讓 23andMe 的客戶們可在臨床上被驗證有效的方案中，使用其基因資訊，幫助他們調整生活型態以增進健康。」[30]

第三個前途看好的選項，是進入臨床試驗人員招募的產業。招募病患參與具高價值的臨床試驗，往往需為每名符合條件的病患支付數千美元的費用，還需漫長的臨床試驗時間表和不斷增加的實驗成本。在 23andMe 數據庫裡的數百萬客戶已經同意透過電子郵件聯繫，因此公司占據有利位置，可為這些人與需特定健康狀況的臨床試驗進行配對。

不過說到底，這些營收來源都無法取代決定公司成敗的藥物開發的重要性。

## 轉向屬於力的藥物開發產業

沃西基聘用了生技公司基因泰克（Genentech）的前研發部門執行副總裁理查・席勒（Richard Scheller），探索使用基因數據發現新藥物的方法。他招募了一支經驗豐富的團隊，在南舊金山創立現今的實驗室。同時，23andMe 也開始與基因泰克和輝瑞公司（Pfizer）進行研究合作。

隨後的二〇一八年七月，有更大的交易展開：與葛蘭素史克（GSK）各占百分之五十的藥物開發聯合投資。這讓 23andMe 取得三億美元的資金，並建立四年獨家的合夥關係。這段期間，合作夥伴各自承擔開發新藥物百分之五十的成本，並取得任何可作商業應用的療法百分之五十的所有權。來自兩家公司的研究人員可使用大量的數據組，尋找更安全、有效的「精準」藥物；標靶鎖定更小的病患子群組；以及辨認和招募更適合的病患來進行臨床研究。

兩家公司相信，這個合資項目可促成廣泛疾病的突破性治療方式。但同時，進行眾多研究計畫需投入大量資金和人力資源。藥物開發是一項高風險事業，一般而言，只有百分之九至百分之十四的計畫，發展到足以進行第一階段臨床試驗（Phase I Clinical trials）。這些公司只需要一個熱門產品——比如立普妥（Lipitor）或氣喘藥物 Advair——就可以帶來百億美元的營收。但每次的失敗成本也難以想像的高。

23andMe 的事業開發副總裁艾米莉．康利（Emily Conley）總結這個腦與力的合夥關係說：「我們帶來這個了不起的數據庫，和一些真正偉大的基因科學；我們相信，找出這些新標靶的能力，將讓我們做出更有效的療法。葛蘭素史克則提供十萬員工的組織，以及把標靶實際轉化成療法的過去績效。」[31]二〇二〇年八月，23andMe 與葛蘭素史克宣布，他們第一項聯合開發的癌症藥物進入臨床試驗階段——這是邁向產品商品化的重大里程碑。

## 23andMe 的未來

到了二〇二二年，23andMe 將需決定，它與葛蘭素史克的合資項目是否帶來足夠的研發、生產和行銷價值，以穩固建立公司的製藥部門。若答案為否，他們將必須探索其他選項，例如：和多家製藥公司達成非排他性的協議。

組織方面的問題也迫在眉睫。公司用戶部門和醫療製藥的風險圖像大不相同。用戶部門致力於更加永續和獲利；至於藥物開發，則尋求一擊中的與高風險高回報。然而，這二者在策略上緊密相關；藥物開發要依賴用戶數據庫的持續成長，公司內部資源的競爭可能導致兩邊的緊張關係不斷升高。

儘管面對這麼多挑戰，沃西基依然對公司前景充滿期待。她提到，慢性病導致大量醫療開支，其中許多疾病可能都是可預防的。她相信，23andMe 的健康報告可協助客戶及早改變其生活方式。舉例來說，每個人都聽過健康飲食和運動的重要性，但如果你發現自己有糖尿病的遺傳傾向，會讓你有更大的動機決心上健身房和多吃生菜沙拉。

23andMe的未來潛能無限，但下一個階段的成功將更加困難。沃西基告訴我：「我們做了許多錯誤的決定……你只能靠嘗試錯誤來找出答案。不過我相信，長期而言，做正確的事將得到回報。醫療健保的部分挑戰在於，它有太多激勵手段在根本上是錯的。此刻我們必須逆流而行，但隨著時間流轉，情況終究會有所改變。」[32]

## 評估23andMe

底下是我對這家著重「腦」的科技新創公司，在開展一個極需「力」的新事業部門後，所做的評估：

**左腦：使用分析法　＝　10**

數據分析是23andMe的核心競爭力，以及它所有價值的來源。

**右腦：駕馭創造力　＝　9**

這家公司各方面全靠創意，從創辦理念、商業模式到它行銷傳遞的訊息。

**杏仁核：善用同理心＝8**

沃西基說，與病患打造信賴關係是優先要務。她批評醫療健康產業對病患不夠關心，也對FDA阻止公司對攜帶BRCA基因、有潛在乳癌風險的女性提出警告，感到憤怒不滿。

**前額葉皮質：風險管理＝9**

FDA封殺他們提供客戶的報告，讓一些競爭對手嚇得退出這個事業，但23andMe仍擁抱具風險的願景，堅持「企業對客戶」（business-to-consumer）的基因檢測。如今，它還投入風險更大的藥品開發。

**內耳：持有和結盟的平衡＝8**

到目前為止，他們的合夥關係似乎運作良好，特別是他們與葛蘭素史克攸關未來成敗的合資計畫。

**腦的總分＝44／50**

**脊椎：物流 ＝ 9**

他們對檢測包的裝運、送貨管理和顧客服務等方面，都非常有效率。

**雙手：製作物品的技藝 ＝ 5**

這是未來的一個大問號。製造藥品比製造家用檢測包困難許多。

**肌肉：善用規模的槓桿操作 ＝ 7**

23andMe 對巨量且持續成長之客戶群的管理值得稱許，同時它透過與連鎖藥局沃爾格林（Walgreens）及其他公司的結盟來銷售檢測包，也進一步擴大規模。

**手眼協調：組織生態系 ＝ 9**

他們已經建立了一個包含產品供應商、實體和網路零售商以及與葛蘭素史克、Lark 結盟的強大生態系統。甚至大幅改善了和ＦＤＡ的關係。

**韌性：長期存活能力 ＝ 8**

他們從被ＦＤＡ封殺的不利公關宣傳中，強勢扭轉逆勢，不過他們的韌性在未來仍是問號。人們對數據隱私的顧慮及DNA檢測的新鮮感退燒，都可能損害他們的品牌。

**力的總分＝38／50**

**總分＝82／100**

## 所以，我們學到了什麼？

或許你會認為，我對戴姆勒太嚴苛。一個傳奇性的公司，擁有這麼多的影響力、資金、聲譽和獲利能力，為何分數這麼低，特別是它正把數十億美金投注到未來將可以得到回報的創新？的確，幾年內，戴姆勒腦的分數可能顯著提升。不過，儘管「CASE」的計畫令人激賞，這些計畫都無法保證鴻圖大展。在全球汽車產業面臨根本性的破壞下，戴姆勒在十年後，可能成為次要的賽局參與者，甚或可能經由購併或破產等方式消失不見。

同樣地，儘管我對 23andMe 抱持敬意，也無從得知它五年後、十年後是否還存在。個人基因測試的需求已開始出現飽和的跡象。萬一，它只有一時的熱度？萬一，他們的研究人員永遠無法真正發現一個商業上可行的熱門藥品？

在接下來十章，我們會深入探討腦與力的每個特質，並說明不同類型公司對它們的運用方式。這些探討有助於我們理解，你的公司可以遵循的典範實務及應該避免的一些錯誤。每一章結尾，我們會在「系統領導者筆記」提供重點整理，它將有助於理解第十三章，我們對領導者如何推動公司變革的分析。

第二部

# 何謂有腦的公司？

當一些老派、非科技業的公司被告知，他們需要「數位化」或「擁抱數位科技」時，它的含義往往含混不清。是要他們把人工的流程自動化，以節約成本嗎？或是要像矽谷的科技公司一樣，在產品開發上更靈活？還是說，要像全世界的年輕創辦人一樣，上班穿得休閒些，把「快速失敗」（failing fast）*當成口頭禪？

接下來五章，我們將深入探討幾個和腦有關的數位及情感面向：使用分析法（左腦）、駕馭創造力（右腦）、善用同理心（杏仁核）、風險管理（前額葉皮質）以及持有權和結盟的平衡（內耳）。每一章都會依循這些面向來審視幾家公司的情況，並對其中一家公司進行深入分析。

最後，你應當可以依據這五個腦的基本能力來評估自己的公司，做出整體總評後也能找出需要改進的部分。

第三章

# 左腦：使用分析法

當有人更細心傾聽顧客，甚至在顧客尚未意識到之前，就預想顧客的需要時，顛覆（disruption）就出現了。多數公司之所以會被顛覆，是因為他們缺乏率先自我顛覆的意志和勇氣。

——華特・貝汀格（Walt Bettinger），嘉信理財執行長

我們仍處於分析法革命的初期階段。各類公司，不管是最老牌的既存者或最新的顛覆者，是高科技或低科技，也不論它提供產品或服務，都越來越容易取得大量數據。數據的巨大潛力可以改善你的產品、提升你的用戶服務、並強化你的行銷訊息，同時還可以幫助你省去不必要的成本。所謂數據的力量推動著現代企業的引擎，並非誇大之詞。在腦與力的框架中，我把分析和運用數據的能力稱之為「左腦」，它是腦的邏輯思考中心。

不過這裡有個竅門：雖然收集數據從不曾如此容易，聰明使用數據卻也沒這麼難。每

個人都需要一套策略來管理大量湧入的資訊洪流。一不小心，你就可能專注在錯誤的衡量指標——它們可能較易於追蹤，但並非推動你事業成功的真正因素。或者，你可能設法利用數據來操縱你的用戶，因而損害了他們對你的信賴與忠誠度。能熟練掌控數據的力量並明智運用的領導者，將取得巨大的優勢。但有時，太聰明可能反被聰明誤。

## 亞馬遜：分析法的威力

和亞馬遜的其他許多方面一樣，亞馬遜的數據掌控也是標竿範例。它的免運費計畫Amazon Prime——如今附帶許多優惠，像是免費的影音和聲音內容，以及全食超市的折扣——基本上就是數據的威力展示。免費運送鼓勵會員們在生活的各個方面與亞馬遜做更多互動——從補充碳粉匣到觀賞《漫才梅索太太》（*The Marvelous Mrs. Maisel*）這類原創電視節目。每次購買、點擊或是對Alexa的指令，都為這家公司增加大量關於用戶的精細數據。回過頭來，這又讓亞馬遜的人工智慧（ＡＩ）和機器學習（machine learning）做出更

---

*譯註：快速失敗（fail-fast）是常見於精實新創（lean start-up）的企業方法論。它強調廣泛地測試，以確定某個概念是否有其價值。測試後，一旦發現某樣東西不奏效，為了減少損失，就要迅速「轉向」（pivoting），嘗試其他東西。

好的預測，知道顧客接下來想要什麼、要促銷什麼項目，從而創造更多銷量。

比起等待滿足消費者的需求，預期需求是吸引和獲得用戶更強大的方法。亞馬遜的Prime用戶們喜歡這個服務，即使「老大哥」對他們的日常生活一清二楚，他們也不會抱怨。亞馬遜運用機器學習結合大數據，牢牢鎖定用戶。你訂閱Prime越久，越不可能棄之而去。

我們可以拿亞馬遜左腦的巨大優勢和老派的公司比較，比如說，一家賣雨傘的製造商，它拿到的消費者數據是透過與它合夥的批發商和零售商取得的二手資料，這些數據往往只是總和，而沒有細分的資料。或許它只能憑空猜想消費者的人口組成，行銷工作也因此比較難。假如需求的趨勢出現變化，製造商會比當場看到銷售數據的零售商晚幾天或幾星期才知道。解讀價格敏感度，比如：原本售價十九．九九美元的雨傘漲價到二十四．九九美元時消費者的反應，也會出現同樣情況。

小型公司的情況更加堪慮，亞馬遜（及其他大型零售商）可以生產自家的雨傘，運用數據的力量準確選定最熱賣的雨傘樣式和價位。過去這個做法一直飽受批評，因為這損害了供應商的利益。[1] 在缺少品牌忠誠度，口袋又不夠深的情況下，賣雨傘的公司自然無力招架。

## 臉書：分析法的災難

另一個巨大的風險，是你在運用機器學習和人工智慧的力量時，沒有顧及到消費者或用戶變成分析法的糧秣時可能的感受。只想不計代價地優化數據的公司，可能疏離了原本推動他們商業模式的人們。最終極的警世案例就是臉書（Facebook）；它花了十年，打造一個具備熱情且數量龐大的用戶群，但接下來五年卻毀壞了名聲，惹怒了用戶。雖然臉書仍持續成長且獲利驚人，但許多我認識的企業領導人，都把它當成個案研究的對象，用來說明對數據的力量草率、自滿和貪婪的後果。

較早之前，臉書用戶們不大介意根據他們個人興趣發送的標靶廣告。如果你喜歡園藝，在動態消息看到園藝用品的廣告也很合理。它似乎只是微小且合理的代價，畢竟臉書提供免費平台，讓你連結朋友和家人。而且有時，這些園藝廣告確實提供了你想要的東西。

不過隨著時間演進，臉書無止盡地優化營收，破壞了用戶的信任。它把個人資訊賣給第三方，包括像是劍橋分析（Cambridge Analytics）這類不擇手段的政治組織，卻沒有事先警告或給用戶拒絕的機會。這導致了二〇一八年臉書爆發創立以來，已知的最大數據外洩事件。[2] 數據不安全和隱私濫用成了新聞標題，也讓一些人放棄這個平台。在臉書令人頭量腦脹的用戶協議裡，是否白紙黑字、堅守信息披露的法規根本不是重點，重點是，臉書的律師和合規專家（compliance experts）們輕忽了真正重要的信賴和用戶服務。

不要為了數據分析的金雞蛋，殺掉信賴的母雞，這說來也許容易，但做起來很難。若要更深入了解它牽涉的複雜問題，我們應該來看看底下的重點範例——嘉信理財公司（Charles Schwab & Co）。

## 嘉信理財：金融強權的興起

嘉信理財對分析法的應用，是它一九七五年以來持續成功營運的核心；二〇〇八年，華特・貝汀格（Walt Bettinger）於金融危機期間接任執行長後更是如此。這個金融服務的巨頭為如何巧妙、有同理心、合乎倫理地使用海量客戶數據，立下了典範。

查爾斯・史瓦布（Chuck Schwab，公司即以他命名）在美國證券交易委員會（SEC）即將放寬證券交易規範前，成立了公司；在此之前，他不曾以價格作為競爭手段。證券法規修改後，他將嘉信理財定位為最早的折扣證券交易（discount brokerage），提供中產階級投資人低價、陽春型的交易服務，而非提供高淨值投資人（high-net-worth investors）的高價位服務。十年間，嘉信理財已經擁有一百家分支機構，一百二十萬名客戶以及七十六億美元的客戶資產。[3]

科技一直是它成功的關鍵因素。一九七九年，嘉信理財成了第一個內部自動化的折扣券商。史瓦布冒險投入五十萬美元（相當於公司當年的全部營收），建立一套專利軟體的後台結算系統。[4]他希望科技盡可能由公司擁有，以作為公司的競爭優勢。嘉信理財很快就擁有業界第一個線上訂單輸入系統（online order entry system）。出書介紹這家公司的約翰・卡多（John Kador）如此寫道：「幾乎在一夕之間，嘉信理財的接單員可以處理兩倍的訂單，成本更低，準確性也比任何同業的交易員更高。」[5]附帶的好處是，這套系統生成大量客戶與交易的數據，讓嘉信理財得以從中挖掘趨勢和模式。

一九八三年，美國銀行（Bank of America）以五五〇〇萬美元收購嘉信理財，不過一九八七年，史瓦布又把公司買回來並公開上市；時間就在十月，市場崩盤之前。這段期間，嘉信理財服務的對象除了個體投資戶（solo investors），也包括獨立的投資顧問，提供他們資產託管和後台營運的服務。它同時也創立了自身的貨幣市場共同基金。在「達康」（dotcom）網路熱潮期間，公司以二十四億美元收購美國信託（U. S. Trust），這是一家專為七千名超級富豪客戶提供金融諮詢的公司。截至一九九七年，公司一切進展順利，史瓦布開始計畫脫離公司的日常運作，擢升大衛・波卓克（David Pottruck）為共同執行長。

「一九九〇年代後半期，嘉信理財做什麼都對，」貝汀格回憶道，「但是網路泡沫在二〇〇〇年破滅後，嘉信理財做什麼都不對，這樣的時期大概持續到二〇〇四年。」[6]隨著市場不振，嘉信理財的交易量下跌了百分之五十，不得不大幅裁員和刪減員工福利。二〇〇三年成為唯一執行長的波卓克，沒有把重點放在當初成就公司的小額投資人（small investors），反倒開始對價值較低的帳戶提高費用，並擴大對富有客戶的服務規模。不過隨著營收持續下滑，董事會在二〇〇四年解除波卓克的職務，找回史瓦布擔任執行長。

史瓦布把公司重心重新移回中產階級投資人，其中不少人已經轉向 E*Trade 和 TD Waterhouse 這類更新、成本更低的線上交易商。他把平均交易費降低一半以上，這對短期營收造成了影響。同時，他開始擺脫美國信託這類非核心的收購項目。這個策略代表嘉信理財必須減少對交易費收入的依賴，它在「達康」泡沫化之前，占了公司近百分之五十的收入。到了二〇〇五年，嘉信理財有百分之七十九的營收來自以資產為基礎的產品和服務，只有百分之十七來自交易費。這個轉型讓公司得以進一步降低交易佣金，讓公司對小額投資人更具吸引力。情況又再度好轉，直到二〇〇八年金融危機來襲。

## 同一顆星星的指引

一九九五年貝汀格與史瓦布初次見面。當時，嘉信理財買下了他在俄亥俄的四〇一

（k）退休福利計畫記錄公司。按貝汀格對當初談判過程的形容，「在那之前，我這輩子從沒見過一個億萬富翁。我非常緊張。我走進他的辦公室，地上是破舊、可怕的橘色地毯，老舊的椅子，感覺起來很雜亂。就和普通人一樣。」史瓦布務實的本性讓貝汀格感到自在。「史瓦布一視同仁。帶著尊重和敬意。我們自然感到親近。」[7]收購完成後，貝汀格留下來經營成為嘉信理財旗下部門的公司，並負起越來越多管理責任。

兩人之間的重要會面發生在二〇〇五年，當時貝汀格主管嘉信理財的核心零售業務。它的銀行部門即將首次提供支票帳戶（checking account）；由於嘉信理財沒有自己的自動提款機（ATM），必須按照顧客使用其他銀行的提款機來決定收費。貝汀格準備了八十頁PowerPoint簡報，分析各種選項，包括：購買或共同贊助他們自身的提款機網絡。貝汀格的分析中提到，沒有任何一家美國主要銀行，承擔其他競爭銀行收取的提款機轉帳費用，每家銀行都是把費用轉嫁給消費者。不過，十五年後他回想當初的結論認為，「隨著銀行業持續整合，這似乎是未來勢必會走的方向。」[8]貝汀格的結論是，儘管短期的成本增加，但長期而言，最好的策略是承擔所有其他銀行的費用；基本上，等於把全世界每一部提款機都變成嘉信理財的提款機。

貝汀格的簡報還不到第三頁，就被史瓦布打斷，他問說，客戶會比較喜歡什麼？想當然爾，答案是從任何提款機提款都免費。憑他數十年的經驗，史瓦布大概不消兩秒鐘，就可以估算出嘉信理財可從提款手續費入帳幾百萬美元。不過，他同樣設想得到，消費者每次在大通銀行（Chase）或富國銀行（Wells Fargo）提款機免手續費提款時露出笑容的長期巨大價值，這不會讓顧客皺著眉頭盤算，到底有無必要在嘉信理財的支票帳戶開戶。

史瓦布大力支持數據的收集和分析，不過他用不著 Excel 就能知道讓客戶開心滿意的價值。他也知道，每個開心滿意的客戶會再告知其他潛在客戶，這種口碑傳銷的威力勝過任何廣告宣傳。既然史瓦布的直覺和貝汀格的淨現值分析結果不謀而合，其他七十七頁的簡報就沒有繼續下去的必要。這場會議確立了貝汀格全心擁抱史瓦布如指北明星般的原則：顧客滿意是最重要的衡量指標。「這一刻大家都恍然大悟。誰會在意競爭對手怎麼做？長期來看，這是最好的決定。」[9]

史瓦布看出貝汀格和他的看法一致，之後拔擢他出任營運長（COO），並在二〇〇八年金融危機惡化後，再次推舉他出任執行長。和大部分金融服務業一樣，嘉信理財在市場低迷、人們對投資縮手的時刻遭受重大打擊。不過和其他公司不同的是，它沒有接受任何政府紓困。當景氣開始復甦，開戶數量的成長開始加速，同時，嘉信理財也日益依賴交易費之外的其他營收。以二〇二一年年初而言，這家公司管理逾兩千九百萬個交易帳戶，將近七兆美元的資產。[10]

## 從客戶的眼睛看世界

嘉信理財不只龐大，而且相當複雜。各種事業部門提供共同基金、股票、指數股票型基金（ETFs）、選擇權、期貨、封閉型基金（close-end funds）、債券、定期存款單（CDs）、貨幣市場基金、個人退休帳戶（IRA）、外國證券、存款與支票帳戶、房屋貸款、房屋淨值貸款（home equity lines of credit，HELOC）、信用卡、人壽保險、殘障保險以及其他種種。沒有一個執行長可能熟習所有這些產品和服務的一切細節。

貝汀格要確認，他的行政團隊遵循史瓦布的指北方針：對客戶的用心是長期成功的關鍵。他發起一場運動，目標是讓每個人「透過客戶的眼睛」（Through Clients' Eyes）來看待公司營運的每個面向。員工們被要求在評估大大小小的決定時，都要根據它對顧客滿意度和忠誠度造成的衝擊。同時，員工們也被時時提醒，公司的五大核心原則：

一、**信任就是一切。贏得信任要靠時間。失去信任卻在轉瞬之間。**要注意，我們做或不做的所有事，是否會建立或損害信任，以及我們與客戶的關係。

二、**價格很重要。比以往更重要。在我們的產業尤其最重要。**我們要運用我們的規模來提出領先業界的定價，無需經過潛在客戶或客戶的詢價或談判。

三、**客戶應該得到有效率的體驗。每次都要。**我們要尊重客戶的時間，確保客戶每次與我們互動，都簡單且容易。

四、**每位潛在或現有客戶對我們的未來成長都很重要。不論客戶大小。**每個可能的機會，我們都要重視並取悅他們。

五、**行動重於言語。客戶、媒體、意見領袖（influencer）以及員工，都會觀察我們是否言行相符。**要敢於挑戰我們所做的任何事，以確保它和我們服膺的信念和自我宣稱一致。[11]

貝汀格強調以顧客為中心，有時要為了追求新的成長而侵蝕既有的事業部門。「當有人更細心地傾聽顧客，甚至在顧客尚未意識到之前，就預想顧客的需要，顛覆就出現了。大部分的公司之所以會被顛覆，是因為缺乏率先自我顛覆的意志和勇氣。」[12]

嘉信理財的意見調查和其他形式的直接回饋，著重於策略的改進，這讓線上或線下的顧客能更滿意。這些效率的提升是雙贏的結果，對嘉信理財和它的顧客雙雙有益。但有些時候，調查反映對某個新產品或服務的需求，幾乎無法帶來任何獲利，但依據五個核心原則卻有其正當性。在這種情況下，做出以價值和顧客為基礎的決定後，就會進行分析的流程來推展業務的前進。

這個做法最讓貝汀格自豪的例子是二〇二〇年六月，嘉信理財推出的零股交易服務（Schwab Stock Slices）。如今，進行股票分割的公司越來越少，這讓小額投資人難以負擔一些股票的價格，例如：亞馬遜的股價在本書寫作的同時，每股已經超過三千美元。「我們或許可以不理會較不富裕的客戶們對零股的需求，但幫助小人物正是嘉信理財的初衷。因此，我們進行了三個月的調查和易用性研究（usability studies），以設計出零股交易服務，之後花了幾百萬美元來落實計畫，儘管這不會帶給我們任何額外的佣金。」[13]

## 運用分析法，提升服務與降低成本

貝汀格是個數據迷，他每天早上起床前，都會先檢查嘉信理財最重要的衡量數據。不過他怎麼知道，他該看哪個數字，才能衡量出公司的真實健康狀態？嘉信理財的電腦裡收集了海量的數據：每個金融工具的買與賣、公司網站 schwab.com 每個網頁的每次點擊、每個行動 app 上的點觸互動、客服中心每天接的六萬通電話、還有一萬三千名使用嘉信理財的後台支援和資產監護的獨立金融顧問們，進行的每次交易。

一個系統領導者必須專注在：為數可管理、真正重要的可變數上，才能在數據的海洋裡乘浪而行，而不至於沒頂。貝汀格只鎖定三項每日衡量數據：新開帳戶的數目、淨新資產（net new assets）的價值以及轉入和轉出資產的淨值。按照他的解釋，「新帳戶告訴我們，一般投資民眾與我們的互動程度。淨新資產告訴我們，產業的整體健康狀況——人們帶來給我們的錢，是否越來越多？至於淨移轉資產（從其他機構），則是站在競爭的立場，衡量我們市占率的指標。」[14]這個資訊會出現在他手機的面板上，因此在他鬧鈴響起和起床盥洗的這段時間，貝汀格就已經知道前一天嘉信理財的競爭表現多好或多壞，公司的收支損益多少，以及全國整體投資景氣如何。

這只是他一天的開始。嘉信理財的電腦雖然可以計算出每個產品和服務創造多少營收，但它們無法告訴貝汀格和他的團隊，要運用這些資訊來做什麼。每天都需要進行一系列的價值判斷，並決定資源分配、人員安排以及行銷作業的優先順序。遵行史瓦布的指北方針比較容易——「我們的優先要務，是用越少越好的成本，提供顧客越多越好的服務」——但魔鬼就藏在細節裡：

- 任一特定的服務可以省去多少成本，而不致造成損害？
- 添加一個新技術的成本，是否合理正當？
- 我們是否真的有必要因應每個競爭者而降低收費？反過來說，我們是否需要因應競爭對手的每個新產品或服務？

- 為了優化顧客體驗的每個細節，我們能負擔多少開支——在網頁上，在 app、電話上，或面對實際的個人時各是多少？
- 在我們追蹤的所有可變數中，哪些是顧客真正在意的？我們花在一通客服電話的時間是多少？完成 app 或網頁上一項任務所需的點擊次數多少？在客服中心等候一位接待人員出現要多久？
- 隨著規模擴大，若要讓營運更有效率，我們是否真的需要把所有節省的營運成本都轉到顧客身上？如果不跟進近年來興起，只收最低手續費的陽春型純線上服務，我們能做到多相近的程度？
- 另一方面，我們的服務要做到怎樣程度的高個性化（high-touch），才讓顧客在每個連結點（在網站上、app、電話、實體個人）都覺得賓至如歸？

嘉信理財以人性觀點處理上述這些問題的絕佳例子，是它對羅賓漢公司（Robinhood）所做的回應，羅賓漢是一家二〇一三年推出，以 app 為基礎的金融服務新創公司。由於是百分之百線上作業，羅賓漢得以提供免費的股票與基金交易；藉由現金餘額的利息、保證金貸款及從處理訂單之快速交易公司的佣金來創造營收——它被稱為「訂單流付款」（payment for order flow），一個有爭議但合法的做法。根據《華爾街日報》的報導，羅賓漢也向顧客收取比它從高速交易商得到的市場價格高一些的費用。「不同於E*Trade和嘉信理財——他們也收取訂單流付款——羅賓漢沒有公布它提供給顧客加收費用的數據。結果是：市場的老手們說，你在羅賓漢的app買賣股票時，可能用比其他交易商差一點的價格執行交易。」[15]

儘管羅賓漢的顧客用更高的價格進行「免費」交易，卻幾乎看不出來他們的費用。相對下，嘉信理財憑著市場巨商的地位，提供顧客最好的市場價格，但他們每次交易都要付出扎扎實實的四．九九美元。實際上，嘉信理財早在羅賓漢出現之前，就已預期到零佣金競爭者帶來的威脅；貝汀格記得，早在二〇〇四年，公司就為了這個問題召開第一次會議。「我們知道那是我們最大的弱點，因此我們會不停地自問，我們做的任何新動作，究竟讓我們距離零佣金更近還是更遠。」[16]到了二〇一九年春天，當佣金已低於嘉信理財總營收的百分之十以下，他已經準備隨時在他覺得對的時機做出重大的一步。

時機出現在幾個月後，嘉信理財得知，E*Trade和德美利（TD Ameritrade）同樣也將做出戲劇性的改變。嘉信理財透過網路宣布，股票和ETF交易免費，這項宣布一開始衝擊了它的股價。不過，史瓦布在CNBC電視上親自捍衛這項決定說：「我們透過其他客戶關係來賺錢——你可能需要建議，你可能想要有固定收入或其他類似的事……我們想做的，是提供顧客真正想要的，而且他們一定希望用更低的價格得到。」[17]由於嘉信理財用了十五年，持續降低對手續費營收的依賴，因此相較於其他對整個產業零佣金競賽猝不及防的競爭對手，它受衝擊的程度少了許多。

## 運用分析法，維持信賴和強化忠誠度

在我訪問貝汀格及他造訪我的史丹佛課堂期間，他提到信賴一定超過一百次。這是他最大的執念，因為他知道，在嘉信理財，任何損害顧客信任的舉動都可能演變成大災難，來自四面八方的威脅隨時可能出現。

第一個威脅是，人們對整個金融服務產業會喪失信念，就如在二〇〇八年金融危機之後的那段時間。儘管金融規範做出改革，仍有許多膽大妄為的操作和毫不迴避利益衝突的做法，讓整個產業的信任度，按貝汀格的形容，「可能比賣二手車的還低一到二階。」他補上一句：「沒有信賴，其他你所做的一切可說無關緊要。因為這不像買鞋子、汽車或領帶，或一杯咖啡。它買的是你的未來，它是你一家人的未來，它是你工作所為何來，因此你做任何事，都必須以信賴為最核心。」[18]至少從這個標準來看，嘉信理財因為它自一九七五年來的清白名聲而得利。每當它推出一項新產品，它身為金融服務業正派代表的品牌資產，就是顧客很大的安心保證。

第二個重大威脅是，技術上的——駭客入侵或網路破壞的風險，不管是個人駭客、組織犯罪、恐怖分子或美國的敵國。從二〇〇七年到二〇一七年擔任嘉信理財財務長的喬・馬丁尼托（Joe Martinetto）就說過，「你花在這上面的錢可能永無止境，但如果有人跟你百分之百保證，他們的系統不會被入侵，那一定是在說謊。」[19]

嘉信理財的技術專家，考慮了新安全技術的諸多可能，但它的投資回報率（ROI）難以估算。嘉信理財在語音認證方面應該更積極嗎？臉部辨識？虹膜掃描？指紋辨識？其他生物識別方式？就馬丁尼托的觀察，「如今在科技上，幾乎再也沒有什麼是負擔不起的。我很樂於配置更好的身分辨識設備，因為……我們一旦能確認是你，就更容易傳遞給你更好、更快的體驗。」[20]

或許對顧客信任感最大也最嚇人的威脅——因為它最具誘惑力——是不當使用顧客數據。嘉信理財很容易就跟隨臉書和其他人的腳步，走向濫用每日蒐集之海量數據的陰暗面。一家公司越了解顧客行為，就越容易透過人工智慧推論，並用低邊際成本來供應客製化的需求。但你在標靶行銷與侵犯客戶隱私之間，如何分清分際？機器學習無法回答這個問題，公司的法律部門也沒辦法。它需要全公司共同的強烈使命感和價值觀。

大家可以想一下，貝汀格所舉的例子。「如果你進入 schwab.com（嘉信理財官網），然後點擊查看『人生事件：離婚』，我們可能掌握了比你配偶還早知道的事。」我們可以很容易就發出自動傳送的電子郵件，內容大致如下：「我們注意到，你在研究離婚可能的財務衝擊。底下，我們幫你連結一些相關文章，還有線上計算機來幫助你規劃……。」即使是很少在意數據隱私的顧客，大概也會認為這是最糟的「老大哥正看著你」的情境。這種電子郵件可能增加的獲利，無論如何都比不上顧客流失和反宣傳帶來的損失。

二〇二一年，遊戲驛站（Gamestop）股價激烈震盪和不合情理的高價，讓金融服務業的誠信問題再次浮上檯面。[21]羅賓漢因為停止包括遊戲驛站在內的幾家公司的交易，讓人們無法在股價下跌時脫手股票，成為爭議焦點。有些人認為，羅賓漢不允許交易的做法傷害個人投資者，但大型避險基金仍可以在這家公司股價下跌時，賣掉他們的股票安全脫身。事後人們雖然發現，羅賓漢因需籌募額外資金來支應顧客的交易活動，因此限制交易是公司營運所需，但投資人對公司的行動缺乏信賴感，導致羅賓漢的執行長被傳喚至國會作證。這家公司限制交易的不透明作為帶來的重大打擊，持續了好幾星期。在販售金融福祉的重要產業裡，羅賓漢的做法和嘉信理財對顧客信任感的念茲在茲，形成強烈對比。

貝汀格說，嘉信理財的高層主管們在與信賴相關的決策上，幾乎不曾出現內部意見不一的情況。「那五大原則對避免爭論大有幫助，因為它簡單明瞭。我們把它奉為公司成長的路線圖和避免出差錯的安全護欄。」[22]

## 運用分析法，重設競爭格局

「誰是你的競爭對手？」這不一定是個容易回答的問題，在金融業更是如此。嘉信理財在最早期，對提供全方位服務的摩根史坦利（Morgan Stanley）或美林（Merrill Lynch）這類傳統經紀商（所謂的 wire houses）而言，是主打低成本的競爭者，之後它的競爭對象包括：提供 E*Trade 這類的線上交易商、富達投資（Fidelity）這類的共同基金，還有銀行及結合上述各種服務的金融超市（financial supermarket）。更近期而言，新的數位創新公司，如：羅賓漢與 Betterment（一家機器人理財顧問公司）正試圖搶食低端的市場占有率，瓜分嘉信理財的業務。正如嘉信理財的技術長提姆·黑爾（Tim Heier）告訴我的，「許多（金融技術）公司在進行快速的實驗。他們放眼嘉信理財這樣的市場既存者，並試圖拆解我們。他們說，『我可以做免費交易。我可以做自動資產分配。』他們不想複製一整頭大象，而是一次咬掉我們的一部分。」[23] 黑爾說，嘉信理財對於這些小型的顛覆者「樂於奉陪」，就像它之前為了迎戰羅賓漢而免收交易手續費。

不過，萬一某個科技業的巨頭，像是亞馬遜或 Google 決定進軍金融服務業，或其他顛覆的力量潛伏在側，那該怎麼辦才好？黑爾說，他擔心的是「貨真價實的大顛覆……。某人進到入新市場、提供新服務，帶來某種來戲劇性變化的事物，就像 Google 當初帶給搜尋的衝擊……。這可能是比較難以防範的。照理來說，這類公司有錢做投資。他們一旦決定進場，就會大張旗鼓，大幹一場。」[24]

貝汀格的團隊已經準備好應付這類可能威脅，從嘉信理財與競爭對手關係的分析中，他們應可稍感寬慰。公司高層估算，全美國總共的「可投資財富」（investable wealth）約為四十五兆美元，略少於二〇二〇年經濟衰退前的五十五兆美元。即使把剛收購的德美利證券（TD Ameritrade）加進來（這項兩百六十億美元的交易於二〇一九年十一月宣布），嘉信理財管理的資產仍只占全美國可投資資產的百分之十二到十四。這留下很大的成長空間。公司發展、計畫與策略資深副總裁麥可．赫特（Mike Hecht）說，「我們持續搶占傳統證券商和銀行的市場，它推動我們過去四十年的成長，我們認為，它還會持續推動未來至少十幾年的成長，因為在美國，每七塊錢裡，就有六塊錢還在傳統金融機構手裡。」[25]

## 運用分析法，快速跟進

一九七〇年代時，史瓦布認為先進的科技是他的競爭優勢之一。「有段時期，我們所有的東西都自己打造，」前財務長馬丁尼托說。「我想，對於什麼算是真正的競爭優勢，哪些只能算原物料（commodity），如今我們有更為嚴格的定義。原物料我們用買的。只有我們認定會產生差異的事物，我們才自己打造。」[26]

採行這項政策的原因之一在於，基於嘉信理財早期擁有太多科技而衍生了複雜的傳承問題。舉例來說，馬丁尼托花了整整十年來處理公司早期電腦系統升級的問題。「四十年前，我們取得了一個證券交易平台的專利授權，把它帶進公司，然後脫離了它升級的路徑。四十年來，一直是我們自己升級、客製化和維修。你可以想像它製造出來的複雜問題。大型電腦代碼庫大概有三千九百萬行代碼。」[27]

與其追逐專利科技，貝汀格的團隊擁抱「快速跟進」（follow fast）的策略，注意有哪些值得添置的創新，運用嘉信理財所有的優勢快速仿效。率先創新的優勢往往為時短暫，快速的追隨者可用微小的資源得到近乎相同的利益。這就像車子的巡航定速（cruise control）：不管哪一家車廠發明了這個特色功能，都不可能得意太久，其他每家車廠也都會推出巡航定速。真正的挑戰是，找出哪個新功能真正歷久不衰，不只是一時的風潮。

正如技術長（CTO）黑爾的觀察：「人們的期待不時會改變，這對我們的軟體開發團隊帶來壓力。你必須思考，人們會如何運用語音和我們互動——不一定是拿起電話並透過電話中心或通話樹（call tree）。他們可以使用虛擬助手。那是不同類型的軟體。我們要寫程式嗎？還是用買的？我們要和其他公司合夥嗎？……現在就合夥太早嗎？如果我們等待過久，會落後嗎？……每件事都搶第一的成本太昂貴，因此我們不斷精練技能和觀察、學習、創新的流程。」[28]

或許嘉信理財「快速跟進」策略最好的例子是它對「機器人顧問」（robo-advice）潮流做出的回應。個人化的投資組合管理過去是昂貴、高端的服務，專供至少二十五萬美元或五十萬美元以上的投資。二〇〇八年成立的新創公司 Wealthfront，將財富管理和選股專家的投資策略自動化，提供資產配置服務。你可以輸入你的所有相關資訊——年齡、家庭狀況、目標、風險容忍度——他們就按照股市專家們提供給高端客戶的最新分析，給你一份推薦的投資組合建議。Wealthfront 宣傳說，這項服務用極小的成本，幾乎便能提供你所有偉大規劃者能告訴你的一切，最低投資額度可能低到只有五千美元。小額投資人非常中意。另一家新創公司 Betterment 也在二〇一〇年跟進。到了二〇一九年年中，據估計有四千四百億美元的資產是交由機器人的理財服務來管理。[29]

二〇一四年，嘉信理財判定，機器人理財並非只是一時的熱潮，所以也開始推出自己的產品，名為「嘉信智能投資組合」（Schwab Intelligent Portfolios）。儘管以嘉信理財做為託管人的七千五百多家理財顧問公司出現一些反彈和擔憂，但實際的數據讓貝汀格的團隊相信，不管高成本、高接觸的真人顧問，還是低成本的自動化理財顧問，都還有很大的市場。二〇一五年，也就是推出的兩年後，嘉信智能投資組合管理的顧客資產已經達到兩百五十億美元。截至二〇二〇年，它總共管理三・六億個帳戶的四百一十億美元資產。

機器人理財顧問讓一些嘉信理財的客戶告別高收費的顧問，因而造成營收損失，不過貝汀格的團隊認定，長期而言，它對營收的衝擊將是正面的。機器人顧問為嘉信理財帶進許多新客戶，包括一些千禧世代的人們，他們不會選擇沒提供這類服務的金融公司。

## 跟著數據走——在合乎道德的情況下

嘉信理財是結合顛覆者的靈敏和強大既存者的資源與規模的典範。貝汀格的管理團隊維持公司聲譽從不懈怠，也不吝於向羅賓漢或 Wealthfront 這類新創公司借鏡。他們時刻警惕，不流於自滿。他們絕不會自認，嘉信理財已經穩固到不可能倒閉。

以應用分析法而言，他們會緊盯數據以了解顧客真正的需要，先不論對公司可能的影響。如果投資人在二〇三〇年，想透過 Alexa 或 Siri 的人工智慧語音介面交易，嘉信理財就會幫他們準備好。不過，這家公司也注重確保數據隱私和維持顧客的信任度。它知道，如果不能結合人性洞見並做出有同理心的決策，大數據本身並無太大價值。它也致力於數據使用的透明度——不是放在字體精美的服務條款第三百九十七行，而是用大白話清楚說明。它知道，大部分顧客不介意分享個人資訊，只要公司懂得尊重，並以實際利益回報顧客對它的信賴。

貝汀格不接受矽谷人常掛在嘴邊的「快速行動，打破成規」（Move fast and break things）之說——公司風格或許是「盡可能快速行動，但別打壞任何東西」。他們研究市場的競爭態勢、與時俱進，並在必要時不惜拆分犧牲公司的既有資源。他們絕不輕忽市場的後起之秀，反倒向他們學習。不過他們也絕不會冒著傷害主顧客群的風險，也不會為了擴張利益而跟顧客錙銖必較。他們也絕不會忘了，做正確的事是通向顧客長期忠誠度的最佳途徑。

當然，除了資源、聲譽和四十五年的品牌價值之外，嘉信理財還有一個重要的競爭優勢。它有一位八十三歲的創辦人兼董事主席，他的價值觀已經深植公司的DNA，同時他還擁有公司高個位數百分比的股份，可在管理團隊需要他時做出提醒。我問貝汀格，史瓦布離開後，強大的企業文化是否還能延續下去：

我想，當有一天查克（史瓦布）離開了，他打造下來的公司文化仍會繼續存在。真正的風險會出現在需要巨大勇氣做出重大決定之時。如果十五年後公司出問題，有沒有人能走進董事會，然後說：「我們必須放棄百分之二十到二十五的營收來解決這個問題，並相信如此一來，顧客會回報我們更多錢。」如果沒有人持有超過百分之一或二的股份，那或許會是個困難的決定。

## 系統領導者筆記1

### 使用分析法

- 衡量每個可能的互動來建立你的數據。在你分析許多可變項之前，你未必知道，哪些可變項對你的事業來說是真正重要的。
- 運用規模來發揮優勢。顛覆者可能希望，藉由資料護城河（data moats）快速建立規模；市場的既存者可利用龐大的數據集強勢捍衛自己的地盤。
- 要有耐心，要知道既有產業的轉型很少一蹴而就。別以為大數據的洞見會立刻顯現。你可能需要幾個月甚至幾年，才會從數據的收集和分析得到真正的回報。

# 第四章

# 右腦：駕馭創造力

從來沒有人想過，這是數位和類比之間的抉擇。一旦想通了，你要思考的是，類比什麼時候贏過了？

——喬．霍根（Joe Hogan），愛齊科技執行長

流行的神話認為，創新的想法需要突然的靈光乍現：英文裡所謂「燈泡亮起的時刻」（light bulb moment），你腦裡的開關突然打開，浮現某個大膽新奇的想法——像是把原來的大哥大加入電腦功能或網路搜尋的好方法，或萬有引力的理論（當然啦，牛頓還需要一顆恰巧掉下來的蘋果）。事實上，「燈泡亮起的時刻」這個老套說詞被一位聰明的思想家推翻了，他是實際發明電燈泡的愛迪生（Thomas Edison），他留下的格言是：「天才是百分之一的靈感，加上百分之九十九的汗水。」

我個人對於洞燭機先的預言家沒有意見，不過一般說來，大膽的構想和創新的商業模

式往往來自用新的方式觀察既有的產品、服務和市場。一步一腳印，讓構想逐漸浮現並演進。最後的結果可能是更有效率的供應鏈流程、原本被忽略的營收來源，在開發後品牌擴張、大膽新穎的商業模式，或從未被見識過的全新產品。你認真考慮的想法越多，你的公司就越有機會可長可久、蓬勃發展。

我把這種右腦的運用想像成「研磨」（grinding）創意，因為你確實在研磨想法，不斷打磨、精煉，直到創意的光芒顯現。這些研磨創意的苦勞，你可能永遠不會寫在《華爾街日報》或《快公司》（*Fast Company*）的文章裡。不過，它會幫助你找到既有舊產品的新市場，或讓新產品進入原本看似抗拒任何改變的老市場。它的可能性真的永無止境。

在進入我們主要的案例研究之前，先看幾個簡短的案例吧。

## 樂高：舊產品的新市場

樂高集團（Lego Group）這個製作木製玩具的丹麥家族企業，創立於一九三二年。二次世界大戰後，取得歐洲的塑膠材料日趨容易，這家玩具公司推出了可以互相扣緊的塑膠積木，並在一九六〇年代風行全世界。這些積木是樂高原創力爆發的產物，也讓它幾乎成了美國人家中不可或缺的一部分。

之後的幾十年，樂高不斷精進其核心產品，增加無數的系列專題和客製化組合。一九九〇年代，樂高透過智慧財產授權的方式，打造出星際大戰（*Star Wars*）這類流行文化的主題積木。到了二〇〇九年，在美國銷售的樂高商品，約有百分之六十是經專利授權的商品，相較於二〇〇四年成長了一倍。[1]推動這股銷售熱潮的，也包括一些成人收藏家，他們喜歡組合一些複雜設計的套裝積木，例如：星際大戰「千年鷹號」（Millennium Falcon）的巨大複製品——這是舊產品進入新市場的一個例子。

這個公司持續發掘和投資更有創意的企業擴展方式。在過去二十年，樂高成功徹底改造公司定位，從單純的玩具公司變身為適合各年齡層的娛樂公司。其中，包括在世界各地建造的樂高主題樂園（Legoland theme parks）——如今有八座正在營運，還有三座興建中。[2]二〇〇九年，《紐約時報》的報導中如此寫道，

> 在其他玩具公司苦苦掙扎的同時，這家丹麥的玩具積木製造商仍有兩位數的銷售量成長及亮眼的營收。近年來，樂高逐漸著眼於許多父母自己童年時不認識的玩具。好萊塢主題的產品占據貨架更多的位置，這和多年來，樂高理想派、純憑想像力的遊戲已相去甚遠。[3]

其他樂高品牌的娛樂在二十年前也是難以想像。二〇一四年的電腦動畫電影《樂高玩電影》（*The Lego Movie*）獲得熱烈好評和全球四．六八億美元的票房，讓它成為史上最熱門的動畫電影之一。[4]《樂高蝙蝠俠電影》（*The Lego Batman Movie*）和其他續集的票房也很不錯。樂高甚至推出樂高的成人益智遊戲《樂高大師》（*Lego Masters*）。按《紐約時報》的報導，「來自全美各地的競爭者，彼此進行各種堆積木的挑戰。參賽者第一個任務就是打造模型主題樂園。比賽限時多久？十五小時。贏得比賽的總獎金為十萬美元——當然啦，任何參賽者只要完賽、別踩到積木都算成功。」[5]

二〇二〇年三月，樂高集團公布前一年的報告，包括：消費產品銷售、營收和獲利都有成長，在業界領先群倫。[6]不過，如果它堅持只賣小孩子的塑膠積木，公司發展恐怕就不一樣了。

## Adobe：訂定一個新的商業模式

一九八二年以來，Adobe 開發了一些全世界最廣泛使用、最有影響力的軟體，包括：Photoshop、PageMaker、InDesign、PostScript 和其他許多程式。公司前三十年採行的商業模式相當直截了當：

一、為 PC 和 Mac 電腦設計一個很棒的軟體工具。

二、以數百美元價格出售，將實體碟片收縮並包裝在盒子裡。對大量購買、供員工使用的公司提供軟體授權的折扣。

三、大約每隔兩年就推出改良版本，迫使依賴軟體的消費者購買更新，過程中常讓消費者感覺受挫。

四、重複、再重複、獲利。

不過二〇一三年，Adobe 大膽躍入了全新的商業模式：軟體只限訂用（subscription）。如果你是依靠 Photoshop 作業的平面設計師，現在每個月要付三十美元，或一年兩百四十美元，訂用內容將包括從網路上下載自動更新。你可以每年花六百美元，訂用整套 Adobe 套餐來省點錢（內容包括：Illustrator、InDesign、Premiere 等等）。[7]或許你不喜歡這個改變，許多消費者也是如此，特別因為它讓你別無選擇。不過，如果你需要 Adobe 的產品，遲早都得接受這個新常態。

軟體訂用不是 Adobe 發明的：全世界一些主要的軟體公司已經提供訂用的選項。微軟（Microsoft）已經提供每年一百美元的 Office 365。不過，Adobe 是第一家看出——轉型為百分之百訂用有其優勢的既存軟體巨頭。

首先，新模式免去了所有──生產和派送數以百萬計收縮包裝盒的資源和勞動力。更深遠的影響是，它改變了 Adobe 版本更新的方式。現在，Adobe 不需要每十八個月或三十六個月就推出有眾多改良的新版本，它的工程師可以持續小部分的修改以提升使用者體驗。由於更新包括在訂用費裡，而且容易透過網路取得，消費者不會介意要經常更新版本。任何 Adobe 軟體的程式錯誤都可以在幾天或幾星期內，讓所有使用者修改完成，不需花上一、兩年。同時，公司可以讓營收流更加平穩，不至於在推出重大軟體更新時，出現劇烈的起伏震盪。

或許事後看來，策略的轉變似乎顯而易見，但它需要 Adobe 有創意的願景和勇氣，才能搶在競爭對手之前做出重大改變。比較謹慎的管理團隊或許會先測試幾年訂用的選項，但如此一來，Adobe 恐怕來不及收割完全採用新模式的好處，而讓其他競爭對手搶得先機。Adobe 毅然地行動，改造了它的產業。

## 耐吉：跑向新顧客

和樂高一樣，耐吉（Nike）打造出核心產品的主導地位，以創意把事業擴展到遠超過創辦人菲爾．奈特（Phil Knight）和比爾．包爾曼（Bill Bowerman）最初的目標。從一九六

○年代（當時公司名稱叫藍帶體育〔Blue Ribbon Sports〕）最早期的跑鞋到一九七○年代，耐吉都專注於製造和行銷高功能的運動裝備給運動愛好人士。公司持續成長和獲利，但顯然地，這個市場的未來發展有其侷限。奈特在他的回憶錄《跑出全世界的人》（*Shoe Dog*）提到：「包爾曼老是抱怨人們的誤解，以為只有菁英奧運選手才是運動員。但是他說，人人都是運動員。只要你有身體，你就是運動員。」[8]

一九八○年公司股票上市後，耐吉開始把市場放眼在「週末戰士」運動員（"weekend warrior" athletes）、青少年，甚至只想外表看起來帥勁的非運動員。這個策略轉變的關鍵時刻是一九八四年，耐吉跟美國職籃ＮＢＡ的新秀麥可・喬丹（Michael Jordan）簽約，推出一系列Air Jordan品牌的球鞋；很快地，它就成為全世界最熱銷、消費者最渴望的夢幻球鞋。耐吉另一個重要時刻，是一九八八年推出「Just Do It」（想做就做）這個激勵人心的廣告；第一支廣告影片的主角是八十歲的慢跑傳奇人物華特・史塔克（Walter Stack），跑步通過舊金山的金門大橋（Golden Gate Bridge）。

到了二○○○年代初期，耐吉似乎已經成為全球勢不可擋的生活風格品牌。最狂熱的粉絲們甚至把它的「勾勾」商標（swoosh）刺青在身上。不過，大膽的想法永遠不該停下來。二○一八年，耐吉推出新廣告，以充滿話題性的美足四分衛科林・卡佩尼克（Colin Kaepernick）為主角。實際上，他已經被美式足球聯盟ＮＦＬ放逐，並因為抗議警察暴力和支持「黑人的命也是命」運動（Black Lives Matter），而成了美國總統川普（Trump）批判的對象。耐吉知道，擁抱卡佩尼克將疏遠許多保守的消費者；不難預見，人們丟棄甚至焚燒耐吉運動鞋的圖片和影像在社群媒體上氾濫。

不過耐吉的賭注是，失去這些消費者是必須付出的小代價，藉此可贏得年輕人和進步派消費者的尊敬；他們支持卡佩尼克對體制內種族主義的抗議。耐吉選擇在二〇一八年擁抱卡佩尼克，等於是管理階層對企業價值觀和消費者需求做出大膽宣言。如果他們採取安全做法，等到二〇二〇年才動作，這時的「黑人的命也是命」運動已經成為共識，卡佩尼克的廣告將缺乏力度且顯得投機取巧。在支持「黑人的命也是命」（#BLM）的風險是否有回報仍未明朗之時冒險一試，品牌價值和影響力才得以彰顯。這種持續挑戰極限的做法說明了，耐吉儘管已是年營收超過三百九十億美元的全球大公司，仍不改最初奈特草創公司時充滿熊熊鬥志的作風。[9]

## 愛齊科技：全方位的創意

現在，讓我們深入探討本章的重點案例研究，它展示了一個不像運動鞋、玩具，甚至電腦軟體一樣性感動人的產業——牙齒矯正——如何「研磨創意」。愛齊科技透過數位診療計畫、大量客製化（mass-customization），以電腦輔助的設計與製造，推動牙齒矯正產業的革命。透過研究如今案例總數逾九百萬的巨大數據庫，愛齊科技在矯正器材料、軟體演算法、物流和營運流程方面，持續推動創新。[10]

一九九七年，齊亞・吉斯蒂（Zia Chishti）和凱西・維斯（Kelsey Wirth）創辦了愛齊科技。當時，他們即將從史丹佛商學院取得企管碩士學位。兩人都沒有牙醫或齒顎矯正學的背景，但他們看出了利用3D電腦輔助設計（CAD）軟體和3D電腦輔助製作（CAM）改進齒顎矯正方式的巨大潛在市場。他們並非透明塑膠矯正器的發明人，但他們最先嘗試，以數位化流程進行大規模行銷。他們相信，矯正器在各方面都會比傳統的金屬和鋼絲更有吸引力——更容易穿戴與清理，同時在社交活動中也更不顯眼——而且同樣可以達成齒顎矯正的目的。[11]

在吉斯蒂採用CAD／CAM系統設計出原型矯正器後，他和維斯開始向矽谷的主要創投基金公司募資。一九九九年，在加州紅木城（Redwood City）一棟複式屋裡，他們只有五個員工的團隊推出了名為隱適美（Invisalign）的產品。兩位創辦人對矯正齒科醫師和病患需求的看法正確。到了二〇〇一年，愛齊科技已經製造了一百萬個獨特的透明牙套，協助治療成千上萬的病患，並協助訓練超過一萬名矯正齒科醫師如何使用它們。[12]到了二〇〇二年，這間新創公司已經成長到四千六百萬美元的營收，公司規模大到足以雇用一個更有經驗的執行長——湯瑪斯・普里斯考特（Thomas Prescott）。

接下來十二年，愛齊科技持續成長，營收到達八億四千五百萬美元。成績雖然亮眼，董事會確卻認為公司仍未充分發揮其潛能，於是在二〇一五年，找來了一位新的執行長，出身奇異電氣的老將喬・霍根（Joe Hogan）。他也同意，有些問題阻礙了愛齊的進一步發展，於是開始大刀闊斧，準備在全球快速成長的市場裡，擴展愛齊科技在齒顎矯正服務的占有率；最終，這個市場每年可望增加高達三億個新案例。[13]

稍後在這一章，我們將探討霍根在他擔任執行長的第一個五年任期裡，如何讓愛齊的營收倍增至超過二十億美元。不過在這之前，先討論他充滿企圖心的成長策略，讓我們先看看，促成愛齊崛起的各種創意吧。

## 創意科技

第一個，也最明顯的創意是技術性的——用「更好的捕鼠器」*來顛覆這個非常傳統的產業。傳統的矯正器從齒列矯正醫師鎖緊牙套和鋼絲的那一刻起，就影響了病患的整個進食和笑容。隱適美牙套可以只動一顆牙齒、多顆牙齒或整排牙齒，達到更大程度的客製化。同時，在飲食的時候可以拆卸，消除了大多數青少年會經驗到的挫折感。不過，除了矯正器之外，還需要完整的三步驟流程，才能讓隱適美在市場上立穩腳跟。

第一步：愛齊提供了齒列矯正醫師一套準確測量病患口腔的方法。一開始，它需以矽膠打造模型；後來這個步驟可以透過數位掃描完成。之後到了二〇一一年，愛齊科技收購了製作最新技術 iTero Element 口內掃描儀的公司。按愛齊的說法，iTero 提供了「數位療程的自然延伸……得以強化患者掃描和改善患者體驗。」[14]

第二步：愛齊解決了把這些測量數據轉化為實際矯正器的物流挑戰，以快速又合乎成本效益的方式，把矯正器送到矯正齒科醫師手上。早期，矽膠齒模會送到愛齊的3D列印廠；之後，數位掃描圖可以直接以電子郵件發送。隨著時間進展，3D打印的工廠遍及墨西哥、巴基斯坦、哥斯大黎加、中國、德國、波蘭、西班牙和日本。

最後，超過三千名待命的 CAD 工程師會把每名患者的口腔掃描影像轉化成內容詳細的診療計畫——它會按照每顆牙齒前後、上下、左右六個面向的可能運動進行調整。任務目標可能包括：消除齒間間隙、矯正咬合，或為主咬合面後方的牙齒製造空間。對每個口

＊譯註：據稱，更好的捕鼠器（better mousetrap）典故來自十九世紀美國著名作家和思想家艾默生（Ralph Waldo Emerson），他說過：「打造一個更好的捕鼠器，世界會幫你開一條路通到你家門口。」如今，企業研究常提到的「更好的捕鼠器謬誤」（The Better Mousetrap Fallacy），大意是透過製造更好的產品，會自動取得市場成功的謬誤。

腔的每個診療計畫都是獨一無二的。齒科矯正醫師（或之後接手的牙醫師）在最後定案之前，都有機會評估和調整診療計畫。

第三步：CAD 工程師把診療計畫轉送到愛齊的其中一家 CAM 工廠，這裡的３D打印機將製作患者數位診療計畫每個階段的齒模——每隔兩星期的療程就製作一個新齒模。之後，真正的矯正牙套會透過專利的３D打印流程，真空打印到齒模內。矯正器必須有彈性又強韌，配戴舒適的同時，也堅固到足以移動患者的牙齒。根據愛齊科技全球營運資深副總裁埃默里．萊特（Emory Wright）的說法：「矯正器必須有記憶。」[15]

製作完成後，每個患者的矯正器會送到牙醫師手上。患者回到診所領取他們的第一套矯正器，開始每天配戴二十至二十二個小時，持續一到二星期後再換下一套牙套。總體來說，整個過程會持續一年，患者每隔六到八週要檢查一次進度。

## 創意的商業模式

用專利數量來衡量科技的創意輕而易舉。截至二〇二〇年九月，愛齊科技在診療軟體、矯正器和其他技術創新方面，已在全球取得一千零六十八項專利。[16]不過我必須說，比起它在科技上的突破，愛齊在商業策略的創意也毫不遜色。

愛齊創立之初，著重於與矯正齒科醫師的渠道合夥策略，透過長期合約，提供矯正齒科醫師以批發價購買矯正器，大量與長期的合作，還另外提供額外折扣。齒科醫師也樂於向病患推薦隱適美牙套，因為使用隱適美可讓他們看更多患者；因為相較下，使用鐵箍和鋼線的患者要花更多時間固定、調整或移除牙套。如果你曾在平日的下課時間參觀矯正齒科診所，你就知道診所員工如何努力加快年輕患者進出診療室的速度。任何有助於牙醫診療更多患者的做法，都是一大優勢。

不過，病患數還不是吸引牙醫師的唯一原因。在隱適美問世之前，要是在青少年時期錯過機會，很少有大人會尋求齒列矯正的治療。有些人到了二、三十歲，如果負擔得起幾千美元的費用，或許會冒著引發尷尬的風險，戴牙套來改善長期困擾他們的笑容問題。但這畢竟是少數，要等到隱適美向成人推出更方便、較不顯眼的透明牙套後情況才有所改觀。此後，矯正齒科醫師開始接觸越來越多成人患者。

接下來，則是更大的商業模式創意爆發。按照美國聯邦法令的規定，矯正齒科醫師只能執行其專業，不能從事其他一般的牙醫業務。但沒有規定，一般牙科醫師不能進行齒顎矯正。一般牙科自動把病患轉給本地的矯正齒科醫師，純粹是方便起見。傳統式的牙套裝卸是費力又費時的工作，一般牙醫師提供這類診療服務，並不符合商業邏輯。

不過，隱適美推出不滿四年，一些牙醫師開始意識到，隱適美的療程簡單到他們也可以提供患者基本的矯正治療。二〇〇一年二月，他們針對愛齊科技和矯正齒科醫師合作，提出反托拉斯訴訟。[17]這個案子不曾進入法庭審理階段。因為愛齊科技把握這次撼動齒列矯正產業的機會，將其產品通路擴及到一般牙科醫師，也因此擺平了官司。

這個轉變影響重大，因為在美國，大約每十五位牙醫師才有一位齒列矯正醫師。[18]不過，這還不只是數字的問題。牙醫師經常會看到對自己笑容不滿意的成人病患，但他們絕對想不到，要安排患者接受齒列矯正醫師的諮詢。如今，數以百萬計隱適美的潛在消費者可在每半年一次的牙齒健康檢查時，從他們的牙醫師口中聽到隱適美這項產品。他們坐在牙醫師的診療椅上會成為忠實聽眾——他們專注於自己牙齒的狀況，這正是在適當時刻觸及適當消費者的大好機會。在全美國約十五萬名牙醫師中，隱適美已經訓練超過六萬五千人——其中四萬人是隱適美牙套的活躍供應者。[19]

## 創意的行銷

愛齊科技的崛起，也依賴一個迥異於過往的創意行銷方式——直接面對齒列矯正的終端使用者。過去不曾有矯正器材的製造商做過這類嘗試；按照一般做法，銷售和行銷器材的對象只針對齒列矯正醫師。長期擔任愛齊科技溝通顧問的夏儂·韓德森（Shannon

Henderson）說：「這是牙刷和牙膏之外的第一項牙科產品，同時也是第一家醫療設備公司會以直接面對消費者（direct-to-consumer）的廣告推動消費者的需求，並因此讓醫師們採用。」她說，「這可真是非同小可。」[20]

這是一個「研磨創意」的好例子——持續的迭代，發展出新的構想和突破，而非僅憑所謂的靈光乍現。以這裡的例子而言，愛齊科技借用其他產業的策略，再以新的方式應用在自身的產業。一九八〇年代末期和一九九〇年代初期，製藥公司率先以直接面對消費者的方式推出處方藥的廣告，推動一批熱賣藥品，如：百憂解（Prozac）、樂復得（Zoloft）、和克敏能（Claritin）。如果提昇大眾意識的宣傳廣告能促使人們向醫師徵詢某種抗憂慮藥或抗組織胺，為什麼不讓人們向牙醫師徵詢某種矯正器？

二〇〇〇年代，愛齊科技投資各類型的行銷廣告，包括：雜誌上有笑臉模特兒的亮麗廣告、振奮情緒的電視廣告以及網路上先進的橫幅廣告（banner ads）和搜尋廣告。對成人推銷的賣點很簡單：隱適美配戴舒適，容易保管（因為你會帶著它們出門吃飯），而且其他人幾乎看不出來。它們比傳統牙套更不容易損壞。它們也不需在齒列矯正診所裡，與一堆中學孩子們待在一起，進行耗費時間的診療。全部療程大約一年就可以完成。而且在大部分的案例裡，隱適美牙套的費用和傳統矯正器差不多。這些廣告也鼓勵消費者，透過免付費客服電話和愛齊科技的網站了解更多相關內容，或找到就近可提供服務的牙醫診所。

這場對成人的行銷戰相當奏效。在一些調查裡，隱適美的品牌辨識度達到百分之八十。在齒列矯正的市場傳統上，青少年相對成人患者的比例是八十／二十。愛齊科技把這個比例反轉了過來，成人對青少年患者比例變成了七十五／二十五。[21]同時，它的品牌名稱也成了透明塑膠矯正器的一般代稱——這或可稱為愛齊科技的「舒潔衛生紙問題」（Kleenex problem）*，不過這對其他想迎頭趕上的牙套製造公司而言，則是更大的問題。

## 以創意重新設定市場

二〇一五年，喬．霍根離開奇異電氣，出任愛齊科技的新任執行長，他接手的是一家成功獲利的公司，年營收八．四五億美元，還有強大的品牌形象。不過，在奇異電氣的經驗讓霍根學習到，如何把眼界放長遠，以及如何賦予市場穿透力（market penetration）新的定義。可以說，他是系統領導者的原型模範，對於產品和商品化都有驚人的深刻理解。霍根稱許公司的既有進展，不過他構想的是，透過創意推動成長之更遠大的未來。[22]

首先，他看出隱適美牙套雖然在成人齒列矯正市場居主導地位，但在更為龐大的青少年市場，仍只有百分之四的市占率。一般美國齒列矯正醫師顯然不鼓吹孩子們和他們的家長選擇隱適美，取代傳統型的牙套。怎麼做才能改變它呢？

以成人市場而言，愛齊科技幾乎沒有直接的方式看出其行銷工作的效益。它無從評估，多少人看了它的廣告，多少人因為廣告而造訪其網站，以及多少人專門為了詢問隱適美而前往牙科約診。不少新患者純粹因為在例行牙齒檢查時接受牙醫師推薦。霍根把這種資訊不完整的問題形容為「漏水的水桶」。如果愛齊科技能加強對患者人數增加因素的理解，對公司、牙醫師及其患者而言，可能是巨大的三贏局面。

同時，他也想拓展愛齊科技在國際市場的銷售。全世界有多少人負擔得起隱適美的矯正治療並因此獲益？公司如何對他們展開行銷？在物流方面，運送矯正牙套到不同地區，將面臨哪些困難？

研究過整個市場的樣貌並掌握數據後，霍根為公司老員工設定了挑戰的新目標：三年內，公司總營收翻倍。

---

＊譯註：在美國，因為舒潔（Kleenex）的面紙、衛生紙過於知名，一般人以 Kleenex 做為紙巾、衛生紙的代稱，即使它是其他品牌出產的產品。

創意的國內成長

要讓更多青少年採用隱適美，需改進對傳統齒列矯正醫師的宣傳。霍根解釋說，「齒列矯正醫師就像珠寶工匠。他們會要求各方面都達到完美。他們迫使我們（也）必須成為完美主義者。」[23]這種追求完美的專業倫理，導致齒列矯正醫師原本對透明牙套興趣缺缺。不過隨著愛齊改進產品，矯正齒科醫師也開始樂於開立使用處方。霍根說，「多年來，矯正齒科醫師一直認為，他們是在鋼絲鐵箍和塑膠之間做選擇。從來沒有人想過，這是數位和類比之間的抉擇。一旦想通了之後，你要思考的是，類比什麼時候贏過了？」[24]

要改進對牙醫師的宣傳會困難一些，因為齒列矯正對整個牙醫業務來說只是相對較小的一部分。矯正齒科的診療只占牙醫產業一千三百億美元市場的不到百分之九。[25]愛齊科技的策略主管拉斐爾．帕斯考（Raphael Pascaud）解釋了向牙醫師推銷的複雜度：「如果你光是提供他們隱適美牙套，它很難有相關性，很難在五分鐘內解釋牙醫師可以得到什麼好處。」[26]不過，如果能賣給牙醫師，核心產品隱適美牙套之外更多的東西，愛齊科技就可以提供更多價值，彼此也能建立更深的關係。數位科技可以對整套的牙醫服務帶來更大程度的客製化和客戶區隔。

愛齊科技強調，新式數位口腔掃描機的表現，展示它在工作流程上超越舊式類比系統的演進。它提供牙醫師和齒列矯正醫師創新的軟體，透過快速、準確的掃描，讓客戶預先看見診療後笑容的模樣，幫助醫師們「在診療椅上做生意」（sell in the chair）。

二〇一九年年中，愛齊科技也推出了實驗性質的診療諮詢方案，協助牙醫師工作流程的數位化。第一批簽訂合約的醫師們必須達成特定的隱適美銷售目標，以交換這套諮詢服務。雖然在我訪問愛齊科技團隊的時刻，這項試驗是否成功還言之過早，不過他們對這個成長路徑相當樂觀。如同帕斯考說的，「在我們把它轉為全數位化的生態系之前，隱適美的市場潛力還沒完全開發。」[27]

就愛齊科技的觀點來看，這些數位工具代表了朝向數位化未來的顯著進展。不過對牙醫師而言，數位化的轉型沒這麼簡單。多數人同意數位化作業提供客製化和量身打造的服務，可帶來更大的獲利和流通量。不過牙醫仍屬於家庭手工產業（cottage industry），如果投資在錯誤的平台或ＩＴ系統，對小產業可能帶來嚴重傷害。如韓德森提到的，「牙醫師不是科技家。或許他們掌握了一個產業，但是首先，他們是臨床診療人員，其次才是生意人。鼓吹牙醫師數位轉型的諮詢服務大概只能碰運氣，（因為）它太新了。你要如何指導人們做全面的數位轉型？我認為（牙醫師）根本不知道怎麼做。」[28]

## 創意的國際擴張

從草創時期開始，愛齊科技就是全球的公司。它成立不久後就在巴基斯坦開設了CAD/CAM的設計工作坊，充分利用當地成本低廉的眾多工程人才。愛齊科技也在緊鄰艾爾帕索（El Paso）的墨西哥邊界城市華瑞斯（Juarez）設立製造工廠，它比加州便宜許多。

二〇〇一年「九一一恐怖攻擊」之後，愛齊科技開始尋找在巴基斯坦以外的工程人才，以降低因區域動盪升高可能導致的破壞因素。它選擇了哥斯大黎加，這裡有眾多工程和牙醫專業人員，而且安全許多。愛齊科技在哥斯大黎加的營運，從二〇〇一年的三十二名員工，到如今已成長到超過三千人。這裡負責設計診療計畫和處理客戶支援，並且打點公司財務、人力資源、資訊科技等行政業務。同時，愛齊科技在華瑞斯的3D打印和製造工廠也持續擴大，它是製造產品的理想地點，因為它可以連結美國的大眾運輸系統。

雖然一開始，愛齊科技的目標只限於美國患者，但霍根卻把連結全球消費者當成重要的優先工作，特別是歐洲、韓國、日本、中國和巴西。他相信，國際的擴展不只是在大型經濟體取得市占率成長的「快贏」（quick win）做法，同時也是提升隱適美品牌，在競爭對手中脫穎而出的必要策略。

愛齊科技進軍的每個國家，都有其本地物流派送和法律規範的複雜問題。更讓人意外的是，每個國家也都有不同的消費者需求偏好和本地文化偏好，來定義「最完美」笑容的模樣。舉例來說，美國人和歐洲人多半喜歡咧嘴大笑的「好萊塢式笑容」，東亞地區的消費者則較偏好稍微收斂、不招搖的笑容。[29]

愛齊科技處理這種文化上的客製化，非常倚重每個國家的齒列矯正醫師和牙醫師。為了提供完整的支援，愛齊科技將銷售和行銷團隊去中心化，由他們自行判別本地牙醫的專業需求。正如帕斯考說的，「設法與消費者越靠近越好——這點非常重要。」[30]

愛齊科技的在地化計畫包括：在中國、西班牙、德國設立新工廠，在俄羅斯成立研究中心，以及在以色列設立製作 iTero 口腔內掃描機的數位掃描機工廠。

## 創意的自我防衛：當創新者成了脆弱的既存者

霍根隨時留心可能顛覆愛齊科技的挑戰者，包括來自其他國家的新進同業或任何3D打印或材料科學的公司。他很清楚，昨天的大膽顛覆者到了隔天，很容易就成為脆弱的既存者——尤其愛齊科技的幾項重要專利在二〇一七年十月就會開始過期。這等於為了一些壓低利潤、通用類性的競爭者，如：Candid Co.、Smilelove、SnapCorrect 敞開大門。帕斯考總結這項挑戰時說，「我們努力了一輩子說服人們，透明矯正器有效。我想，現在大家都相信了。接下來五年是要說服他們相信，我們的透明矯正牙套比其他人的都更好。」[31]

不過，就像克雷頓・克里斯汀生（Clayton Christensen）在《創新的兩難》（*The Innovator's Dilemma*）裡教我們的，製作最好捕鼠器的公司不見得會贏。有些時候，捕鼠器只要夠好就能贏，它可以藉由降低成本，提供給在意價格的消費者難以抗拒的產品。「我們顛覆了市場，現在我們正要被顛覆，」帕斯考實事求是地說，「創新的兩難，說的就是我們。」[32]

其中一個威脅是 ClearCorrect，它創立於二〇〇六年，一開始的成長並不順利，二〇一七年，被一間瑞士的牙醫器材公司士卓曼集團（Straumann Group）收購。憑著士卓曼龐大的資源和牙醫產業廣泛的銷售關係，ClearCorrect 有了直接的渠道可提供牙醫師和齒列矯正醫師更廉價的隱適美替代選擇。

另一個更危險的競爭對手是 SmileDirectClub，它創立於二〇一三年，在很短的時間內，其成長速度就比愛齊科技更快。SmileDirectClub 沒有採用渠道合夥策略，而是依賴一個遠距的矯正齒科團隊來評估掃描影響和授權診療，因此消費者根本不需到本地牙醫診所就診，或從牙醫專業人員那邊取得矯正牙套。病患只需在本地的「SmileShop」接受牙齒掃描。按照 SmileDirectClub 的說法，它的服務比「其他類型牙齒矯正治療」便宜了百分之六十，而且療程平均只需六個月。SmileDirectClub 的做法引發美國齒列矯正協會的憤怒，但它直接面對消費者的商業模式合乎法律規定。同時，它耀眼的成長吸引了創投基金及隨後私募股權基金的投資。截至二〇一八年，SmileDirectClub 的營收已超過十億美元，私人估值（private valuation）也達到三十二億美元。[33]

除了持續研發的投資，以維持在材料科學和 3 D 打印技術的創新優勢，二〇一五年，愛齊科技也對 SmileDirectClub 提出專利侵權訴訟。做為隔年解決訴訟的部分條件，愛齊投資四百六十萬美元，買入 SmileDirectClub 百分之十九的股權，還加上一個競業條款和貨品供應協議，規定部分 SmileDirectClub 的透明矯正牙套需交由愛齊製造。齒列矯正醫師公會和牙醫產業刊物都對這項投資冷眼對待，但投資的價值隨後快速飛漲。

不過，到了二〇一八年二月，SmileDirectClub 對愛齊提出訴訟，指控它違反協議中的競業條款。當時，愛齊正配合消費者的行銷活動推動展示廳試驗計劃。這些展示廳並無販售隱適美的產品，而是對消費者提供諮詢，向他們推薦受過隱適美訓練的牙醫師和矯正齒科醫師。韓德森說，「我認為（展示廳）是展開真正重要對話的進行方式……你不一定得是待在診所裡的矯正齒科醫師，咖啡桌上擺著《Highlights》雜誌*，我們也不一定要繞過醫師的診所，直接和消費者接觸。這中間應該存在著一種對消費者友善，同時讓他們願

＊譯註：《Highlights》雜誌，是美國專供青少年和兒童閱讀的知名刊物。

意上牙醫診所的診療方法。」[34]

SmileDirectClub 的訴訟進入了仲裁，二〇一九年三月，仲裁人推翻愛齊的所有主張。愛齊必須在一個月內關閉所有十二個嘗試運作的展示廳，且不得在二〇二二年到來之前重新開設。同時，愛齊還需根據它在二〇一七年十月的投資價格，撤出它在 SmileDirectClub 的所有投資——這個價格遠低於它最新一輪募資的股價淨值。[35]

霍根已經預見了 SmileDirectClub 的崛起，但他試圖透過投資和合作來阻撓對方的計畫已經失敗。這個原本居於劣勢、利潤較低的競爭者如今成了嚴重的威脅，一如《創新的兩難》書中的警示。

## 創意的戰鬥，從未完結

二〇一九年三月我訪問霍根時，他回顧了他的決策及他到愛齊科技之後公司的加速成長。前一年的總營收增加到創紀錄的二十四億美元，股價也成長了近百分之七百。[36]不過霍根知道，若想持續這些令人振奮的趨勢，他的團隊必須再加把勁深入新的市場。齒列矯正醫師和牙醫師「在診療椅上的分享」必須再成長。他們需繼續努力向家長們推銷，傳遞隱適美是青少年理想選擇的訊息。同時，也需持續支持整個牙醫產業的數位轉型，或許要投入其他相關產品和服務。

最重要的是，愛齊科技需保持警覺，並在各個方面持續創新，特別是，如今許多它的原創專利已經過期或即將過期，導致廉價且類型相同的競爭者紛紛出現。霍根相信，最佳策略並非和這些新創者在低端市場進行產品競價；而是用品質最高的產品和顧客服務來維持愛齊科技的市場領導地位，並擴展到一些尚未觸及的市場。

就和偉大的系統領導者一樣，他知道這場戰鬥從未結束，持續創新的需求從未完結。

### 系統領導者筆記2

**駕馭創造力**

- 研究影響技術發明和創新的力量，試著在既有概念的交會處找出新的概念。找出與其他產業或市場過去未曾注意到的關連處。
- 你的創意要著重在提升顧客的結果，尤其是產品或服務可以如何提升顧客的收支損益或生活品質。

在動盪時刻，要抗拒打安全牌的誘惑。相反地，你要勇於顛覆，擁抱破壞性創新，讓破壞來幫助你。創造力是標準化（standardization）的反面。在充滿不確定的時刻，要鼓勵你的員工比平時更有創意。

第五章

# 杏仁核：善用同理心

在我們短暫相處的時間，你也許同意我，也許不同意；但你一定不會忘記我。

——伯納德・泰森（一九五九年至二〇一九年），前凱薩醫療集團執行長

同理心（empathy）被定義為「對於客觀上他人未經明確方式完整溝通的情感、思想和體驗，予以理解、意識、關切並且代入性地體驗的行為。」[1]傳統上，同理心沒有被當成需傳授的商業技能。多數公司會透過銷售模式、問卷調查和焦點團體等方式，客觀衡量顧客的需求和期待。相似地，多數公司制定員工政策時，著重公司需求。不過有些公司會採用較為直覺式、右腦的處理方式來優化顧客和員工的體驗。因為他們真心在意這兩個群體，所以會注意傾聽銷售數據、調查結果或其他傳統指標裡可能出現的細微線索。

根據二〇一八年，福萊國際傳播諮詢公司（Fleishman-Hillard）的研究，美國人對於具備並展現同理心特質的公司具有強烈認同感。「企業不該把同理心當成一種軟技能（soft skills），公司從執行長以降，都應把同理心當成硬技能、核心技能。」[2]這份研究問卷詢問消費者，哪些組織其特定行為，真正代表同理心的文化，而不是敷衍或偽裝有同理心。他們發現，多數美國人認定，底下這幾個特質對判定一家公司是否有同理心來說，極重要或相當重要：

- 親切——以真心對待人們並為他們設想。（百分之五十九）
- 主動溝通——以雙向、彼此協調合作的方式溝通。（百分之五十九）
- 自制——先尋求理解，之後才做出反應。（百分之五十九）
- 厭惡有害的行為——對違反良好行為標準的員工設定嚴格規範。（百分之五十八）
- 理解——持續尋求理解顧客和員工的作為、需求及感受。（百分之五十七）
- 自知——以透明的方式應對管理階層的挑戰和恐懼，同時也協助員工和顧客面對他們的挑戰和恐懼。（百分之五十六）
- 無私——理解在得到之前必需要先付出。（百分之五十五）[3]

為了說明這些特質的實際運作，讓我們看看三家有代表性的公司，如何以不同方式應用同理心。之後，我會分享從凱薩醫療集團執行長伯納德・泰森身上學到關於同理心的深刻洞見。

## 西南航空公司：「待你的員工如顧客」

根據數據分析和消費者情報的領導公司君迪（JD Power）研究，西南航空公司在所有北美地區的航空公司中，顧客滿意度最高，勝過其他任何主要航空公司和廉價航空公司。旅客們形容，它的服務「對顧客不耐煩或頤指氣使的情況比其他航空公司少了許多。機組人員不完美，但不時可以看到西南航空的空服員面露微笑，在走動、執勤時開玩笑或哼歌。同時，西南航空也有業內最親切的電話服務人員。」[4]

西南航空之所以受歡迎，最常被稱道的理由包括：不收改簽費用、兩件免費托運行李、在任何裝置上的免費電視和電影串流，以及體貼家族旅行者的自由席——帶小孩出門的家族可列為優先登機團體，讓他們容易找到坐在一起的位子。這些特色對航空公司而言成本不高，卻表現出對消費者體驗的設想周到——和其他航空公司冷眼看著顧客忍受挫折，形成鮮明對比。[5]

就拿飛機起飛前，宣布安全事項這類簡單的事情來說。如今，多數航空公司播放起飛前的影片，裡面會夾雜一些廣告宣傳，然後一邊播出關於安全帶、氧氣罩及緊急出口的無聊細節。許多旅客會直接忽略這些影片。但西南航空不只堅持由空服人員進行安全示範——還允許他們脫稿演出，穿插笑話、歌唱或其他任何可吸引旅客注意的動作。按一位評論者的說法，「不管在飛機上或網路上，這種獨特做法都帶來正面效果，飛機上的旅客喜歡這個表演，空服人員安全示範的即興演出，則會因為被旅客們上傳到網路而爆紅。」[6]

根據人資顧問法迪．艾爾納迪（Fathi El-Nadi）的說法，西南航空的公司文化可追溯到其創辦人：「赫伯．克勒赫（Herb Kelleher）鼓勵輕鬆家常，希望員工在工作中得到樂趣。員工受公司重視，克勒赫在員工生日、結婚和喪禮時會發送卡片和訊息。員工被鼓勵主動投入和協助他人，尤其在辦理登機手續的時候，這讓西南航空的整備時間（turnaround time）只有業界平均的一半。」[7]

克勒赫鼓勵企業領袖「聘雇要看態度，訓練要重技術」。他說，你沒辦法訓練員工關心他人，因為「那是他爸媽的工作」[8]我們來看看，這家公司把幾十位空服員應徵者集合後運用的策略：

西南航空把應徵者分成八至十人的小組。他們要求每個人都說一個人生中最尷尬時刻的故事。這些人圍成一個小圈圈，一個接一個說出自己的尷尬故事……你可能會以為，他們想知道應徵者如何應付尷尬場面，或有多少人能輕鬆看待自己的糗事，或他們在眾人面前談自己的尷尬時刻，態度是否坦然……。都不是。面試者甚至沒注意那個人說了些什麼。他們注意的是房間裡其他人的反應……尋找他們的同理心。當你身邊的人在訴說自己最尷尬的時刻，同理心自然會顯露在你的臉上。當然，先決條件是你是有同理心的人。[9]

克勒赫相信，除了要雇用有同理心的員工，西南航空要盡可能讓員工們開心，他們愉快的情緒才能散播給顧客。管理大師湯姆．彼得斯（Tom Peters）用一句話概括了克勒赫成功的關鍵：「你必須待你的員工像對待顧客一樣。」[10]有無數文章和書籍探討過，西南航空在一個艱困產業裡優秀且穩定的成績。歸根究底，大多要歸功於公司各個層級，對員工和顧客努力展現的同理心。

## 巴塔哥尼亞：「不造成不必要的傷害」

巴塔哥尼亞（Patagonia）製造全世界最頂尖的戶外用品，不過自一九七三年伊馮．喬伊納德（Yvon Chouinard）創立以來，這家公司就把眼光放在獲利之外。每件新產品、每個行銷訊息以及每項慈善活動，都是為了保護和讚頌自然。巴塔哥尼亞始終對那些對環境永續懷抱同樣熱情的消費者展現同理心，並實踐履行公司的使命、宣言：「打造最好的產品，不造成不必要的傷害，以商業激發並落實處理環境危機的解決方案。」[11]

舉例來說，幾年前巴塔哥尼亞曾認真鼓勵消費者少買他們的產品，推出了「衣同共享倡議」（Common Thread Initiative）：「我們設計和銷售可持久且實用的物件。不過，也請求我們的消費者，別向我們購買你不需要或無法真正用得上的東西。我們做的所有東西——任何人做的任何東西——對地球的消耗都多於回饋。」[12]二〇一一年感恩節前的黑色星期五（Black Friday），它在《紐約時報》上刊登廣告，標題讓人大開眼界：「別買這件外套。」[13]如今它在網站上提倡衣物回收：「舊衣新穿（Worn Wear）是巴塔哥尼亞讓服裝配備發揮功用的核心……。我們能為地球做的最好的事，就是減少消費，更充分運用既有的東西。一起加入我們，修復、分享和回收你的裝備。」[14]

值得玩味的是，越強調巴塔哥尼亞關心的不是賺錢，反倒讓它的銷售持續成長。正如一個行銷專家所說，「巴塔哥尼亞的品牌打造，顯然根據目標受眾的同理心觀點。購買巴塔哥尼亞服飾用品的人們多半從事較多戶外活動。如果他們背著背包旅行、露營、登山，你大概可以假設：(1)他們需要裝備和衣物，還有，(2)比較喜歡跟一家重視自己關心議題的公司購買……。巴塔哥尼亞找到了一個公司本身和消費者彼此吻合的價值觀。」[15]

這些年來，巴塔哥尼亞推掉了一些與浪費資源或不合乎倫理的品牌的合作機會。二〇一六年，公司高層主管捐出公司在黑色星期五的全部獲利（一千萬美金）給環保慈善機構。[16]它得到無價的回報：巴塔哥尼亞的消費者深信這家公司分享並真正實踐其價值觀。

這種同理心也延伸到公司員工身上，贏得員工對公司的長期忠誠度。二〇一四年以來，巴塔哥尼亞在感恩節都關門休息，認同人人都該享有個人生活。這家公司是全美國率先提供兩個月有薪育嬰假給不分性別雙親的公司之一。它讓員工排定自己的工作時間，提供兩個月的有薪假，讓員工從事環境計畫，提供職場的幼兒看護，還負擔全部健保費用。[17]絲毫不令人意外地，巴塔哥尼亞每年百分之四的員工流動率，遠低於零售和消費品產業百分之十三的平均值。[18]

## 賽仕軟體：付出越多，獲得越多

位在北卡羅萊納州的軟體開發商賽仕軟體（SAS Institute）是另一家對員工實踐同理心的公司，它相信，快樂的員工會更投入、更有生產力，會帶來較低的員工流動率和較好的長期結果。就像創辦人兼執行長詹姆斯．古德奈特（James Goodnight）常掛在嘴邊的，「每天晚上，公司百分之九十五的資產會從大門離去。執行長要負責看著他們，明天會回來。」[19]賽仕軟體持續在「最佳工作公司」的名單裡名列前茅。這雖然不是這家公司表現持續不凡的唯一理由，但從創立的一九七六年至二〇二〇年，它的獲利已經連續增加四十四年。

領導力諮詢專家馬克・克勞利（Mark C. Crowley）點出了造就賽仕軟體理想職場文化的四個重要關鍵：

- **重視人甚於其他**。經濟大衰退時期，營收大跌，競爭對手大規模裁員，執行長古德奈特宣布，公司一萬三千名員工都可保住工作。他只提醒他們注意開支。他日後解釋說，「清楚宣告沒人會被解雇後，突然間，免除了許多擔心掛慮和閒言閒語——人們開始埋首工作。」
- **付出越多，得到越多**。賽仕的員工可以免費使用健身房、網球場、籃球場、重訓室、溫水游泳池以及「工作生活諮詢」來處理壓力問題。公司附設的健康護理診所也免費，還有一個折扣相當優惠的兒童托育中心。賽仕軟體當然也可以直接加薪並取消這些福利，但古德奈特相信，這些福利是表達重視員工更好的方式。這家公司每年的人事流動率只有百分之二到三，業界的平均值則是百分之二十二。
- **打造互信的文化**。進行年度員工問卷調查，根據開放溝通、尊重、透明等指標，評估公司的職場互信現況。要晉升到管理階層，員工需展現出支持和協助他人的天生特質。努力捍衛他人權益的經理人，將得到較佳職務的獎勵。

・**了解每個貢獻者的重要性**。古德奈特認為，鼓勵員工以工作為榮是他的任務。程式設計師只要還待在賽仕軟體，就有為自己製作的軟體升級的責任，這可以強化他們對公司的歸屬感。這個原則適用於所有人；即使是負責清理賽仕公司廠房園區的人，都分配了專屬的面積，讓他們當成自己的專屬區域來照顧。[20]

西南航空、巴塔哥尼亞及賽仕軟體都把同理心當成公司的競爭優勢，不過他們專業的複雜程度都比不上醫療照護產業。接下來我們要看其中一家公司，如何運用同理心將這個產業改頭換面。

## 凱薩醫療集團：從同理心出發，顛覆醫療照護產業

在美國一年四兆美元的醫療照護產業裡，凱薩醫療集團（Kaiser）既是守成者，也是顛覆者。這家管理式的非營利醫療機構創造了八百億美元的年營收，其三十萬五千名員工，在美國八個州及哥倫比亞特區服務超過一千兩百二十萬人。凱薩醫療旗下整合的網絡包括：三十九家醫院，超過七百個醫療辦公室，兩萬三千名醫師以及六萬三千名護理人

員，以提供所有會員一切所需：從個人醫師、專家、醫院照護、實驗室到藥房服務。

凱薩醫療利用它經過整合的服務模式，來對抗美國主流醫療照護無效率之（有人形容它是瘋狂的）「按服務計費」（fee for service）模式。凱薩醫療既是保險公司，又是醫療照護提供者的雙重身分，消弭了這兩個陣營常見的緊張關係。傳統上，美國的醫師和醫院有財務動機，對病患進行未必必要的檢驗和診療。保險公司的動機則完全相反，因為它們核可的檢測和診療越少，成本就越低。

由於同時兼顧保險公司和醫師醫院網絡的角色，凱薩醫療完全掌控病患醫療照護的成本。這讓公司有最大的動機運用最適當的醫療方式維護會員的健康。這種目標的一致性，讓凱薩醫療的每個員工比較容易以同理心對待其會員。

凱薩醫療集團把它的醫院視為成本中心（cost center），因為不必要的檢測和超過必要的住院時間都會堆高成本，但卻不能增加收入。當一名病患從凱薩的醫院出院，不是醫病關係的結束——病患仍會找凱薩的醫師持續做門診治療或追蹤。另一方面，凱薩醫療也有動機確認，病患出院前已經做完適當的檢測和治療，因為未能解決的問題會導致病患再度入院。反覆進出醫院不只會讓病患感到挫折，也會堆高凱薩醫療的成本，收入不會相應地有所增加。

這種結構給予凱薩醫療分享事業體各部門數據的獨特能力，這些數據對只掌握一部分醫療照顧產業的競爭者來說隱而不現。只擁有來自醫院、基層醫療醫師或專科醫師數據的公司，應無法看出，擁有全部數據的凱薩醫療看到的趨勢。儘管必須尊重對病患隱私的嚴格法律規範，一家整合各種分散數據的公司，可以給顧客帶來更好的生活。

我從這家公司史上最具影響力的執行長，已故的伯納德・泰森身上，學到許多對同理心策略的運用。

## 令人難忘的伯納德・泰森

泰森（Bernard Tyson）在凱薩醫療工作超過三十年，期間成功管理組織的各個重要面向，擔任過的領導職務從醫院行政主管到部門總裁。他在二〇一三年被任命為執行長，在二〇一四出任董事會主席。他身兼這兩個職務直到二〇一九年十一月，不幸以六十歲的壯年早逝為止。在全美國乃至國際間，都可以感受到他的影響力。他被《時代雜誌》、《快公司》、《現代醫療》（*Modern Healthcare*）和其他眾多刊物評選為醫療照護產業最有影響力的人士。[21]管理式醫療照護產業往往被描述為缺乏彈性且冰冷，甚至無情，但泰森始終散發溫暖和慷慨。他激勵員工，專注於對病患的同理心，提醒員工他們真正販賣的產品是健康，而非醫療照護。

他在二〇一六年和二〇一九年來到我的史丹佛課堂上，讓我們見識了最扣人心弦、充滿熱誠的演說。ＭＢＡ的學生擅長偵測你是否在說場面話，他們可以看出，泰森對凱薩醫療的使命抱持真摯的信念。不只討論同理心如何成為他事業的驅動力，實際上，他還示範了跟八十五位陌生人快速建立連結的能力。

二〇一九年的那場演說，他的開場白就吸引了大家的注意：「在我們短暫的相處時光，你也許同意我，也許不同意；但你一定不會忘了我。」他告訴大家，他剛和幾位自殺者的家屬見面，討論凱薩醫療未來如何更妥善地保護他們親人的心理健康，以及如何協助避免類似悲劇發生。當他談到，美國醫療體系激勵機制的相互衝突時，我們現場見識了，他從悲傷、憤怒到決心行動的心理轉變。演講廳的聽眾凝神聽講，連一根針掉落的聲音都聽得到。

泰森解釋說，他努力讓凱薩醫療集團的醫院、醫師診療辦公室及其他機構做到最好，不只出於商業的必要性，更因為他們對所屬的社區來說非常重要。他提到，他對組織所有內部、外部的構成份子都負有責任，其中包括：個人客戶、機構客戶、醫護人員、其他職員、技術合作夥伴以及監督從安全標準到病患隱私等大小事務的政府監管單位。

就和其他系統領導者一樣，泰森會不斷被這些強大的構成份子牽引拉扯，他必須謹慎地把精力運用在適當之處。他把時間優先擺在凱薩集團的員工身上，尤其醫護人員。雖然他對整個公司的大方向或小細節駕輕就熟，但他相信，保護和提升醫病關係是驅動凱薩醫療持續成功的核心關鍵。

他擔任執行長期間，美國的「平價醫療法案」（Affordable Care Act）帶來劇變，讓數以百萬計的美國人更容易加入醫療健保體系——包括：原本無法由雇主投保的自營商和臨時工。但它也讓個人消費者陷入令人眼花撩亂的各種健保選項，它們的涵蓋範圍、保費、扣除額及供應商網絡都不同。對凱薩醫療而言，這代表著，它們個人客戶的占比將更大，他們比機構客戶更需要具同理心的對待。泰森把這個改變看成凱薩醫療宣傳其獨特優勢，進而推動成長的契機。

## 從同理心出發，重新界定激勵誘因

泰森告訴我班上的學生說，「我們的醫院比同業的多數醫院更有效率，因為你從我們醫院出院後，我們會用溫暖的方式把你交接給門診。」[22]不同於傳統醫院在你出院後，就沒有激勵的誘因關心你，凱薩醫院和你的基層診療醫師、專科醫師站在同一陣線。如果你反覆往返於住院和門診，醫院不會因此多賺點錢。他接著說，「這一切事情我都必須負責。所以我必須負責整個醫療照護的預算，我要配合我的醫師們來判斷，整個流程費用最好的分配方式，不管病患需要的是住院、待在安養中心或前往門診大樓。」[23]

他指出，按服務計費的模式，讓醫療照護提供者必須彼此競爭、也與保險公司競爭。此外，它還製造了嚴重扭曲的誘因，對美國最年長、病情最嚴重的病患過度診療，導致對其他人診療不足，產業資源錯誤分配。「醫療照護體系的大量資金花在一個人人生的最後一年半。大約有百分之七十五的醫療照護費用集中在百分之二十的人身上。在這百分之七十五當中，又有約百分之九十花在一個人人生最後十二到十八個月。我想做的是，按照凱薩醫療集團的基本原則來推動產業轉型，也就是預防重於治療。最好的治療是事先預防、及早處理，如此一來，你的治療會更有效率，效果也更好，有助於延長我們所謂的個人健康壽命。」[24]

泰森主張，凱薩醫療可以扮演示範的角色，把這個產業模式從「我們可以處理你的問題」轉變為「我們可以幫助你保持健康」。他設定，公司的優先要務是重新分配醫療照護，原本主要費用放在生命中的最後十八個月，現改為分配到會員們各個階段的人生。做法包括：鼓勵會員們為自己的健康負起更多責任，例如：飲食、運動、睡眠和酒精、香菸的使用。許多慢性病占了醫療照護費用很大的比例，像是癌症、糖尿病和心臟病，都和生活習慣及選擇密切相關。如果凱薩醫療能幫助會員做好自己的工作來延長「健康壽命」，公司也會因為成本降低而獲得財務上的好處。這將是激勵誘因（incentives）的完美配合。

## 如何以同理心幫助病患

凱薩醫療設計的行銷，是要打動可能加入的會員。它找來聲音充滿安定感的《白宮風雲》（*The West Wing*）主角艾莉森．珍妮（Allison Janney）擔任廣告配音。如一位評論家所說，「我們樂於一整天都聽到珍妮的聲音，如果因此得聽凱薩醫療的廣告，那就聽吧。還有誰的聲音能如此撫慰人心與知性呢？在說明醫療照護這種令人困惑不安的主題時，如此適切，讓人備感愉悅？」[25]

若以會員或準會員的身分瀏覽凱薩醫療的網站，便將發現他們特別重視以病患的觀點來看待問題：

- **我們全天候二十四小時無休，你需要時我們都在**。假如突然生病或受了點小傷，簡單打一通全天候諮詢專線，對你的醫療照護就立刻展開。我們可以提供治療建議，安排當天的醫師約診，或提供你就近的緊急醫護中心。
- **由了解你的團隊提供個人化的照護**。你的過敏症發作了。你兒子耳朵痛的毛病又來了。你母親忘了服用糖尿病的藥物。隨時打給我們的諮詢專線，跟熟悉你家人病情、服藥、過敏症狀的醫護人員討論——他們會告訴你如何處理更好。

・**省下出門的麻煩**。不管你感冒了或有不明發疹，都可以跟你的照護團隊以電話或視訊討論，進而節省下時間。或可以用電子郵件，把非緊急的問題或圖片寄給你的門診醫師，通常在兩個上班日內就可以得到回覆。[26]

而且，文案的多數重點放在預防疾病，而非當它惡化到需要求助時：

・**協助微調你的生活方式**。透過電話與健康指導員配合改善你的飲食習慣，減少壓力、戒除菸癮以及其他——完全不需額外費用。針灸這類的另類療法也享有折扣。

・**一套涵蓋全身上下的診療計畫**。假如你正在處理憂鬱、焦慮或成癮問題，你的醫師可幫助你找到對你來說有效的照護——不用轉診，就可以得到心理健康的照護。

・**扮演你個人代言人的醫師**。從追蹤你的健康檢查記錄到急診時的安排協調，你的醫師都可以聯絡專業醫護，幫助你得到適當的照護。[27]

二〇一六年泰森到訪時，對於 Fitbit 這類可穿戴監測器的發展趨勢頗感振奮，認為這是持續提升預防醫療服務的好方法。在他的想像中，未來的監測器不只追蹤我們的運動，還會追蹤我們的睡眠、飲食和血糖。「凱薩醫療希望能在你上雜貨店採買時發揮更大的影響力，因為你吃了什麼東西，預告了你未來會發生什麼事。我們希望成為你的數位生活指導員。」[28]在較為合理的醫療照護體系裡，大家應該使用這種方式談論預防醫療，但塑造產業的一些力量，反而導致他的主張成了罕見的異類。

泰森也提到，要把個人需求和細微差異納入公司的服務派送模式。「決定性的因素就在這些細微的差異裡。舉例來說，我們在本地的理髮院提供血壓測量服務。那是社區的場合，我們可以帶著我們的公信力進到裡面，教導本地的非裔美國人關於攝護腺癌檢查，或其他一些在別的場合可能讓人不大自在的話題。」[29]

他這裡說的是，二〇一六年凱薩醫療發起的計畫，他們與巴爾的摩的理髮院和美容院合作，提供流感疫苗注射，並透過行動醫療車提供一系列健康服務。當地居民不論是否有保險，都不需支付任何費用。日後，這項公共衛生服務還在西巴爾的摩市場增設了兩間「快閃商店」，不只提供ＨＩＶ檢測和血糖篩檢這類門診服務，也提供就業協助、體適能健康指導及財務問題的諮詢。[30]

泰森重視這些慈善倡議，部分原因攸關他個人的家庭經驗。從他年輕時期加入凱薩醫療集團後，他和他的母親就不需再為了得不到高品質醫療照護而煩惱。「永遠有醫師可以幫她看病——也永遠有醫師幫我們看病……我以為每個人都這樣。後來才發現情況並非如此，因此它成了我熱情追求的一項目標，美國醫療照護的不均和醫療健保體系的不公平，讓人們得不到公平管道和平等照護。」[31]不管這些行動醫療車和快閃商店是否有助於提升營收，它們已經強化了凱薩醫療真心關懷人們的品牌形象。

## 以科技為工具，提升對病患和員工的同理心

泰森一再闡述，利用新科技作為三贏手段的重要性：對病患方便、對醫護人員有效率、符合凱薩醫療收支平衡的成本效益。他領先趨勢數年，預測遠距醫療的蓬勃發展。二〇一六年時他在我的課堂上提到，「遠距醫療會是我們的未來，不管透過平板電腦、手機或電視，由你選擇。我們會讓我們的會員與醫師的會面更有效率，因為會員們不需再開車出門、找停車位、到櫃台掛號、脫掉大外套在候診間等待、讀裡頭的過期雜誌，當然啦！我們會有新雜誌。」[32]對泰森而言，科技不只為了成本效益。更重要的是，它讓會員的生活因為效率與速度，變得更加輕鬆美好。

他提到，凱薩醫療雖然以醫院作為起始點，但最終會成為整合的系統，「假如我今天要創辦凱薩醫療，我會先從我的科技平台開始，接著其他部分循序漸進……。如今，我已經投入三億美元，打造一個全數位的平台。」[33]這是格外重大的投資，因為凱薩醫療對於電子看診（e-visit）沒有酌收額外費用。不過泰森已經看到，在不久的未來，病患透過視

訊看醫生會越來越自在。

根據二〇一八年《華爾街日報》的報導，「過去一年，凱薩醫療的投保人使用線上的連續處方簽、約診、檢驗結果工具的比例提高了，使用凱薩醫療與病患進行保密電子郵件的比例也是。這間公司也重新設計了它的醫院，不論掛號流程或醫師與病患的互動，都透過科技來提升病人就診的效率。醫生們可以使用平台與病患進行視訊諮詢。」[34]

二〇二〇年四月，我跟我的內分泌科醫師進行年度例行約診，受新冠疫情封城的影響，我也親歷遠距醫療的用處。這次約診是為了確認十年前的甲狀腺癌沒有復發的跡象，所以不能輕易取消。雖然我在前一週親自到醫院驗血和做超音波檢查，不過和醫師的對談則透過視訊快速且輕鬆地完成，省去了平日要開車到她診所的各種麻煩。

泰森對新科技也做了重大投資，以取代各種過時的系統，特別在追蹤病患資訊方面。「我們把去年完成的新藥房系統加入電腦，原本預定五億美元的預算，卻追加到十億美元，因為它必須插入我們所有其他系統，才能為我們的會員做到完整的系統整合。」他說，這個巨大的開支有其價值，它結合了所有重要數據和警訊來提升病患的照護。「如果給你三十天糖尿病的藥物，現在已經過了三十五天，你還沒有訂新的藥，我們就必須知道，你沒按時服藥是哪裡出了問題。」[35]

## 對醫護人員展現同理心

在凱薩的醫療院所擔任醫護人員，與按服務計費的傳統醫療機構截然不同。你的收入不是根據你提供多少醫療照護來支付，而是按照照護病患的人數多寡。這種做法有助於你把重點放在盡可能延續病患的「健康壽命」，而非設法增加檢驗和治療次數。二〇一八年，公司的資訊長迪克·丹尼爾斯（Dick Daniels）說過，「凱薩醫療的醫師們用網路看診不能報帳，就跟他們每次真人看診都不能報帳一樣。這是因為，醫師們是從每位病患的整體醫療照護收取包裹式的費用款項，這有助於平衡高品質醫療與適當運用醫療資源。」[36]

這個制度為醫護專業人員帶來財務穩定和心理安定。他們不需擔心，保險公司是否會改變政策，以致無法繼續合作。他們與凱薩醫療的專屬關係，消除了許多醫師對保險公司慣常的緊張與挫折感。如泰森所說，「在我的商業模式下，我負責保險和醫療照護。因此我的醫師們可以和我坐在一起，我們可以單純討論如何照顧我們有幸服務的會員。」[37]

凱薩醫療運用科技來研究，如何讓醫師和護士們的工作更輕鬆。不過醫護人員之中，許多人對於創新抱持懷疑，抗拒改變過往經驗證有效的方法。比方說電子病歷表，它被普遍認同，是從不同供應者手中取得和分享病患資訊的重要一步。泰森對於「傳統上重視親力親為的醫師」充滿同理心；如今，他們必須撥出一部分看診的精力，把適當資訊輸入電腦的適當區域。他知道許多抗拒改變的人年紀偏大，年輕醫師則對於數位病歷感覺比較自在。他相信這種世代差異可以修正，只要凱薩醫療能耐心對待一部分的醫師。

為了讓轉型更順暢，要採用新科技時，泰森始終努力把醫師納入規劃過程。其他執行長可能只會跟技術專家討論新計畫，之後就在公司施行決策，但他知道，「真正負責工作的人」參與討論的重要性。如果他不能讓醫師們一起參與創新，並說服他們相信，這將提升他們提供醫療照護的能力，任何提升效率的理論都將變成空談。

## 在員工和同事之間強調同理心

泰森把這種同理心擴展到凱薩醫療的所有同仁，從其高階主管到醫院行政主管，再到數以千計在幕後付出，讓公司得以運作的員工。他也將自己形容成「公司裡永遠的啦啦隊」。

不過就和所有優秀的系統領導者一樣，他知道事必躬親的微管理（micromanaging）有時很要命。唯一能支撐整間公司的運作方法，是把他的時間和注意力放在隨時都能發揮最好功能的地方，信賴他的團隊會協助指引他該注意的重點。「我認為我的工作是思考未來。如果我親身投入日常作業，我不認為我能好好運用我在平台上的角色。於是找了聰明的行政主管幫我工作，我不做微管理。相反地，我是個微監控者（micromonitor）。意思是，如果需要知道什麼細節，馬上可以取得這些細節深入探討。接下來我會找尋趨勢和模式做測試，確認到底是特殊狀況，或代表出現真正的問題。」[38]

泰森認真看待反饋的意見，當病患或前線工作人員的抱怨送到他的辦公桌，他就會開始他的「深入探討」。他跟部屬們強調，重點是了解問題的源頭，不是隱藏或忽視問題。和多數有同理心的領導者一樣，他極力反對遷怒於通報壞消息的人。「我建立的公司文化讓每個人都了解，公司內部同舟一命。不是為了該揪出誰來頂罪。」[39]

他教導他的行政主管說，在各自的團隊鼓勵開誠布公和大鳴大放的文化。「當人們走進我的辦公室或會議室時，我總跟他們說，『在這裡你可以暢所欲言。』我鼓勵我的領導團隊做這件事。有時，他們說話說得太過頭，但我還是會尊重，這是公司內部建立透明而真誠關係的好方法。」[40]

泰森在敏感的種族議題方面展現了更多同理心；身為成功的黑人主管，種族議題始終影響他的職涯。他提過，在其個人經驗裡曾和某位較資深且年長的白人同事相處的失敗經驗，對方承認，泰森非裔美國人的身分讓他不知所措。「他對我有這種看法是因為缺少一份如何與我相處的路線圖。這套路線圖根據的某些歷史理論和假設，不能反映出站在你面前的這個人。接著……伯納德．泰森出現了。他具備經營醫院的能力，但你缺了一份如何與這個人相處的心智地圖。」[41]

## 以同理心與政府應對

除了我們剛才討論的財務、技術及和顧客服務的壓力之外，凱薩醫療也持續面對和聯邦政府及它營運地點之各州政府打交道的挑戰。美國的醫療保險制度不只比其他國家更複雜，而且嚴重政治化。醫療保險公司隨時可能面對新法律和新規範的打擊，端視在白宮和各州政府主政的政黨顏色。對同時扮演保險公司和醫療院所的管理式醫療照護公司而言，這種情況更嚴重。美國的聯邦政府不只是凱薩醫療公司最主要的規範者，還是重要顧客；凱薩醫療透過聯邦醫療保險（Medicare）和聯邦醫療補助（Medicaid）提供服務。

泰森強調，他必須與來自兩大政黨的政府官員打好交道。儘管他對於修改法令和規範有強烈主張，但被問到這個話題時，總表現得非常圓融通達。不管得罪民主黨或共和黨，都會給凱薩醫療帶來大麻煩，因為它絕不能被貼上政黨標籤。或許最重要的是，兩黨都代表了需藉由醫療照顧，得到充實幸福生活的民眾——不管他們的政黨傾向為何。

不過，泰森仍是改革「按服務計費」（fee-for-service）模式的支持者，他認為這個模式是導致美國天價醫療成本的元兇。他指責的對象不是個別的保險公司或高層主管——他相信，這是他們對應體系的激勵誘因所做的理性行為。雖然「平價醫療法案」（Affordable Care Act，簡稱ＡＣＡ）——他稱之為「通向醫療照護的大門」——改善了民眾醫療支出的負擔能力，但在改善醫療照顧方面仍做得不夠。他指出，截至二〇一九年，百分之九十一的美國人有醫療保險，但如果一個中產家庭只能負擔一份昂貴自付額（比如五千美元）的保險計畫，重大疾病仍會造成嚴重的財務負擔。這會導致惡性循環：成本高昂到失控的地步，人們得不到需要的照護，制度的滿意度折損，人們乾脆放棄保險，健保的供應者不得不繼續提高收費。

在面對這種不合理的狀況時，泰森並不憤怒抱怨，而是在制度下努力，並與規範和督導凱薩醫療的機關維持良好關係。「我們實際的做法是，在別無選擇的情況下，只好接納這套制度。許多時候，為了符合規範要求，我們所做的事對我的系統毫無用處，因為我裝設的科技已經在做政府現在規定要我做的事。」舉例來說，他的團隊要確保：遠距醫療的創新不會因為「醫療保險隱私和責任法案」（HIPAA）對隱私的嚴格要求而惹上麻煩。42 遵守政府法規的目的，是為了達到讓會員盡可能健康長壽的更遠大目標，如何確保政府接納凱薩醫療的決策，是他思考和行動的重點。

## 泰森的同理心傳承

我並不想刻意將泰森美化為完美的執行長。如同其他任何一家公司，凱薩醫療在他的任內也面臨一連串問題與爭議，引來媒體的負面報導。其中包括：公司要求所有醫療疏失索賠都需透過仲裁而引發的法律訴訟；與工會的幾次衝突，引發數以千計的凱薩醫療員工罷工；以及社運人士和監管機構對於公司是否維持足夠現金儲備的些許批評。

泰森正視這諸多問題，並以極高的熱忱來討論它們。不管私底下會談或在課堂上的公開說法，他都不會光從法律部門或行銷立場來面對責難。相反地，他會分享他有洞見的分析，討論他的公司、他個人數十年來的業界經驗，以及解決美國醫療健保複雜問題將面臨的機遇和挑戰。他顯然相信，醫療健保和商業的使命同樣高貴，他抱持無比的熱情，看待自己對病患的義務及執行長的責任。

泰森以六十歲的壯年驟逝，令其業界同聲哀悼。他被譽為有遠見的先知和追求更好醫療照護的模範；他點亮蠟燭，卻不詛咒黑暗。我向學生們讚美，他是位終極的系統領導者——能理解影響產業的諸多變化、樂於協調各部門來重訂目標和衡量標準（例如：凱薩醫療把「健康壽命」設為衡量基準），同時善於傳達清晰且鼓舞人心的願景。

他對未來的樂觀精神及對所有利害關係者的同理心持續鼓舞著我。「我努力為公司的長期發展提供清晰觀點。我不想憑空創造一個願景。我察看今天我們擁有的資產，並思考十年後該達到的目標。為了定義未來，我們該有意地朝哪個方向推動？」[43]

## 善用同理心

我訪問過數以百計的企業領導人，寫過世界各地企業領導的案例研究，發現最成功的領導者都能真誠對人開放心胸，並樂於面對他們公司的挑戰。他們在聰明才智與商業智慧之外，也具備超乎常人的情感意識，構築其同理心的基礎。他們願意擺脫安全、事先演練好的談話要點，發自內心與員工、合作夥伴及顧客對談。同時，也會真心傾聽。

反之，一些最失能的領導者似乎認為，承認自己、公司和員工面對的挑戰會招致重大損失。我的結論是，無法或不願做出開放和真誠的行動，將構成理解產業生態系中其他人觀點的障礙。當領導者過度專注於自己要傳達的信息，將無法與生態系裡的各方——他的員工、顧客、供應商甚至競爭對手——進行真正的理解和溝通。這可能導致他無法解讀局勢，為公司做出永續的有益行動。但如果像伯納德·泰森示範的，善加運用同理心，便可成為推動公司前進的強大工具。

## 系統領導者筆記3

### 善用同理心

- 即使你著重於顧客的結果，也要注意，他們的目標或許始終一致，但選擇達成的方式可能會改變。
- 鼓勵變革不一定需要充滿活力或華麗的言詞，而是要對公司內部和外部提供清晰且扼要的信息。用激發員工和合夥人動機的方式清楚說明公司使命。也要對平時很少受重視的部門或團體展現同理心。
- 把政府當成你生態系重要的一部分，用充分的精力與同理心對待，即使要應付的是你個人不認同的政黨或政府部門。

第六章

# 前額葉皮質：風險管理

有些東西在今天顯得微小，但未來可能變得巨大——它們必須放在擁有單獨資源之專屬團隊的監控雷達上。

——卡洛斯．布里托（Carlos Brito），百威英博（AB InBev）執行長

人類天生就會規避風險，不是因為愚笨，而是因為聰明。古代的祖先隨時可能因各種威脅而喪命，因而避險是求生存的關鍵之一。實際上，它就內建於我們腦中最古老的部位——腦幹或所謂的「蜥蜴腦」（lizard brain），如此稱呼是因為腦的這個部位控制著我們和爬蟲類共有的「或戰或逃」（fight-or-flight）本能。

做一些明知有高失敗機率的事不合乎自然，它需要意志力、紀律和決心去忽視我們對安全與保障的深度需求。要克服這些本能，需發展出完備的前額葉皮質（prefrontal coretex），也就是腦中評估和決策風險的部位。唯有靠著前額葉皮質，才能克服較為原始的蜥蜴腦。

公司躲避風險就和個人一樣自然，或許還更小心，因為公司會運用同儕壓力反對不必要的風險。在公司裡，忽視過去的做事方法可能讓你失去職位，如果惹怒太多人，還可能導致你丟掉工作。避免風險甚至成了一九七〇年代一句流行口號的根源：「沒有人會因為買IBM被開除。」在資訊革命初期，IBM相對於其他較不知名的對手，被認為是買電腦時較穩當的選擇。假如一個主管要在兩個賣家之間擇一，選擇IBM最不容易引來內部批評，不管另一個賣家是否用更低的價錢提供更好的解決方案。[1]

但如今，對許多公司來說，規避風險已非優勢，而是一個威脅。隨著公司規模的擴大和業務日趨成功的進展，內部升遷加薪的獎勵制度往往鼓勵員工固守現況，而非冒險推動變革。

就算你是一個董事會全力支持的執行長，要打造一個聰明的冒險模式，讓團隊遵循你的領導，也非易事。即使是最優秀的主管，天性本能與同儕壓力始終都在。承擔風險是創新與成長的關鍵，但這種話說來容易，持續身體力行卻很難。固守核心事業永遠是最容易的道路，特別是如果這個核心事業仍舊有利可圖，在未來幾年看不出立即的危險。相對之下，要忽視蜥蜴腦避免風險的提醒，讓你的前額葉皮質推動你，對一些可能的選項做出合理的探索，就顯得困難許多。

本章介紹的公司，是已經找到一些有趣的方式克服公司厭惡風險的問題。我們要看一家矽谷新創公司（Stripe）和一個經典的企業龍頭（強鹿機械）如何走出創業時的策略和舒適圈。接著，我們將深入探討百威英博——全世界最大的酒精飲料製造商，它的執行長知道，如果人們喝的百威啤酒逐年減少，即使有全球五百五十億美元的營收也不足以保護公司。在一個低成長的產業裡，透過合併和收購成為主導者後，如何維持公司的成長？唯一的答案是以系統性的做法承擔風險。

## Stripe：轉向更大的顧客

二〇一〇年，愛爾蘭兄弟檔——派崔克．克利森（Patrick Collison）和約翰．克利森（John Collison）分別從麻省理工和哈佛大學退學，在加州的帕羅奧圖（Palo Alto）創辦了Stripe，因為他們看出巨大的商機，可讓電子商務公司更容易透過信用卡支付在全球匯入或匯出款項。與Stripe建立合夥關係的公司，不需在錯綜複雜的全球體系裡摸索——開辦商業帳戶、確保資料安全、以多種貨幣跨國交易以及設想如何確保定期自動付款（recurring payments）或多邊市場（multisided marketplaces）——進而繞過這些障礙。如此一來，Stripe的顧客可以專注在業務成長上，無需煩心支付管理的事。[2]

這兩位創業家兄弟看準了他們服務的高需求，它對一些中小型零售商來說，就像天上掉下來的禮物。Stripe 方便使用且功能完整的系統，讓它很快就迎頭趕上支付領域較成熟的一些競爭對手，特別是 PayPal。如約翰・克利森的解釋：「不同於 PayPal 打造讓商家和終端消費者開心的產品。我們著重（電子商務 e-commerce）的開發者。我們了解（他們）需要什麼，然後我們提供他們工具來打造他們的事業。」[3]

到了二〇一二年，主要靠著口耳相傳，已有超過十萬間商家使用 Stripe 的平台。拜一些創投基金的主要投資者如：紅杉資本、安霍創投（Andreessen Horowitz）、彼得・提爾（Peter Thiel）和馬斯克所賜，他們搬到舊金山更大的辦公室，公司也持續成長。[4]不過，儘管其核心事業在接下來四年快速成長，這對兄弟仍持續冒險開拓新市場。

二〇一二年之前，Stripe 仍拒絕專門為單一客戶量身打造客製化產品的要求，以致力於主要產品的改善和擴大規模。但電子商務平台 Shopify 的出現迫使它重新思考，Stripe 的業務發展主管克里斯蒂娜・科多瓦（Cristina Cordova）回想當時的情況時說：「Shopify 已經是我們的客戶，但……他們想打造一個新型的支付平台……。在這之前，每個使用 Stripe 的商家，即使透過 Shopify 這類電商平台，也要建立一個 Stripe 的帳號。（Shopify）希望能有一個白標籤（white-labeled）的解決方案，讓他的商家們不用建立 Stripe 的商家帳號，就可以輕鬆接受支付。」（白標籤是專業術語，意思是讓商家雖然使用 Stripe 提供的技術，但不會看到 Stripe 的品牌名稱。）「從技術的角度來看，我們有信心打造出這類產品。問題是，該不該去做。」[5]

無疑地，Shopify 可為 Stripe 帶來許多生意，但動用資源打造一個專屬的產品是否值得？此外，Stripe 如果不要求 Shopify 的所有商家登錄 Stripe 的帳號，是否立下了不好的先例？在衡量風險和長期的潛在回報後，克利森兄弟決定放手去做。Stripe 打造了客製化的產品，讓 Shopify 平台的商家無需開設在 Stripe 的帳戶。當這個解決方案被證明大受歡迎時，其他 Stripe 的客戶也開始要求為他們的公司訂製專屬產品。

Stripe 沒有陷入無止盡地為每個客戶打造獨特專屬產品的困境。相反地，Stripe 的團隊開發了「Stripe Connect」這個白標籤支付解決方案，提供電子商務市集和平台在線上連結多個買家和賣家。它可以支援廣泛的用途，讓 Stripe 可以把重心放在有高成長潛力的客戶上。科多瓦解釋說：「推出 Connect 的決定幫助我們思考，我們想服務的是誰——網路企業和技術前瞻的公司。我們決定，Shopify 上的一般商家——例如：莎莉的T恤舖（Sally's T-Shirt Shop）——不會是核心客戶。另一方面，Shopify 這類公司正是我們想要的目標客戶。」[6]

Connect 為爭取更多高潛力客戶打開了大門，包括：Squarespace、Indiegogo、Instacart 以及 Lyft。每家公司以不同方式使用 Connect，為其個別需求量身打造。回過頭來，也讓 Stripe 的核心服務持續演進和改良。很快地，Stripe 就吸引了更知名的客戶，要求更創新、客製化的解決方案，其中包括：Kickstarter、Postmates、DoorDash、臉書、推特及賽富時（Salesforce）。公司成立短短十年，Stripe 的發展已遠遠超過提供莎莉的Ｔ恤舖這類便利公司的支付解決方案。它甚至在二〇一九年進軍貸款業務，提供由ＡＩ模型自動核可、不需人工干預的信用卡和小型企業貸款。[7]截至二〇一九年年底，這家公司一年處理的交易額高達數千億美元。

二〇二〇年十二月，Stripe 宣布將提供一個雄心勃勃的新服務 Stripe Treasury，與銀行業合作提供「銀行作為服務」（banking-as-a-service）的介面，讓 Stripe 的客戶得以為其顧客開設銀行帳號。如科技新聞網站《*TechCrunch*》的報導，「Stripe 可利用它既有的客戶群，說服他們使用 Stripe Treasury 的銀行業產品。舉例來說，Shopify 將在它的 Shopify Balance 上使用 Stripe Treasury。如果有商家想在它的 Shopify 帳戶裡存錢、付帳、花錢購物，可直接在 Shopify Balance 開設銀行帳戶。如此一來便可跳過傳統銀行帳戶。Stripe Treasury 則在幕後支撐這些功能……。Stripe 正逐步打造出可以涵蓋支付鏈更大占比的產品。」[8]

聽起來，Stripe 就像有腦的公司的老套故事：兩個聰明的傢伙從頂尖名校輟學，藉著設計出漂亮的科技，找出並填補了一個巨大的空缺，募到一大堆創投資金，並穿著Ｔ恤和牛仔褲接受媒體專訪。不過，克利森兄弟在容忍風險與避免風險之間求取平衡的工作，做得比多數同儕更好。他們把公司使命從服務小型客戶，擴展到追求大公司的夥伴關係，這個關鍵決策可能是一場災難。如果沒有他們高度發達的前額葉皮質，我們現在討論的可能是Stripe的警世故事，就像WeWork一樣——一家雄心過於遠大、擴展太大也太快的新創公司。克利森兄弟看出他們可能推展到相鄰的市場，同時維持核心事業的成長。同時也明智地延緩對獲利能力的關切，以避免拖慢公司成長的進度；隨著用戶群擴展，營收也逐步增加。[9]

## 強鹿機械：一百八十三年歷史的科技創新者

相對於Stripe，很難找到一個比強鹿機械更天差地遠的公司；一八三七年，這間「財星五百大」企業由一名伊利諾州的鐵匠創辦；他創新打造的鋼犁，完美翻動了美國大草原的厚實土地。強鹿機械形容自己是「提供先進產品、科技和服務的世界領導者，它的顧客推動農業和建築革命——他們栽種、收成、轉型、豐富和建設土地，以滿足全球對糧食、燃料、住房和基礎設施愈增的需求」。[10]

強鹿機械發展穩固，也因此一百八十三年來只換過十位執行長。不過，從二〇一〇年到二〇一九年，領導強鹿的前董事長兼執行長山姆·艾倫（Sam Allen）則是位懂得如何明智承擔風險，避免公司懈怠停頓的典範。他協助這家著重「力」的公司及其七萬五千名員工，同步挑戰企業文化和科技的新突破。

二〇一八年，艾倫在我的史丹佛課堂上談話時，令我印象深刻的是，儘管他一九七五年從普度大學畢業，以工業工程師的身分加入強鹿機械後，已在公司待了幾十年，但他說話的方式彷彿他經營的是一家科技公司。他相信，現今的軟硬體解決方案可提供更多更好的數據來幫助顧客更成功，從而推動強鹿機械的未來成長。他也知道，隨著農業數位化和建築自動化的趨勢加速，強鹿機械必須更勇於冒險嘗試。身為系統領導者，艾倫可以依據他深度的專業知識，構想出顧客需要的服務，還能同時提升多個事業部門和區域的流程。我把這種能力稱為「兼顧垂直和水平管理」——我們在第十三章系統領導者的部分會加以探討。

在企業文化的部分，艾倫最令人印象深刻的成就是處理二〇一七年藍河科技（Blue River Technology）這家成立六年的矽谷新創公司收購案。強鹿機械以三．〇五億美元收購藍河科技先進的機器人科技——它可以辨識出不需要的植物，以高精準度施放除草劑。強鹿機械的機具使用GPS定位系統，讓農機工具自動化運作，並達到英吋以下的精準度。再加上藍河科技的電腦視覺（computer-vision）科技，強鹿得以領先業界，協助農民將作物的潛力極大化。

就如《連線》（*Wired*）雜誌的報導，「許多公司使用無人機來協助農民收集作物資料，以規劃噴灑農藥或其他作業……。藍河的技術可大大影響農作物的收成，因為它從地面上的近距離做出判斷。傳統上，殺蟲劑和其他化學物質是在整片農地或作物上盲目施放。藍河的技術可說是農業的神槍手，可針對需要的地方施放農藥……。約有六十名員工的藍河科技將以獨立的品牌在加州森尼韋爾（Sunnyvale）的總部作業。」[11]

相較於三．〇五億美元的投資，保留藍河科技的獨立地位，並由其創辦人豪爾赫．赫洛（Jorge Heraud）繼續在矽谷擔任執行長，可說是更大的冒險。艾倫不打算把強鹿的工作方式灌輸到藍河科技的員工身上；相反地，他與赫洛密切合作，讓藍河科技勇於冒險的企業文化注入強鹿機械。目前看來這個安排有效運作，赫洛可以協助強鹿機械爭取年輕的工程人才。

現在，我們要深入探討一家本身所屬領域比強鹿機械更龐大、更具主宰力的公司，如何找到更創新的方法處理風險。

## 百威英博：全球巨頭的興起

一九八〇年以來，百威英博經過一系列複雜的併購，逐步成為全球最大的酒精飲料製造商；它聯合了全世界眾多原本獨立的啤酒品牌，包括：時代啤酒（Stella Artois）、貝克啤酒（Beck's）、拉霸（Labatt）、可樂娜（Corona）以及福斯特（Foster's）。二〇〇八年，巴西的英博公司（InBev）完成它最大的收購案，以五百二十億美元買下美國的安海斯布希公司（Anheuser-Busch）。這項交易把美國最經典的啤酒品牌，如百威（Budweiser）、麥格（Michelob）、雪山（Busch）納入百威英博在全球一百五十個國家銷售的約六百三十種啤酒。安海斯布希的這項交易是有史以來第三大收購案，創造出一個年營業額超過五百五十億美元的商業巨頭——比可口可樂（Coca-Cola）多一百億美元。[12]

以一個透過併購打造的公司而言，擁有二十萬名員工，在五十個國家生產，百威英博的企業文化卻出奇地有一致性。從最早的百瑞馬公司（Brahma）開始，歷經一九九〇年代在巴西測試和發展；三十年來，它的企業文化DNA在擴展中幾乎沒什麼變。主要應歸功於執行長卡洛斯．布里托（Carlos Brito）。

## 卡洛斯．布里托：一位真正的信仰者

一九八九年，巴西籍的布里托從史丹佛大學商學院取得企管碩士後就進入百瑞馬，很快就開始負責在聖保羅郊外的一座小生產工廠。工廠的卓越業績讓他很快擢升，到了二〇〇五年，已經成為英博公司的執行長。二〇〇八年的併購完成後，他成了這家全球巨頭集團的執行長以及永不厭煩的鼓吹者；他向我宣揚，他的公司具備四項獨特能力：

- **高度重視人才**。布里托強調聘雇、留任和開發理想人才的迫切性；輕忽人才「會讓百威英博在五年內，變成一家平凡的公司」。他們招聘全球頂尖大學的畢業生，每年為超過兩百位入門階級的員工開設「全球管理訓練課程」（Global Management Trainee Program）。它的目標是，儘可能培養和晉升年輕主管，而非從外部招募資深管理人才。布里托經常出現在這些招募課程上，穿著有他手寫姓名的百威啤酒T恤——藉以向人們展示這項活動對公司的重要性。
- **經營者的文化**。百威英博教導員工像經營者一樣思考；如此一來，他們才能把所屬單位的業績當成攸關個人的事，不斷尋求改進之道。布里托說，「我們從不會完全感到滿意；我們的重點永遠放在下一步。」
- **成本控管**。百威英博採用「零基預算」（zero-base budgeting），這是一九七〇年代，彼得．派賀（Peter Pyhrr）在德州儀器（Texas Instruments）發展出的一個方法。每個會計年度，每個部門和單位都是從零開始，逐項驗證每項預算的支出，不像一般通行的，單就去年預算進行修改的做法。
- **謙卑**。百威英博仿效一些非相關產業頂尖公司的做法，例如：高盛集團（Goldman

Sachs）、沃爾瑪（Walmart）以及奇異電氣，因為它不認為向別人學習有何丟臉。如布里托自己所說，「我們打造公司，始終以處於劣勢、挑戰現存者自居。一開始，我們在哪裡都不算市場的領先者。我們必須搶下這個地位。」[13]

不過，百威英博雖然擁有全球市場的主宰力、卓越的經營能力、具一致性的企業文化及強勁的財報表現，在收購安海斯布希的十年後，一些公司的長期問題逐漸顯露徵兆。這個公司需要強健的前額葉皮質，採取必要風險以迎向挑戰。

## 精釀啤酒開賣

二〇一〇年代，傳統啤酒在歐美的已開發市場停滯不前，因為人們的偏好轉向精釀啤酒、葡萄酒及其他類型的飲品。對於百威和酷爾斯（Coors Light）這類的傳統品牌來說，問題更嚴重，消費者認為它們的風味不如手工精釀啤酒。

情況之於百威英博可說格外黯淡，因為在這個產業，消費者的潮流會從已開發市場逐漸發展到開發中的市場。短期內，其他市場的強勁表現或可彌補美國市場的停滯，但不久後，全球都要面臨更嚴峻的局勢。

精釀啤酒的風潮始於一九八〇年代初期，由舊金山的鐵錨啤酒公司（Anchor Brewing Company）、內華達山脊啤酒公司（Sierra Nevada Brewing Company）和波士頓啤酒公司（Boston Beer Company）等新進品牌推動。在一九九〇年代和二〇〇〇年代，我們看到精釀啤酒的大爆發；數以百計的小型釀酒廠對長期霸占美國市場的拉格啤酒（light lager beer）提供了另類選項。二〇一〇年代，其中一些酒廠（山謬亞當斯〔Samuel Adams〕、鵝島啤酒〔Goose Island〕、岬角啤酒〔Ballast Point〕等等）已經成長為較大且可獲利的公司。到了二〇一七年，精釀啤酒在美國啤酒市場的市占率已從一九八七年百分之〇．一增加到超過百分之二十。[14]

百威英博和星座啤酒（Constellation Brands）這類全球巨頭的回應方式是收購一些最成功的精釀啤酒品牌。事實上，二〇一〇年代初期，百威英博買下八家成長最快的精釀啤酒。不過到二〇一七年為止，由於過度競爭和一些非常在地的品牌興起，即使是最被看好的幾個精釀啤酒品牌，銷售成長也趨緩。

同時，儘管百威英博加強行銷以對抗頹勢，但傳統廣告比起網路與社群行銷開始相形失色。一些公司開始進行精準投放（microtargeting）——依據消費者的興趣提供個人化的內容。如此做法對百威這類品牌來說是否奏效？畢竟它每年投入大量廣告，透過超級盃（Super Bowl）廣告這類大眾行銷（mass marketing）的方式，觸及最廣泛範圍的受眾。

一開始，布里托的團隊處理這類問題的方法是改造一些核心的啤酒品牌。舉例來說，二〇〇二年，名為「麥格特釀」（Michelob Ultra）的低醣啤酒以「減了醣，不減風味」（Lose the carbs, not the taste.）的廣告口號推出。不過很快地，它就把目標受眾轉向運動愛好人士；公司推出的廣告裡出現參與激烈運動競技的男女。廣告詞也改成：「為多走一哩路的人們釀造。」（Brewed for those who go the extra mile.）到了二〇一七年，麥格特釀成了酒類產業裡銷量成長最快的啤酒之一。[15]

不過，專為特定品牌升級，或其他增量型計畫不足以帶來足夠改變。二〇一四年十月，布里托與百威英博的董事會舉行密集會議，會中董事們對於公司花這麼多時間仍無法從精釀啤酒和其他趨勢中獲利感到不滿。布里托不得不承認，公司高層主管雖然討論創新超過十五年，但基本上，做出的改變仍然不夠。如今，他們必須採取更激進的做法，向公司上下傳達信息，讓大家了解，顛覆之於推動公司前進的重要性。他的結論是，「有些東西今天微小，但未來可能變得巨大——它們必須放在有單獨資源之專屬團隊的監控雷達上。」[16]

## 自己栽培的顛覆者

當時，公司組織裡直接向布里托報告的有十六人：九位按地理區分的地區總裁和七位按功能區分（財務、策略、人事、銷售、行銷、供應、收購）的全球主管。他決定增加一位直接報告的主管，領導一個新的獨立單位：破壞式成長辦公室（chief disruptive growth office，簡稱CDGO）。

遵循公司的企業文化，布里托不想聘用外來者。他認定了當時的拉丁美洲北區行銷副總裁亞普為最佳人選。十八年前，亞普以巴西見習生的身分進入百瑞馬，一直與公司一同成長。他首次聽到CDGO的職務時仍半信半疑，他以為：「這是一家市值五百億美元的公司。就算我們未來五年內成功了，我們做出的改變也不會有什麼實質差別。」[17]他必須放棄的是他在百威英博安穩的晉升之路，因為這個定義鬆散的單位即使成功了，他也不知道之後還能擔任什麼職務。萬一失敗了，亞普也很清楚自己可能會由閃亮的明日之星淪為無用的冗員。

儘管有這些顧慮，亞普還是同意接受這個職位。布里托清楚告知這個單位的目的是暫時性的——改變企業文化，扮演推動公司全體上下，勇於冒險和創新的加速器。它有雙重使命：推動精釀啤酒、電子商務及新行銷手法等各方面的創新，還要協助百威英博全公司改革傳統的停滯怠惰。其中的弔詭是，亞普越快完成這些目標，他的職位就越快不保，因為這個單位將不再被需要。

二〇一五年二月，集團成立了「ZX事業部門」（ZX Ventures，Z代表zythology，即啤酒釀造學，X代表experience，即經驗）。它將有自己的盈虧報告（P&L），同時從公司的管理結構中獨立出來，讓大家明白，這不是一個普通的增設部門。底下是布里托致股東公開信對它的描述：

> 要讓消費者用嶄新的方式看待啤酒，代表我們要從自己做起。為了鼓勵這樣的行為，我們創立破壞式成長團隊來探索在傳統品牌、釀造或行銷活動之外的可能機會。這個團隊探索的其中一個領域，是如何運用科技提升派送、包裝及其他與消費者體驗相關的面向。這個團隊已經找出幾個「賭注」，一開始雖然不大，但未來幾年可能成為改變遊戲規則的關鍵。[18]

ZX很快就脫離百威英博的企業文化，組成混搭的團隊，包括從其他公司甚至其他產業招聘的外來者，再配合公司原有的成員。如亞普自己所說，「從歷史上來看，我們過去的成功依靠雇用不會挑戰既有模式的人才，因為我們的模式很有效。」[19]但ZX需要的是有冒險精神的創意人才——同時必須說服外來者，把ＺＸ設想成一個隱身在全球大企業裡頭的科技新創單位。

## 五艘快艇

ＺＸ的組織分為五個基本上各自獨立的單位：特色產品（專注在精釀啤酒）、電子商務、品牌體驗（專注於體驗零售）、自釀啤酒及探索（負責管理創投基金投資和收購）。亞普運用海軍的比喻來形容這五個單位說：「要確認進行破壞式創新最好的方法，就是派出一大堆快艇。你有一艘母艦為重心，也有配備部隊的快艇可四處行動。他們知道任務是什麼，我們只要放手讓他們去做。」[20]

特色產品的團隊最龐大，占了ＺＸ人員編制的百分之四十。它負責對幾家美國精釀啤酒廠進行收購和投資，目標是與他們既有的團隊結盟，而不加入新的管理團隊。亞普的目標是創造「一個為精釀啤酒提供創新的生態系」。二〇二〇年之前，有三十一家精釀啤酒將成為百威英博完全擁有的品牌，另外五家由公司持有少數股權。[21]

電子商務團隊要努力克服的問題是如何把數量龐大、沉重、規範嚴格、運送不易且銷售淨利低的產品，送上電子商務蓬勃發展的列車。二〇一七年，只有百分之一的啤酒是透過網路銷售。但這個團隊相信，它的比例將伴隨電子商務的發展而提升，他們也不希望被亞馬遜或其他電子零售業搶占太多先機。他們在幾個國家建立不同的電子商務平台，像是法國的 saveur-biere.com，巴西的 emporio.com，以及阿根廷的 bevybar.com.ar——它們都提供各類啤酒，並附帶快速運送服務。

同時，電子商務團隊也對 Ratebeer 進行投資，這個線上平台在不同地理區域追蹤啤酒受歡迎的程度。二〇一七年，他們已經擁有全球五十萬罕啤酒的數據庫，由專業人士和一般消費者進行調查評比。這種即時的喜好調查和需求數據未來可能有助於電子商務鎖定客戶族群。另一個內部開發的評鑑引擎 Brewgorithm 使用大數據來預測，哪種啤酒最可能吸引到哪些不同的消費族群。

品牌體驗團隊專注於利用數位資源，創造消費者實際喝啤酒時的難忘體驗，包括透過實體零售酒吧、酒館以及在啤酒品牌授權的專門店活動。

自釀啤酒團隊想鎖定的，是自製啤酒的愛好者這個快速成長的市場。二〇一六年，它收購了北方自釀啤酒設備（Northern Brewer Homebrew Supply）這家有二十年歷史的明尼蘇達公司，專門銷售自釀啤酒的原料和設備。ZX相信，鼓勵啤酒客試驗自釀啤酒沒有壞處，因為消費者的興趣越濃厚、知識越豐富，就越可能消費更多百威英博的啤酒。長期來看，支持任何對啤酒有興趣的消費者都對公司有利。

最後，探索團隊要負責非啤酒的收購和投資。他們投資了一些新興的破壞性創新者，像是 Picobrew（昂貴自釀啤酒機的製造商，提供類似膠囊咖啡式的便利性）、Owl's Brew（它製造罐裝的「啤酒茶飲」〔boozy teas〕，以更健康的飲品為號召）以及星艦科技（Starship Technologies，一家機器人科技新創公司，專門提供食品包裝運送）。這個團隊同時也負責ＺＸ加速器（ZXelerator），它是一個十週的育成計畫（incubation program），招收對解決公司重大挑戰提出想法的員工。如同矽谷的育成訓練課程，最後的成果發表日由各組成員向百威英博高層簡報他們的計畫。在ＺＸ加速器進行的這些簡報中，有三分之一最後得到經費資助。其中一些成了成功的新創事業，當中包括：Brewgorithm 和 Canvas，它利用釀造過程的發酵穀物來製造蛋白飲品。

## 承受風險，需要更好的數據

百威英博數據和資料分析的督導工作由財務長負責，因為它沒有全球技術長或資訊長這類職位。這些角色被去中心化地分散到不同事業單位，因為這家公司始終沒有完全整合多年來，它購併之所有品牌的數據系統。ＺＸ認為這構成了重大的限制，因為它的許多計畫都需依靠大量數據。舉例來說，電子商務團隊需要精細的銷售分析來建構精釀啤酒平台，當時的相關數據多半分散各處，難以取得。

另一個令人挫折之處是，已開發市場的工具和策略在分享給新興市場時會遇到困難。雖然各國啤酒產業的情況不同，但如果取得全球數據更容易，長期下來仍有助於找出類似趨勢，並運用在其他地區已經奏效的工具。但類似的全球數據庫仍付之闕如。

高階主管開始雇用更多數據專家，讓他們有機會做出重大貢獻。根據銷售長米歇爾・杜克里斯（Michel Doukeris）的說法，「我們這兒有位待過亞馬遜的傢伙說，『嘿，在亞馬遜有一千個像我這樣的人，多我一個不算多。但我來到百威英博，我知道在這裡，透過數據和數位化可以開啟多大的力量。』這太好了，因為這些人是數位的原生代，理解資訊的力量。在亞馬遜和Google，他們只不過是眾人之一。在這裡，將是改變遊戲規則的人。」[22]

這家公司還需要幾年來發展出真正整理、統合數據的做法；在這之前，ZX只能儘量設法運用手邊可得的數據。正如ZX的產品管理主管亞力士・尼爾森（Alex Nelson）說的，「我們長期的目標，是把百威英博轉型為垂直整合的數據公司。如果我們對人們的需求能有即時（real-time）與極為在地化（hyper-local）的資訊，知道他們要什麼、在喝什麼、在哪裡喝——這將帶動我們整個事業及整個供應鏈的徹底轉型。」[23]

另一方面，數據整合也帶有風險。即使是尼爾森領導的ZX電子商務數據團隊也會擔心，公司其他部門誤用消費者資訊帶來的危險。如他所說，「我們在全球電子商務的顧客多半是精釀啤酒的顧客。所以你可以想像，如果核心部門開始傳送廣告給他們，宣傳百威啤酒或其他在他們的市場裡不屬於精釀啤酒的產品。將傷害到獲取顧客管道裡的品牌主張。比如說，如果我們透過精釀啤酒線上商店爭取到這些顧客，然後突然間，這些顧客成了某個不符合這個價值主張的品牌的鎖定對象，那就是犯了嚴重的大忌。」[24]

## ＺＸ vs. 核心業務單位

另一個讓ＺＸ員工感到挫折的，是新單位與公司其他部門之間的緊張關係。新聘雇的人員不只風格和人格特質較為突出，也被視為（本身也自視）將對百威英博的核心事業進行顛覆。核心部門的人員若因此心生不滿，完全不會令人意外——更何況他們的營收會被拿來資助ＺＸ的實驗。有誰會想活在這群「天選之人」——這是對ＺＸ團隊帶有嘲諷的稱呼——的陰影下？

不容否認地，ＺＸ在許多方面被公司高層另眼相待。它的自主性更高，也有更大的自由度進行長期計畫。它的員工有另訂的獎勵標準，和其他部門大不相同。人事長大衛・艾爾梅達（David Almeida）總結了核心單位對這個情況的看法：「我們要一點一滴抽取你業務部門的東西，然後建立一個組織，管理你所屬領域的事業。而且我們是獨立運作，我們的團隊有不同的獎勵機制，不同的優先要務，不同的著重點。搞清楚了嗎？」[25]

對於公司高層未從中調解這種位階衝突，甚至似乎沒認知到問題的存在，部分核心事業的主管因此感到失望。也有些主管基本上對ZX不屑一顧，因為ZX使用的資源和百威英博整體規模相比，根本九牛一毛。另外還有些主管把ZX當成盟友，因為ZX和地區團隊共同創造的任何營收，最終都會計入這個地區的收支損益，至於成本則算在ZX頭上。這是一個很大的激勵因素，可讓兄弟之間的衝突休兵，不至於升級成嚴重的問題。

## 二〇二一年的展望

二〇一五年年初，布里托創設ZX之時，他不可能預想到疫情和它衍生的各種嚴重後果會對啤酒業造成慘重打擊。二〇二〇年，體育賽事沒有現場觀眾，沒有派對和商業研討會，大學校園裡也沒有想喝幾杯的學生。不過，儘管二〇二〇年，百威英博第二季的銷量下跌超過百分之十七，它的營收還有獲利都超出分析師預期。一名分析師提到它第二季的表現時說，「這家公司在B2B（企業對企業）平台、電子商務管道以及數位行銷上的投資在過去幾個月加速了，或許因此助長了成長。」[26] ZX推動的一些倡議，緩和了疫情期間經濟衰退帶來的打擊。

同時，過去這五年內，布里托的一些預測獲得應驗。大眾市場的啤酒整體銷售量逐步且持續萎縮，在美國尤是如此。傳統廣告比起網路行銷，越來越沒效用。此外，二〇一六年與南非美樂（SABMiller）進行的最後一個大型併購案後（當中，百威英博還必須拆份南非美樂旗下的美樂酷爾斯子公司〔MillerCoors〕，當做美國監管單位同意的條件），併購機會幾近不存在。基本上，已經沒有任何其他可收購的大型目標。百威英博需依靠ZX的倡議推動組織內的成長（organic growth）*。

ZX很難適用特定的評量標準，因為它的多數成果都是用來協助地區和其他部門的收支損益。不過，公司對於亞普的成績已夠滿意，在二〇一九年一月擢升他為公司的行銷長——代表他接受CDGO這個職務的個人風險，如今得到了回報。公司發布晉任宣布時提到，「我們把行銷與ZX事業部門整合，由一位全球主管佩卓．亞普負責。結合我們領先業界的行銷能力與ZX的創新做法，亞普將從我們全球品牌成功的基礎上繼續打造，並協助預測消費趨勢。為這兩個單位設立一個共同的全球主管，意味著我們將分享最好的做法，把兩者最好的部分結合在一起。」[27]

布里托推動整體企業創新和承受風險的文化，要讓CDGO因過時而被淘汰的目標是否達成了？在一個官僚、缺乏衝勁、獎勵偏重短期執行成效而非長期破壞式創新的大型全球企業裡，它永遠像一場馬拉松，而非百米衝刺。不過，在二〇二〇年秋季，布里托驕傲地提到，「其中一些初期投資的規模已經擴大，並在今年移轉到公司的主要部門，例如：眾多精釀啤酒的投資以及電子商務／直接面對消費者的平台。如今，我們已經開始討論未來五年的ZX 2.0。」[28]亞普同意，創新的文化正擴及到核心業務。「可能在兩、三年後，我相信，核心事業的創新和技術能力將可全速發展，我也相信，就能力而言，ZX將不再被需要。」[29]

## 冒「對」風險

理論上來說，扮演顛覆者或新創者，本來就比較容易做出冒險的決定。相對而言你沒什麼好失去的，而冒險的重點就在於創造出新東西。但即使是新創者，也面對著蜥蜴腦帶來的心理和社會壓力——人們深藏的本能追求安全至上，遵循經試驗得證有效的行為。

Stripe、強鹿機械和百威英博的共同點在於，他們的領導者都看到問題了，這些問題不是迫切的危機，但可能在不久的將來演變成生存危機。他們的回應方式都是尋求破壞性

＊譯註：組織內成長（organic growth，或譯為有機成長）是企業成長的主要策略之一，其他策略還包括購併成長（mergers and acquisitions）和策略聯盟（strategic alliance）。

創新，承受巨大的風險而非託辭推諉，忽視這些威脅。Stripe 開始鎖定更大但更有挑戰性的顧客，同時維持核心業務持續成長。強鹿機械接納從矽谷輸入伊利諾州莫林（Moline）的新科技和破壞式的嶄新企業文化。百威英博了解到，光是修修補補，提升一點微小的效率，不可能避免市場緩慢而持續的萎縮。這些公司的領導人都知道，奔向風險，實際上比逃避風險更安全。

以個人層面而言，布里托冒著丟工作的風險，公開挑戰不知變通的守成者，宣布ZX將是百威英博未來的關鍵。如果ZX失敗了，布里托也將隨之失敗。至於亞普冒的風險則是放棄原本在企業裡穩步升遷的道路，選擇接受一個非傳統、定義含混的職位，心知肚明就算做成功了，新職位也不會持續太久。他只能相信，歷經CDGO的工作後，百威英博還會繼續照顧他。雖然他做出傑出的成效並升任為行銷長，但也是冒著會跌到谷底的風險。

這正是所謂的不確定性：你可能把每件事都弄錯而成功，或每件事都做對而失敗。系統領導者懂得判定什麼是聰明的風險，什麼是愚蠢的風險；他們依據長期的影響，而非短期最便宜行事的方法。他們知道，在一個有無窮策略可以選擇的世界裡，刻意限縮自己的選項，風險永遠比開放、大膽的想法更大。在心存疑慮的時刻，他們會正面迎向挑戰。

## 系統領導者筆記4

### 風險管理

- 鼓勵你的人員迎接風險和不確定性，將之視為機會之窗。讓他們知道，他們個人如何參與一個令人振奮的新任務或目標，並解釋何以公司承擔風險比接受現況更好。
- 小心個人的偏見，它將隨著你的人生旅程和生活環境自然浮現。過去獲得獎勵的任何行為都塑造出現在的你；這強化我們對重複舊模式的渴望和找尋類似背景的人共事，因而不願擁抱改變。
- 熟悉任何改造你產業的新工具和新技術，包括你的客戶和他們的公司。光是依賴你的下屬跟你解釋這些變化，只會得到膚淺的理解。盡可能取得第一手的親身體驗和反饋。

第七章

# 內耳：持有和結盟的平衡

我們與（超市）討論後，就更加了解可和他們合作的方式……。於是看出Instacart將成為零售業者的最佳搭檔。

——阿普瓦·梅赫塔（Apoorva Mehta），Instacart創辦人兼執行長

公司必須不斷做決定，哪些東西該從內部開發，哪些該找尋外部結盟。隨著數位能耐（digital competencies）成為實體產品與服務的核心關鍵，這個問題也變得日益複雜，而提供解決方案的公司不見得具備強大的數位DNA。不過如今，把數位的解決方案外包事關重大，因為這些技術攸關公司產品和服務要傳遞的價值。我用內耳來比喻這項企業挑戰，它控制我們的平衡能力。

企業領導者至少從工業革命初期就開始，就為持有（ownership）和結盟（partnership）的取捨而兩難。在二十世紀初期，亨利·福特（Henry Ford）就是如今所謂垂直整合

（vertical integration）最知名的推手。他希望福特汽車公司（Ford Motor Company）盡可能擁有眾多的汽車生產元素，包括汽車底板的鋼材和引擎內部的各種零件。到了一九二〇年代，除了製造管線、氣閥和輪胎的橡膠外，福特汽車已經掌控了打造汽車所需的幾乎所有原料。一九二七年，福特汽車面臨英國橡膠專賣的威脅，公司在巴西買下一百萬英畝土地並開始刀耕火種，清理出一整片橡膠地，名為福特蘭迪亞（Fordlandia）。但這個墾植區因為經營困難而在一九三四年放棄，畢竟擅長做車子的，不一定代表會經營農場。[1]

過去百年來，零件的標準化讓垂直整合變得不再那麼誘人。商學院把這個概念稱為「模組」（modularity）。如克雷頓．克里斯汀生（Clayton Christensen）解釋的：「當一個產品的零件設計中沒有不可預期的元素，就是模組的（modular）。模組讓各個成分——物理上、機械上、化學上等等——的組合方式標準化。」反之，「當一個產品其中一個部分的製造和運送，要根據其他部分製造和運送的方式，就是相互依賴的（interdependent）。不同部分的相互依賴性，讓一家公司開發其中一個構成份子時，必須同時開發這兩個構成份子。」[2]

模組化增強了與外部供應商結盟的動機，透過專業分工，可讓零件的製造更廉價且快速。在一九八〇年代，麥可．戴爾（Michael Dell）訂購同類型、模組化的電腦零件，在自己的學生宿舍裡組裝，再以戴爾電腦的品牌名稱賣出，讓他成了億萬富翁。個人電腦產業初期的蓬勃發展，主因是它完全是模組化的（唯一特例是蘋果電腦，這我們稍後再討論）。像戴爾這樣的成功公司，運用內耳選擇了合夥關係。

與之類似的是開創性的企業思想家彼得・杜拉克（Peter Drucker），他主張專注在公司的核心業務，盡可能把非核心的功能外包出去。在一九八〇年代初期，他給了奇異電氣的執行長傑克・威爾許（Jack Welch）著名的建議：「要確保你後面的密室是別人的前廳。換句話說，不用去安排工廠警衛。找個專業保全公司幫你做這個工作。去掉內部出版品、內部會議活動業務，去掉任何不是你核心項目的業務。」[3]二〇〇四年杜拉克接受訪問時，再次評論說：「多數人是從刪減成本的角度看待外包，我認為這是一種妄想。外包真正做的事是大幅提升繼續為你做事的人們的品質。我認為，你應該把所有未來沒機會晉升到高階管理層的職務通通外包出去。」[4]

不過，在獨立自主和相互依賴之間找出完美平衡並不容易，需要健全發展的內耳。科技持續加速變化，可能增加標準化模組零件的難度，甚至連要找出核心競爭力也變得比以前棘手。領導者往往為了尋找「做太多」和「外包太多」之間的甜蜜點而昏頭轉向。

還有一個我從二〇〇〇年代初期就常用的比喻；當時，我是一家名為 Pixim 新創公司的二號主管。把你的公司想像成一座城堡——你想宣告周邊多少土地歸你所有，並加以防禦？如果你在城堡外四十碼的半徑築一道牆，將比在十碼外的半徑築一道牆花費更大的工程。因此你必須認真思考，哪些市場是你真正核心的目標，哪些你樂於讓位給其他人。或許你可以和鄰近的城堡達成協議，一起分享在你城牆之外的土地。

讓我們來看幾家公司，他們對於把牆築在什麼位置，做了各自相同的決定。

## 23andMe：明智的結盟

有強大內耳的公司能明辨高價值和低價值的工作。他們將資源分配到自己做得比其他人更好的部分。至於沒有競爭優勢的部分，則樂於打造夥伴關係，以分享適當份額的回報，而非企望獨占百分之百的回報。

在第二章，我們就看到了這樣的例子：23andMe 獨家與葛蘭素史克合作的聯合事業。23andMe 的領導者知道，他們的核心競爭力在於獲取和組織客戶的ＤＮＡ樣本，以及利用他們基因資訊的巨大數據庫來進行基礎研究。不過，開發熱門藥品則需要葛蘭素史克擅長的其他競爭力，像是設計精準醫療、募集合適病患進行臨床研究，以及鑽研取得政府許可的複雜程序。

這個聯合事業結合兩家公司的強項。23andMe 若不尋求結盟，理論上獲利當然可能得到更多。不過，聯合事業減低了他們的風險，同時為他們注入三億美元的資金，這對他們而言非常必要，因為光是一種新藥的第一階段臨床試驗就會花上數千萬美金，而且在這個階段通常只有百分之九到十四獲得許可。23andMe 的事業發展部副總裁形容：「我們帶來的，是很棒的數據庫及一些非常棒的基因科學，可找出我們相信，會成為更有效療法的新標靶。至於葛蘭素史克則帶來十萬名員工的組織，有真正把標靶開發成療法的實證績效。」[5]

## 戴姆勒：結盟不足

把平衡策略搞砸的方式有兩種：自己做太多或做得不夠。做太多的一個好例子，可以回顧第二章戴姆勒的案例。二〇一〇年代初期，態勢已十分明顯，若想控制和監看汽車油料、發出聲控制令以及在開車時使用 Spotify、Waze 及 Google 地圖，智慧型手機將是較便利且人們樂於使用的方法。汽車製造商可選擇開發自己的專利控制和娛樂系統，或在外部建立合夥關係，把智慧型手機整合到駕駛體驗。

二〇一四年，蘋果推出廣受好評的蘋果 CarPlay 系統，在汽車連網市場初期取得領先。如一份評論報導指出：「CarPlay 開啟了汽車資訊娛樂（infotainment）的體驗革命，以 iPhone 的操作介面取代汽車製造商自行開發、多半不符水準的軟體。CarPlay 讓我們透過汽車配備的觸控螢幕輕鬆取得手機、地圖和簡訊等應用程式。」[6]

不過，戴姆勒不接受 CarPlay 或其他系統，而選擇開發自身的專用系統 Mercedes me，它只能在賓士汽車裡使用。戴姆勒相信，藉由掌控介面設計，可以提供更完整且精密的體驗，同時打造一個平台，專供未來開發的價值連網服務所用。Mercedes me 的設計精巧，包括：停車位定位、汽車門鎖開關以及以手機遠距，查看燃料和系統數據的軟體。

但可以把東西做得精巧，不代表就該由自己動手。沒有證據顯示，消費者因為喜歡 Mercedes me 才選擇賓士車。我猜有些人會因為不能直接把他們的 iPhone 插入 CarPlay 使用而感到失望，因為他們擁有其他車款的朋友可以這麼做。與其投資大筆成本開發 Mercedes me，戴姆勒可以做什麼？建立合夥關係可讓戴姆勒解放相當多的資源空間，包括他們工程師的腦力。

## 博德斯：過度結盟

過度外包的相反例子，可以想想博德斯集團（Borders），它在一九九〇年代和二〇〇〇年代曾是全美第二大連鎖書店。

一九九四年，當亞馬遜以「全球最大書店」的口號成立，許多傳統書商對它視而不見。當時商務網路仍在初始階段，幾乎很少人上網購物。你可以在實體書店享受瀏覽、翻閱，與喜愛的書籍不期而遇的氣氛，誰想忍受在亞馬遜訂書的繁瑣、延宕和運送成本？但不久後，態勢趨於明朗，電子商務提供了一些書市獨一無二的優勢。每年出版的新書成千上萬，潛在的書籍品項如此巨大，任何一家實體店都不可能提供長尾效應的完整需求，即使是博德斯或巴諾書店（Barnes & Noble）這樣的超大書店都辦不到。許多書商明白這點後，也開始了自己的電商業務，儘管一九九〇年代中期，它的需求量仍很微小。

不過到了二〇〇一年春季，博德斯做出決定；它認定，解決公司電子商務不足的方式，是把這個工作外包給它最危險的競爭對手。根據雙方公布的協議，亞馬遜將負責庫存、運送、網站內容和客戶服務；博德斯則會「運用它的品牌地位來推動銷售」，並「提供博德斯的獨特內容，諸如書店地點的資訊和店內活動的日程表」。按照博德斯執行長葛瑞格．荷西佛維茨（Greg Josefowicz）的形容，「我們顧客的網路需求，由做得最好的一群人效勞，我們則提供我們最擅長的——在互動氣氛中探索購書、音樂和電影。」[7]

接下來七年，電子商務從達康的泡沫中復甦，書籍的網路銷售上揚，亞馬遜不斷擴大其市占率。一路走來，亞馬遜收集了博德斯消費者偏好的大數據，用來提升它本身的產品和服務。到了二〇〇八年，博德斯終於接受事實，承認自己需在蓬勃的市場區塊裡打造自身的競爭力，因此結束了與亞馬遜的合夥關係，轉而發展自己新的電商網站。

但是此刻才認清電子商務對傳統書市的存在威脅，想扭轉局勢卻為時已晚。接下來三年，博德斯的財務狀況持續下滑，最後在二〇一一年，公司不得不宣告破產。博德斯的倒閉雖然還有其他重要因素，不過，與亞馬遜的合夥之於摧毀公司競爭力，著實扮演了關鍵角色。

我常把這類失敗形容是「倒洗澡水時，連孩子也一起倒掉」（dropping the baby）。育兒專家們對於各種育兒建議的看法常常天差地遠，但至少都同意不能把孩子給丟了。博德斯失去平衡感，也因此失去了對顧客核心關係的掌控。

## 特斯拉：特立獨行

結盟策略還有一種值得考慮的類型，儘管誠屬罕見：一切全靠自己。有些創業者仍舊嘗試採行亨利．福特的方法，要在方方面面掌控新產品或服務。大部分人都失敗了，但偶爾有人成功進行垂直整合的策略——它的成功到達真正非凡的地步。從一九八〇年代初期到二〇一一年，全世界垂直整合最成功的是賈伯斯（Steve Jobs），他堅持每個蘋果的產品（從第一部麥金塔電腦〔Mac〕到最新的 iPhone）都必須是「封閉式的建構」，每個構成分子都由蘋果自行設計。如今，特斯拉的伊隆．馬斯克成了他的衣缽傳人。

馬斯克和賈伯斯一樣，是無視傳統智慧的離經叛道者。他向採訪者說，「我們多數人的人生都是透過類比來分析理解，基本上，這代表我們複製其他人的做法而稍做修改。你不得不這麼做，不然精神上你無法生活下去。但當你想做一些新鮮的事時，就必須採用物理學的方法。物理學已經真正設想出如何發現一些違反直覺的事物，像是量子力學。」[8]

二〇〇三年，馬斯克以共同創辦人的身分，把這種態度帶進特斯拉。這家電動車新創公司對於汽車業外包模組零件的這類做法毫無仿效興趣。馬斯克認為除非必要，否則沒有向外面的供應商讓步的道理。隨著特斯拉的成長，他越來越期望在封閉式的系統裡創造產品，儘量不用到外來的組成零件。這一點，在決定特斯拉電動車成敗的高科技電池和運算技術上（包括硬體和軟體）特別重要。如馬斯克自己形容，「我認為值得思考的是，你做的事究竟會不會帶來破壞式的變革。如果只是漸進式的改良，不大可能有重大意義。它必須是和過去的東西有明顯差別的改良。」[9]

特斯拉的垂直整合帶來許多優勢，包括可以遠距搜集它生產的每部車的使用數據，使其得以持續改進每個組合零件。無線連結是雙向進行的，這讓特斯拉可以直接推動每部車子的軟體升級，不需駕駛親自到車庫檢查。

正如一名部落客汽車評論家說的，「從特斯拉打造 Model S 和 X 開始，它就發現，外部的供應商趕不上它快速創新的腳步，於是它逐漸把更多作業置入公司旗下。特斯拉被形容成唯一製造自己座椅的汽車公司；它放棄以 Mobileye 做為自動輔助駕駛（Autopilot）電腦系統的供應商，而是自行製造必要的電腦。」[10] 或許更重要的是，特斯拉大規模生產自己的鋰離子電池，並於二〇一四年，於內華達興建「超級工廠」（Gigafactory），並成為全世界產能最大的電池工廠。按該公司自己的說法，「隨著超級工廠提高生產，特斯拉的電池將因規模化經濟、創新生產、減少浪費以及大部分生產流程在同一處地點的優化效果，大幅減少生產成本。」[11]

二〇一六年，一名高盛集團的分析師總結特斯拉的垂直整合已經達到約百分之八十。[12] 二〇二〇年《富比士》指出，「相對於傳統公司仰賴複雜的供應鏈，特斯拉遠比他們更能自給自足……。如果有人以為拆解一部特斯拉的車子，觀察它的零件就能仿製它，那將是嚴重的錯誤：他們能找到的只是，證明特斯拉遙遙領先其他競爭者的證據。」[13]

馬斯克和賈伯斯都是極端特立獨行之人。大部分企業領導者在策略選擇上，面對的多半是類似於 23andMe、戴姆勒及博德斯的選擇——他們必須找的，是在過度持有和過度結盟之間的最好平衡點。這種技能可透過學習而提升，正如我們底下要深入研究的這間新創公司，把維持平衡變成它的核心競爭力。

## Instacart：維持四個核心元素的平衡

線上雜貨領域有些陰魂不散的鬼魂，他們是沒能撐過二〇〇〇年至二〇〇一年網路泡沫的新創公司，包括：Webvan（最後被迫宣告破產、清算）以及Peapod（最後以最顛峰時期市值的零頭價格出售）。算盤一打下來，所有人都發現，長期下來，雜貨宅配的事業難以為繼，因為它沒辦法把費用壓低到吸引足夠大的客戶群來分攤這些成本。

不過，過去這段歷史並沒有讓阿普瓦・梅赫塔（Apoorva Mehta）卻步；二〇一二年，這位前亞馬遜的供應鏈工程師創辦了Instacart。從離開亞馬遜到Instacart之間，梅赫塔新創公司事業的構想共失敗了二十次，其中包括：社群遊戲的廣告網絡公司，以及一個專供律師的社群網絡。他告訴《洛杉磯時報》說：「我對這些主題一無所知，但我喜歡把自己擺在學習一個產業的位子上，並嘗試解決他們已存在或未存在的問題。在經歷這些失敗，推出一個個特色功能後，我明白問題不在於我找不出有效的產品；而是我根本不在乎產品。」[14]

不過，梅赫塔確實在乎如何解決日用雜貨的挑戰。他說：「當時是二〇一二年，人們上網訂購各種東西，上網跟人會面，上網看電影，但有一件事每個人每星期都必須做的——購買日用雜貨——仍以古老的方式在進行。」他忍不住想設計一個按需求派送雜貨的平台。不到一個月，他就設計出一個可以訂購雜貨的簡陋版 app，以及另一個讓打工族提供購物與派送服務的 app。[15]

不同於 Webvan 和其他一九九〇年代的新創公司，Instacart 的時機正好。智慧手機無處不在，同時 Uber 也已經證明，在找尋服務的顧客和願意提供服務的零工之間扮演媒合角色的可行性。梅赫塔知道，若 Instacart 能解決技術和後勤挑戰，它會有大量需求。二〇一五年時他這麼說，「人們（在一九九〇年代）並不想採買日常雜貨，然後拖著一大堆雜貨回家，至今情況還是一樣。不過，拜智慧手機的高滲透率之賜，這次是史上頭一遭，Instacart這樣的公司有存在的機會。」[16]

梅赫塔提供消費者的承諾，是結合便利、廉價及眾多選項的獨特服務。一如他所預期，最初 Instacart 立足的舊金山，需求開始快速增加，引來一個主要創投基金對它的興趣。短短八年內，這家公司擴展到美國和加拿大的五千五百多個市場。以它在二〇二〇年六月的新一輪募資而言，Instacart 被估算的市值達到驚人的一百三十七億美元。[17]

二〇一九年年初，我和梅赫塔會面，他在我的「企業家的兩難」課堂中談話。他對自己公司的各個面向思考縝密，但最重要的主題是關於 Instacart 如何精心維持合夥關係的平衡。梅赫塔描述了公司與四個核心群體持續演進的關係，這四個群體是：需要日常雜貨的顧客、負責採買的代購人員、與 Instacart 結盟的雜貨零售商及製造民生消費性用品

（consumer packaged goods，簡稱ＣＰＧ）的公司。與這四者的關係，如何促成這家新創公司快速翻升為「獨角獸」，值得我們細細探討。

## 顧客：從 COVID 疫情期間蓬勃的市場得利

二〇〇八年，電子商務在美國日用雜貨業務的占比仍不到百分之五，但這個比例增長快速。佛瑞斯特分析（Forrester Analytics）預測，到了二〇二三年，美國線上雜貨市場的總值將從二〇一八年的二六七億美元成長到三六五億美元。按照《華爾街日報》的觀察，「在多年的停滯後，美國超市連鎖正加速提供線上購物的選項，像是宅配及門市取貨和路邊取貨（curbside pickup）等服務，以防購物者一年八千億美元的食品和飲料消費，移轉到亞馬遜這類的電商。這個過程促使零售業者和主要食品品牌對於本身業務的看法產生根本變化——不管是人員配置、供貨網絡或安排停車場和店面的方式。」[18]

Instacart 有部分的吸引力在於，許多雜貨店吸收了部分或全部的服務費，不是把這些成本轉嫁給消費者。Instacart 由個別的零售合夥商自行決定訂價，這讓消費者有動機在 app 上對本地的超商進行比價。被問到貨架上和 app 商的價格差異時，梅赫塔的說法是，「零售商告訴我們，實際上應該標出的確切售價，這也是我們反映給消費者的價格。大約有百分之五十的雜貨商，在實體店裡的價格與在 Instacart 上反映的價格一樣。」[19]不過，消費者還需負擔運費，也因此，二〇二〇年年初，《哈佛商業評論》形容 Instacart 的服務「遠非主流——這是提供給樂意花錢買便利的奢侈服務，偏向大都市的年輕專業人士。」[20]

不過接下來，一夕之間，新冠病毒的疫情改變了線上派送市場。Instacart 和它的競爭對手都因為顧客坐困家中而出現驚人成長，他們許多都是首次嘗試外送服務。突然間，招募足夠的零工到超市貨架取貨，成了比提高需求還大的挑戰。二〇二〇年四月的前兩週，Instacart 每週賣出七億美元的雜貨商品，比二〇一九年十二月增加百分之四百五十，也成了一個獲利的月份。[21]隔年五月，梅赫塔宣布 Instacart 二〇二〇年派送的雜貨（三百五十億美元）已經超過他們對二〇二二年全年的預估數字。一個月後，一項調查發現，整個產業的線上派送雜貨需求，從二〇一九年八月到二〇二〇年八月，已經成長了三倍。[22]

這些增加的需求，不大可能在疫情後消失無蹤。雖然有些在二〇二〇年找上 Instacart 的消費者會再次回到實體的超級市場，但我預測，更多人會繼續使用這個服務，因為它節省的時間和精力遠遠超過價差的成本。在人性上，若你習慣了一個嶄新且吸引人的服務，而且你有能力繼續負擔，它就變得難以放棄。戒除新的習慣大不易。

## 代購人員：重新定義勞工關係

為數眾多的 Instacart 代購者都是契約工，可自由設定自己的行程，安排自己的時間。他們的人數持續穩定成長，在二〇一八年達到五萬人的里程碑，到了二〇二〇年年初又翻了四倍，達到二十萬人。接下來，新冠病毒帶來的需求又讓它直線成長。二〇二〇年年中，公司又招聘了三十萬名契約工作者，它的總數提升到五十萬人。在疫情尖峰期的那幾個月，Instacart 的招募人數甚至比亞馬遜還快。一些代購員的收入比以往都高，每天送貨三到四次，可以賺到一百至一百二十五美元。[23]

不過在新進代購人員大量湧入，讓 Instacart 得以擴大業務規模的同時，較資深的代購員則抱怨，工作條件因此惡化。還有許多人抱怨，訓練和安全作業不足。一位代購員告訴《彭博新聞》（*Bloomberg News*），許多新招募的員工「是過去被裁員、經濟弱勢的族群。現在，他們漫無目標地在雜貨店裡閒逛，我的工作環境從未如此惡劣。」[24]

二〇二〇年，臨時工的爭議隨著加州二十二號提案（Proposition 22）浮上檯面，這個爭議性的公投提案，決定了 Instacart 和 Uber 這類公司，是否應將他們的契約工重新歸類為公司員工。儘管不少加州選民同情無法獲得有薪病假、加班費及健保等福利的零工，仍有百分之五十九的選民投票決定維持現狀。Instacart 和其他公司威脅，若需提供健保這類的員工福利，他們將全數撤出加州，因為這類條件會讓他們未來的獲利成為泡影。有些打工族也表態反對這項立法，因為他們偏愛這類職缺提供的財務和時間彈性。

其他如麻州、紐約和紐澤西等州，也考慮立法限制零工。Instacart 也無法確定，這類官司和立法是否會提升到聯邦層級。但至少到目前為止，零工經濟仍維持它的基本架構。

## 雜貨商之一：成為零售業的最佳夥伴

在 Instacart 開始營運的最早期，它的代購員進入商店，沒有任何特殊地位，必須和其他顧客一樣排隊結帳。就如二〇一五年梅赫塔接受訪問時說的，「這是個雙邊市場，我們透過個人的代購員連結顧客，他們負責選購採買和運送雜貨。但我們從商店裡買的數量足夠龐大，達到我們能運送的門檻。」[25]

梅赫塔和他的團隊了解到，如果他們派遣代購員卻沒告知超市，讓他們有所準備，不可能做出有吸引力的服務。他們決定盡可能地與多數超商結盟，讓他們的物流過程儘可能順暢。舉例來說，如果超市能知道代購員何時會上路，他們可以在倉儲間準備好清單裡的雜貨，大幅降低從貨架上取物和櫃檯結帳的時間。

要說動雜貨商的訴求很簡單：和 Instacart 結盟可以解決雜貨商本身難以提供的無縫宅

配服務。他們還可以協助商店，調整實體店面鋪貨的方式，為宅配的顧客提供更有效率的服務。如梅赫塔說的，「我們與他們討論後，就更加了解可和他們結盟的方式。如今，Instacart 為零售商打造企業軟體，讓他們可以透過分析法，找到他們本身貨架上（稀缺的產品）。於是我們看出 Instacart 將成為零售業者的最佳搭檔。」[26]

隨著 Instacart 的成長，它所能收集和分享給零售商夥伴的大量資訊就變得更有價值。Instacart 知道，哪些商品在不同時間由哪個族群購買，這比起超市，光從原始銷售數字所得到的數據更為詳盡。Instacart 也能幫助雜貨商，透過他們的派送中心，依據銷售趨勢的變化，更有效地匹配消費者行為。對一些雜貨商來說，Instacart 這些附加價值的服務，甚至可以取代他們原本從ＩＢＭ這類公司購買的資訊與數據分析服務。這讓 Instacart 的加盟更具吸引力。

截至二〇一七年三月，已有超過一百三十家雜貨零售商與 Instacart 簽訂夥伴關係，包括全食超市（Whole Foods）、好市多（Costco）、大眾超市（Publix）。由紅杉資本主導的新一輪四億美元創投基金，讓這家新創公司的市值達到三十四億美元，它也準備將它的市場擴充一倍，從原本三十五個市場擴大到七十多個市場。[27] 儘管有眾多正面消息，但梅赫塔最大的挑戰還在前方。

## 雜貨商之二：不做亞馬遜也有利可圖

二〇一七年六月，亞馬遜宣布它以一百三十七億美元收購全食超市。這頭線上零售與宅配的重量級大猩猩以如此誇張的姿態踏入民生雜貨的業務。儘管在雜貨業，全食服務是相對較小的賽局參與者，市場占額約百分之二，不過這個交易把Instacart的合作夥伴納入不停擴張的競爭者手中。全食超市宣布，在合約到期後將終止與Instacart的宅配服務。

不過，就如梅赫塔在我班上說的，雖然全食超市被收購的消息宣布讓他心情不好，隔天就好多了。身為亞馬遜當然很棒，不過不是亞馬遜，顯然也有好處。其他雜貨業者要面對新的現實——隨後幾年，亞馬遜無止盡的資源可讓全食超市變成一個不斷成長且無止盡的競爭威脅，因為它可以不斷降價，同時提高消費者服務的標準。超級市場的既存者知道自己需要協助，以提供顧客更好的服務，以更有效地經營公司，在一個日趨線上購物的環境裡存活。

全美第二大雜貨商艾伯森（Albertson's）很快就宣布與Instacart的協議，讓Instacart在二〇一八年年中，再取得全美一千八百家超市的合作關係。其他大型新合作夥伴，還包括：克羅格（Kroger）、皇家阿霍德（Ahold）、大眾超市及H-E-B超市。同時，Instacart也擴大與好市多的合作關係，並宣布與加拿大最大的連鎖超市Loblaw達成協議，為進軍國際跨出第一步。二〇一七年，梅赫塔接受CNBC訪問時說道，「自從亞馬遜和全食超市達成交易後，情況變得大不同。我們成了每家大型零售商優先想尋求合作的對象。」[28]

梅赫塔對全食超市的交易做出的回應，讓他被同業刊物《雜貨深探》（*Grocery Dive*）譽為「年度雜貨主管」（Grocery Executive of the Year）。文章中提到，Instacart沒有因為亞馬遜踏足雜貨業而驚慌失措，而把重點放在與數十家其他公司結盟；如今，他們有更強的動機願意提供線上購物服務。它從一月份的三十個市場，到了十二月，擴展到一百五十個市場，證明自己有和亞馬遜抗衡的能力。「快速、靈敏、有願景，讓他們在想奮力擠入市場的新創公司中脫穎而出。」[29]

到了二〇一八年十月，Instacart被網路刊物《Recode》形容是「實體零售業這個一兆美元產業的頭號盟友，其電商銷售額的年成長率為百分之二十九，但占全部營業額仍不到百分之五。」[30]投資圈的人士相信，雜貨宅配已躍居主流，市場還有許多空間可以容納亞馬遜之外的其他賽局參與者。

截至二〇一八年年底，隨著Instacart達成與三百家零售商的合夥，在一萬五千家商店提供服務的里程碑，態勢似乎已經明朗，它不需靠亞馬遜的失敗才能獲得成功。在這之後，最後一個未加盟的主要超市連鎖也加入結盟陣營，雜貨業的龍頭霸主——沃爾瑪。二〇二〇年八月，沃爾瑪宣布與Instacart結盟，提供當日宅配服務，從四個試辦的市場開始

（洛杉磯、聖地牙哥、舊金山及土爾沙〔Tulsa〕）。CNBC的報導總結說，「這個動作鞏固了 Instacart 在線上雜貨宅配市場的主導地位」。[31]原先，沃爾瑪測試過自家公司名為「快速宅配」（Express Delivery）的兩小時內線上送貨服務，它計劃最終要從一百家商店擴增到三千家。[32]不過隨著疫情期間外送需求大幅增加，沃爾瑪不想倉促推動這項新服務。和多數雜貨業競爭對手一樣，沃爾瑪也找上了 Instacart。

## 民生消費性用品：利用大數據

第四個，可能也是 Instacart 最創新的關係，是關於民生消費性用品公司（consumer-packaged goods，簡稱CPG）。這是它另一個以數據推動的業務面向，透過它搜集到消費者行為的大量資訊來取得資金。截至二〇一七年年初，Instacart 有一百六十家CPG的合作夥伴，包括：雀巢（Nestlé）、寶僑（Procter & Gamble）、聯合利華（Unilever）和通用磨坊（General Mills）等大公司，他們生產數以千計的品牌產品。只消一個數據服務的投資，Instacart 就可以提供每個零售商及每個產品銷售地區詳細的趨勢分析。同時，它還提供比廣告更有效的促銷宣傳機會——甚至比數據推動的 Google 或臉書廣告更好。

舉例來說，想像你是通用磨坊裡 Cheerios 燕麥片的品牌經理。你從大型超市連鎖取得每週和每月的銷售數據，因此你知道，蜂蜜花生口味的麥片賣得比原味和藍莓口味好。但從超市取得的加總數據，價值遠遠比不上你從 Instacart 每週數十萬次外送服務的詳細數據。哪些人口群體會多買哪種口味的麥片？什麼大小的包裝？他們對價格的敏感度為何？數據裡是否隱藏某些模式，有助於你做出提升產品銷售的決定？還有，當你要推出新口味的麥片時，有什麼方法比贈送折扣券給買過一大堆早餐燕麥片的 Instacart 顧客更有效？

或許，亞馬遜也可以收集和處理同樣的資料，卻無這麼廣泛多樣的背景資料和顧客群。而且亞馬遜出名地愛把消費者資料納為己有，不願與供應商分享，甚至有錢也買不到。

這類的行銷方式，對一些仰賴顧客在購物清單之外，即興採買的品牌格外有價值。舉例來說，二〇一八年，好時（Hershey）告訴《華爾街日報》，他們根據過去的購物數據來鎖定促銷對象，以鼓勵上網購物的消費者，把糖果和零食放進購物車裡。根據好時公司數位行銷長道格．史崔頓（Doug Straton）的說法，「你不能用實體世界的方式來思考網路上的衝動購物（impulse purchase）」。[33]

未來幾年，Instacart 扮演數據整合者，把情報洞見賣給ＣＰＧ公司的能力將只增不減。或許這個大數據庫只是它主要商業模式的副產品，但未來可能成為重要的獲利來源。

## Instacart 的未來

Instacart 充分掌握二〇二〇年的疫情獲取資金，在既有市場裡，光是三月到五月就成長了五倍。同時，它持續擴展到全美五十個州，提升服務的涵蓋範圍到全美百分之八十五的家庭和全加拿大逾百分之七十的家庭。在創下第一個獲利的月份後，華爾街開始熱切期待它首次股票公開發行（IPO），成了「值得觀察的將上市熱門股票」名單常客。[34]

雖說其商業模式依循讓生態系中人人得利的解決方案，但二〇二〇年的發展趨勢並非人人都滿意。一些超市抱怨，為了滿足 Instacart 所有訂單而增加的額外成本，導致比到超市購物的傳統方式利潤更低。《華爾街日報》提到，疫情期間，加州的超市業者布里斯托農場（Bristol Farms）的宅配業務增加一倍，但仍認為宅配只是權宜之計，不能取代實體店內的購物。這家公司的特別顧問和前執行長凱文・戴維斯（Kevin Davis）說：「它的價格較貴且利潤較少，它是個雙面刃。」其他連鎖商店，包括中西部的 Hy-Vee 超市，則嘗試擴大其外帶業務而非宅配業務。它的執行長蘭迪・艾德克（Randy Edeker）說，宅配外送「我們並不反對，但也沒打算推動成長」。[35]

同時，Instacart 在一年內增加了近一倍的代購人員，仍要面對勞方的挑戰。全國關於零工權益的持續辯論，加上各種訴訟和立法程序，仍可能讓整個零工經濟陷入混亂。

不變的是，Instacart 最大的長期威脅仍是亞馬遜。雖然全食超市仍只是美國第十大超市連鎖，二〇一九年的雜貨營收額只有一百六十億美元，相較下，沃爾瑪則是兩千八百八十億美元，但誰能知道，未來十年，亞馬遜會將全食超市擴展到什麼地步？轉任供應鏈諮詢顧問的前亞馬遜主管布列坦・拉德（Brittain Ladd）說：「亞馬遜會投入並進行收購的，都是它有辦法擴大規模的項目。亞馬遜投入雜貨項目，不是為了掌控雜貨產業八千四百億美元市場的微小占比。亞馬遜想做的，是成為滿足消費者對食品需求的領導者。根據我的研究，亞馬遜將在二〇二三年到二〇二五年間觸及兩千一百五十間商店，端看他們選擇採取的策略。」[36]

儘管眼前有這些挑戰，我相信 Instacart 會持續主宰它的市場。

## 取得「對」的平衡

如今，市場界線日趨模糊，一些意想不到的進場者可以借助科技，快速利用資金和大數據擴大規模；在這種情況下，持有和結盟的問題真的攸關企業生死。

多數新公司草創時，一切盡量自己來有其道理，能藉此達成最佳顧客體驗並提升市場占比。但隨著事業擴大，就越可能需要依賴合作夥伴——蘋果和特斯拉是極少數的例外。

你可能忍不住想在公司內部保留太多功能。若真如此，你必須認真思考，在規模擴大時如何維持平衡。在多數我們見過的例子裡，與其他組織的合夥關係可以促成互利和成長。

系統領導者透過一個關鍵問題來評估可能的合夥機會：這個結盟能否幫我們透過尚未擁有，或無法快速發展為核心競爭力的新技能取得資本？如果和 23andMe 和葛蘭素史克一樣，答案為「是」，可能有巨大好處。如果和博德斯把電子商務交給亞馬遜一樣，答案為「否」，這個合夥關係可能在短期營收激增的同時，也播下長期危機的種子。

拜梅赫塔的系統領導技能之賜，Instacart 找到了各種不同類型的同伴，他們都從 Instacart 的服務中獲利。這家公司能理解其生態系中他人的需求，並樂於展現彈性，創造空間讓他們蓬勃發展，這是一套精巧的平衡技術。Instacart 證明了當你發揮強大的內耳，平衡的動作可為公司、員工及其股東們創造非凡的成功。

## 系統領導者筆記5

### 持有和結盟的平衡

- 分析你的產業變化來決定結盟對象，他們不只合乎當前需要，同時能保住你在未來的擴張。不一定要把你的產業想像成「零和遊戲」（zero sum），它也可能是各方多贏的局面。永遠要創造出空間，讓其他人也能透過努力而成功。
- 專注在你真正顧客的最佳利益，他們是真正為你的貨品和服務付費的人。特別是，當你想把對方基於信賴托付給你的資訊，分享給無權取用的合夥人。絕不可以為了讓你的合夥者得利，背叛顧客對你的信任。
- 在可能的情況下，把你的供應商想像成在雙贏情況下，應給予幫助的合作夥伴，而非盡可能要壓低的成本。

第三部

# 體能的實力

它通常無法讓人激動，它不像發明新的人工智慧科技那麼性感迷人，而且做起來很辛苦。不過，體能的力量對所有企業而言，都是越來越必要的競爭力，不論他們是否具備數位原生基因。

這一部分，我們要探討物流的重要性（脊椎）、物件的製作歷經時代改變，始終扮演的關鍵角色（手）、在全球市場規模化的運營（肌肉）、推動和管理商業生態（手眼協調），以及長期維護品牌名聲（韌性）。同樣地，我們會在每一章觀察一些和體能特質奮力搏鬥，且多半有傑出表現的公司。

在讀完第十二章後，你將能對自己公司處理這五項技能加以評分，並對公司整體的實力做出評估。

第八章

# 脊椎：物流

我想，從消費者的觀點來看，人們已經分不清自己是在實體或數位環境裡購物。多數情況是，購物從他們手中的手機開始，他們從這裡決定在哪裡購物……。他們充分利用這兩者。

——布萊恩．康乃爾（Brian Cornell），目標百貨執行長

物流是任何公司的脊椎，脊椎讓身體其餘部分保持直立、四肢協調的運作並接受大腦指令。它毫不搶眼，所以很容易忘了它有多重要……除非脊椎受傷，你完全喪失行動能力。

你可以把物流定義成生產與搬移貨品和零件，把正確東西在正確時間送到正確地點的技藝和科學。包括經常要從世界各地取得原料和設備，也包括建立和管理庫存、提供存放的倉庫、運送到必要的位置；不管是同一座城市還是送到世界各地。傳統的觀念認定，物流和供應鏈的專家不可能登上《財星》雜誌封面（除非你是提姆．庫克）。但這些技能是

傳達美好體驗給消費者的關鍵，不管你身處何種產業或項目。

在這一章裡，我把重點放在零售業。因為這個產業的物流尤其重要，公司的脊椎健不健康，會產生天壤之別。同時，它也是新創／數位優越性相關迷思格外嚴重的產業：更明確的說，所謂零售業末日（retail apocalypse）的想法。在矽谷和其他強調腦的企業裡，普遍的說法是零售業的末日無可避免——電商徹底消滅實體零售業，只是早晚的問題。確實，過去幾年有成千上萬的實體店，在多數生意被亞馬遜和其他電商搶走後結束營業。幾家全美知名的零售連鎖商店，不是宣告破產就是市值大減，當中包括：西爾斯百貨（Sears）、傑西潘尼（J. C. Penney）、梅西百貨（Macy's）、電路城（Circuit City）和凱瑪百貨（K-Mart）。

不過，就像ESPN體育頻道的美式足球分析師李・柯索（Lee Corso）常掛在嘴邊的話：「朋友，話別說得太快。」這些做不下去或財務拮据的零售商，失敗的原因不單單因為在數位時代經營實體商店。他們失敗，是因為無法配合消費者趨勢的變化，也因為著重削減成本卻忽略成長。當營收萎縮，降低開支是維持短期獲利的好辦法。但長期而言，成本不斷優化的結果是把自己活活餓死。若你沒辦法說服更多顧客購買更多你的東西，再怎麼有效節省成本也救不了你。如果純粹靠蠻力，擁有幾百家或幾千家商店和巧妙的物流作業也沒用。

力抗這種末日說法的零售連鎖業，會著重於把腦力注入其體能，應用創新策略來爭取顧客。他們不靠原本就很強健的脊椎來拯救他們，而是把實體零售業的最佳做法，加入提供線上美好體驗的新方法，使其脊椎更強大。他們不會為了維持獲利而絕命一搏、大砍成本，反倒是大力投資物流的升級，將它視為改善產品與服務整體策略的一部分。

在這一章，我們會先快速檢視沃比派克（Warby Parker），這家偏重腦的新創公司已長出的、出奇強韌的脊椎，之後會把重點放在三家有「腦」的零售業巨人：百思買（Best Buy）、家得寶以及目標百貨。我選擇這三家（不同於其他章，只有一個主要的案例研究）原因在於，他們選擇了不同的方式打破零售業末日的既定觀念。他們的共同處在於領導團隊眼光長遠，利用卓越的物流來提供具彈性且深深令顧客滿意的體驗，與亞馬遜和其他競爭對手做出了區隔。

## 沃比派克：長出脊椎的數位新創公司

相對於新創公司，大型既存者基於規模經濟，在物流上存在先天的優勢。但這並不表示，小型顛覆者無法將物流轉化為競爭優勢。沃比派克反轉了眼鏡市場，因為它解決了電子商務中購買前需試戴、購買後需客製化訂做產品的物流挑戰。

沃比派克成立於二〇一〇年，目標是打破一個由獨大巨頭（陸遜梯卡〔Luxottica〕）透過多個連鎖品牌（亮視點〔LensCrafters〕、皮爾利〔Pearle Vision〕）、太陽鏡行〔Sunglasses Hut〕等）維持高價位的產業。理論上，沃比派克的商業模式很簡單：以低價和優質服務贏取顧客忠誠度，並透過線上銷售，無需付費給陸遜梯卡的實體連鎖店來大砍間接成本。

沃比派克每次免費提供五個鏡框，讓顧客於五天內在家試戴，沒有任何購買壓力。之後，消費者把鏡框放入已預付運費的箱子中，與要配戴的鏡片處方一起寄回。（它也提供，顧客要從驗光師那邊取得處方的選項。）不久後，配好鏡片的鏡框會送到家裡，基本費用是九十五美元，如果是一般眼鏡行，大概需要三到四倍的價格。[1]這個商業模式必須解決物流挑戰，如果鏡框往返運送，無法做到簡單且可負擔，沃比派克將毫無機會。

有趣的是，沃比派克已經超越最初的做法，採行混合式的策略。二〇一三年，它開設第一間實體展示店，距離推出線上商業模式不到三年；如今，它在北美已有超過一百二十家實體商店。二〇一五年，它也建立了第一個與諾德斯特龍（Nordstrom）全美零售連鎖的結盟關係，在諾德斯特龍的營業地點設立六間快閃店面。[2]

消費者立刻愛上了這些店，部分原因在於，眼鏡是足夠重要的商品，值得人們花時間和精力出門購買。消費者對於戴在臉上的東西怎樣才好看，也樂於聽取專家意見；他們真正討厭的是，在實體店裡價格被嚴重灌水的購物體驗。如同二〇一七年，共同創辦人戴維・吉爾包（Dave Gilboa）在《Inc.》雜誌所說，「在我們成立之際，曾說電子商務到這時會占據百分之十或二十的眼鏡市場。它確實成長了，但未如預期地多，這是迫使我們開設更多實體店的原因之一。」[3]

很快地，實體店成了這家公司最大的成長來源，也沒有吞噬掉它的線上業務。吉爾包補充說，「我們每開一家店，就會看到我們電商的業務在那個市場短期下滑。不過經過九到十二個月後，電商營銷又加速了，比實體店開張前成長更快。基本上，我們在每個市場都看到同樣的模式。」[4]

在實體零售要有好表現，日益依賴精密的大數據和高科技的庫存管理。沃比帕克打造了自身的端點銷售系統（point-of-sale system），因此帶著 iPad mini 的銷售員，可以很快在網站得知消費者喜愛的鏡框、過去的購買紀錄及運送、付費和配鏡片的資訊——並利用這些資訊提供更好的服務。如果消費者喜歡店內某組鏡框，銷售員可以在 iPad 上抓取圖片，傳送到購物者的個人電子郵件帳號，以利他日後訂購這副眼鏡。根據吉爾包的說法，消費者收到郵件後，超過百分之七十的人會點開信件內容，最後可能購買眼鏡的人超過百分之三十。[5]

沃比派克這類型腦與力的整合，相比於其他大型零售商毫不遜色；不過大零售商口袋更深、連鎖店的分布數量更多更廣。接下來，我們看看三家更大型且更有體能的零售連鎖如何推動創新。

## 百思買：重新定義價值和服務

二〇一九年三月，百思買的執行長胡伯特．喬利（Hubert Joly）跟我的史丹佛課堂學生談到他公司的亮麗轉身。在之前的十年間，電子產品／電視／電腦市場的電子商務導致康普美國（CompUSA）、無線電棚屋（RadioShack）、電路城（Circuit City）等公司破產。二〇一二年八月喬利上任時，百思買的情勢看來危機四伏。不過他在快速轉變的市場中看出了隱藏的機運。

不管在公司內或外，人們討論到百思買時，談的都是它面對的種種不利局勢，但喬利把這些逆境想像成推動公司前進的助力。他看出了，隨著二〇一二年大蕭條逐漸退散，以及一批新產品陸續上市，整體的電子消費性產品市場正要蓬勃發展。人們喜歡類似 Alexa 的智慧喇叭，以及 Nest 智慧控溫設備。幾乎所有消費者都接納智慧型手機的流行趨勢，不管他們偏好 iPhone 或安卓的系統。不過，要利用這類趨勢，除了把產品放上貨架、等顧客上門外，百思買還有許多工作要做。它有必要重新定義其價值和服務的主張。

喬利的團隊，找出兩個主要策略來轉變百思買的企業思維，並利用公司規模與物流優勢駕馭這些趨勢。首先，重新設計它的實體店，接受顧客已把它當成展示廳的事實。第二，把顧客服務重新定義為提升更廣泛也更密切的關係，藉此來提升長期的消費者忠誠度。

## 重新改造商店樓面

百思買面對的一個逆境是「展示廳現象」（showrooming）興起——消費者在實體店參觀商品後，在線上用較低的價格下單訂貨。如果百思買能提升店內的購物體驗，並更加吻合其他人的線上價格，或許在店裡參觀的人們會直接在店裡買單，而不用再上網購買。

提升體驗的構想之一，是劃設「店中店」（stores-within-stores），讓消費者探索不同製造商的商品，包括蘋果、三星、索尼甚至亞馬遜的品牌商品。百思買的駐店專家協助顧客比較功能和混搭組合配件，以符合顧客需求，例如：家庭娛樂系統或桌上型電腦配合印表機、平板或智慧型音響。隨著這些品類的產品日益龐雜，顧客也更加需要這類詳細且不帶品牌偏好的協助。

雖然許多百思買的供應商開始經營自營店，喬利知道，沒有人可以光靠本身品牌的商品就完全滿足消費者，即使是蘋果也做不到。科技產品不斷擴展延伸，沒有一家品牌可以滿足所有區塊的需求。同時，人們也越來越需要專家協助來選擇理想的組合配件，以滿足其獨特需求，並讓整體組合運作良好。喬利對蘋果在內的主要供應商提出極具說服力的例證，讓他們明白，在百思買店內成立他們的品牌專區是一個雙贏的策略，有助於其產品銷售的成長。在他們樓面的每個店中店，品牌產品都會用最有吸引力的方式陳列販售。

蘋果這類公司可從店中店展示的投資中獲利，儘管百思買在他們店內讓它們直接與其他品牌競爭。不同於許多零售商，以發展自有品牌（private label brands）做為對應破壞式創新的策略，百思買決定為供應商提供額外協助，甚至在新產品發行和設定產品標準上扮演關鍵角色。像對待顧客一樣地對待供應商，並確保他們在每個交易中獲利，突然間，這讓百思買的角色變得更具分量。

喬利和百思買，甚至幫助亞馬遜這類與他們正面競爭的供應商。他解釋說，如果他把任何重要的供應商排除在店門外，真正受害的會是他們自己的消費者。因此，百思買需陳列像是亞馬遜以 Alexa 為基礎的 Echo 智慧音響系統，並盡可能把亞馬遜的店中店布置得很有吸引力，鼓勵這個對手打造一套配合百思買的派送策略。

就如喬利說的，「很多人直接上網購買一些簡單的物品。如果人們要花工夫到店裡，一定得讓他們值回票價。店中店的獨特之處為何？如果不確定自己想要什麼，我們提供機會讓你碰觸、感受、體驗新科技並和一個活生生的人討論，這就有無比的價值。同時，我們也提供供貨商獨一無二的服務，他們需要場所來展示他們的產品。」[6]

店中店的策略非常依賴強大的物流和供應鏈，以確保來自所有品牌的所有產品，能在正確時間放在正確的位置上。喬利也提到，在 BestBuy.com 網站上的訂單一半是到店裡取貨，而且通常是線上下訂後一小時內取貨，因為這些買家不想等待幾天的派送時程。這是想避免零售末日的另一項必備技能。

## 全套式服務

喬利第二個重要主張，是把科技日益複雜帶來的逆風，轉化為提升顧客服務的順風。多數公司都有ＩＴ部門，負責組件的選擇、安裝組件、連結到其他產品、排除問題、故障時維修等。但個人消費者需靠自己連結產品，而許多人在面對家用科技時一籌莫展。如果百思買能成為全套式服務（wing-to-wing service）的供應者，將帶來無窮潛力。

他把目標總結為：「我想幫助你理解，科技如何幫你過得更好，並幫助你確認一切運作正常。如果今天晚上看不到 Netflix，是因為 Netflix 出了問題嗎？問題是連到家裡的網路嗎？還是在 Wi-Fi、電視、串流服務？不管你在哪裡買到產品，我們都提供你很棒的服務，支援你在家裡的所有東西。」[7]

為了落實這項策略，喬利擴大發展「技客組」（Geek Squad）；這家公司早在喬利成為執行長的十年前就被百思買收購，但過去未被充分利用。創立於一九九四年的技客組，早期提供電腦相關的服務和相關配件。不過，現在它做的遠遠不止於此。透過一份服務契約，不只你的桌機或筆電，其他如智慧型手機、平板電腦、網路電視、Wi-Fi 路由器、智慧音響，以及幾乎任何電子產品和設備都可以得到無限制的檢查和維修。如果你不想排時間找人到府維修，也可以透過網路或電話得到二十四小時的全天候協助。這種心安的保證，應該會讓「整體技術支援」（Total Tech Support）一年一九九・九九美元的年費物超所值。

喬利提到，百思買持續擴大其服務項目。「我們推出許多方案，像是居家諮詢計畫，我們回到你家看你需要什麼，為你設計解決方案。我們提供你家中所有產品的支援，不管在何處購買。同時，還有關於照顧年長者的方案，可協助監看他們的健康狀態，讓年長者在家裡可借助科技協助獨力生活得更久。我們把人性和科技的應用結合在一起。」[8]

我從百思買買了兩部電視後，親身見證了它的功效，以及它對強大物流的依賴程度。一組人員把電視送到我家，安裝正合我需求的壁掛架，然後將電視安裝好。之後，他們繼續在我家安裝我的網路電視服務（Netflix、Hulu 等等），同時確認，透過我的遙控器一切都能完美運作。把這些麻煩問題交給專家解決，我多付的一百美元完全物超所值。我也簽下了「整體技術支援」一年的合約，合約上同時印著百思買和技客組的品牌名稱。電視安裝的程序讓我確信，這些人員具備專業技術和物流技能可履行契約上的承諾。

## 專注在顧客，而非競爭對手上

喬利在我們班上說，如果百思買把重點放在競爭對手上，很可能會錯失良機，無法運用其物流資源，轉向以服務為主的項目。由於它不斷努力貼合顧客需求，它可以更容易找出方法，簡化顧客的生活。

二〇一九年，喬利從執行長的職位退休，新任執行長柯里・巴瑞（Corie Barry）延續公司的成功策略，為技客組雇用擅長技術支援和顧客互動的熟練員工，固然增加了額外成本，但服務契約顯然強化了產品銷售。消費者對技術支援契約越滿意，未來就更有可能繼續在百思買購物。

更令人振奮的消息是，線上與實體銷售都持續成長，不至於互相爭食市場。在疫情和經濟衰退的情況下，二〇二〇年，百思買第二季的整體銷售仍成長了百分之四，超乎分析師的預估。據《華爾街日報》的報導，「百思買的商店重新開門營業之際，高價位商品，如大型家電和家庭劇院組件賣得更好，凸顯這類產品親自購買的重要性。這並不表示電商趨緩。上一季的國內線上總營收較去年成長了百分之兩百四十二，超過總營收的一半——這是單一季度創下的最高紀錄。門市重新開張後，線上銷售並未因而萎縮，仍較去年同期高出百分之一百八十。」[9]

二〇二一年一月，巴瑞來到我們班上時分享說，一家公司不可沾沾自喜於現有做生意的方式，而需持續評估檢討，如何調整與消費者互動的方式，才有辦法保證未來的成功。

## 家得寶：別做徒勞的對抗

家得寶（Home Depot）面對的是不同於百思買的挑戰；不過，同樣透過它在供應鏈和物流的既有優勢來推動策略創新。

二〇一四年，克雷格．梅尼爾（Craig Menar）成為執行長之前，已在家得寶工作十六年。他大部分的職涯都在處理複雜的物流、解決建築工和房屋翻修專業人士的需求，以及大型零售業務營運等問題。不過，他擔任執行長不過幾年就告訴訪問者說：「如今，讓我保持努力不懈的，是我們產業出現的重大變化，以及我們能搶在消費者前面，持續做出必要的改變。」[10]

在許多大型零售業者仍抗拒電商或對它小心翼翼的同時，家得寶已全心全意接納它。

梅尼爾向他的領導團隊強調，對無可避免的事做徒勞的對抗，毫無好處——只是浪費時間，給予競爭對手搶先的機會。他反而強調，必須去迎合消費者現今的情況，別管他們過去如何。這代表要重新評估你公司的核心力量，找到自己可以滿足顧客需求的獨特能力。

梅尼爾其中一個目標是，維持家得寶在門市的良好體驗，不斷提升產品的選擇，並投資在服務人員的訓練和發展上。正如他在我的課堂上所言，「我們的產業是提供好的產品。這個意思是，我們必須非常關切我們的產品，並投資在產品的創新上。」他解釋說，消費者來到家得寶門市，是為了找尋高品質產品、好的建議及令人滿意的體驗。如果零售業的公司給人不愉快的店內體驗或提供糟糕的產品，再多數位創新也沒用。

通過基本門檻後，家得寶就可以致力於另一項更有企圖心的目標：熟練運用混合型的模式，給予消費者線上和實體的最佳體驗，充分發揮它強健的脊椎。

## 運送廚房水槽，是件難事

電子商務的一個基本道理是，產品越大越笨重，運送就越難，費用也更貴。這也是亞馬遜是從賣書籍和ＣＤ起家的部分原因，這兩類商品輕薄短小。不過想像你為了建築工程訂購木材，或一組燈具，或甚至是廚房水槽。亞馬遜的小型貨車恐怕無法將它們送到你家門口。但你可以找你本地的家得寶，約定特定時間，讓他們的員工幫你把貨送上你的貨車或休旅車。

在梅尼爾上任執行長幾個月後，家得寶開始重新架構它的供應鏈，以整合線上和實體購物的體驗。包括開發和運用派送中心的網絡，進行店面的補貨和宅配服務。這是個巨大的物流挑戰，必須確保每個家得寶的店面可以快速補貨，讓約定好特定時間取貨的顧客，不致因空手而回而失望。

正如二〇一五年，供應鏈直送服務副總裁史考特・史帕塔（Scott Spata）在業內期刊的訪問中說的，「我們比較喜歡把電子商務（e-commerce）的 e 拿掉，直接稱它為商務。許多店內交易從網路開始，我們可以帶動消費者，帶著他們需要的資訊進到店裡。另一方面，他們可能在網路上訂購特定尺寸和顏色的產品之前，到店裡親眼見識並觸摸產品。不管消費者想用什麼方式交易，我們都在後端讓它實現。」[11]

這家公司開始打造它第一個直接交貨中心（direct fulfillment centers，簡稱 DFCs），用來支援公司網路訂單的宅配和店內取貨的「全管道」（omni-channel）能力。最早成立的直接交貨中心（分別位於加州、喬治亞州和俄亥俄州）有先進的倉儲控管系統來統整所有訂單的履行。如業內期刊所說，「雖然直接交貨中心是家得寶回應全管道革命的先遣部隊，但如果沒有大幅重組公司的供應鏈，就不可能實現。」[12]

史帕塔形容，直接交貨中心是二〇〇七年起，發展供應鏈的第三個關鍵階段。第一階段是中央集中式的補貨。第二階段是建立家得寶快速調度中心（rapid deployment center，簡稱RDC）的派送網絡，為店面補貨。到了現在的第三階段，公司創造更大的未來彈性，為更多到店取貨的網路訂單做好準備。史帕塔說，「我們知道當時電子商務的總量，也知道未來幾年還會增加兩、三倍或四倍的量。這不只是成長，而是超快地成長。」[13]

正如二〇一七年十二月梅尼爾說的，「這是我們所謂的互聯零售（interconnected retail）。我們店鋪的大門已經不是在我們店鋪前面。實際上，它在消費者的口袋裡，在工作場所中，在消費者坐在家中沙發的時候。大部分類別的購物體驗從數位世界開始，即使最後在實體世界完成。人們上網瀏覽，然後上門來……。百分之四十五的訂單來自HomeDepot.com的網站，顧客實際選購後，到我們店裡取貨……。過去幾年來，我們打造了供應鏈，可以非常有效率地把貨物從我們的供應商送到我們的直接交貨中心和商店。」[14]

## 以混搭模式創造彈性

二〇一八年六月，家得寶宣布計畫，要在五年內動用十二億美元，持續加速派送貨品到住家和工作場所。根據供應鏈與產品開發執行副總裁馬克・霍利菲德（Mark Holifield）

的說法，它計畫再增加一百七十個派送點，讓涵蓋美國百分之九十人口的區域可在一天內取貨。新的派送點包括：數十個派送熱門商品的隔日取貨或當日取貨直接交貨中心，以及一百個本地集散點（local hubs），以確保可將庭院家具和電器用品這類大型物件直接送到消費者手中。正如霍利菲德在物流產業會議的說法，消費者「期待免運，還期待及時送到貨品。有時他們願意付費，以加快送貨速度。有時希望免運費，願意多花時間等待。我們必須提供他們適當的選擇。這是一一〇億美元整體計畫的一部分——重新改造公司來為零售業的未來做好準備」。[15]

如同百思買，家得寶發現它的混合模式，幫助公司順利度過二〇二〇年的疫情期間。它公布第二季的營業額為三百八十一億美元，比二〇一九年會計年度的第二季增加百分之二十三．四。同期在美國的實體店，銷售額成長百分之二十五。梅尼爾在獲利報告中提到，「我們在公司各方面的投資，明顯加強我們的靈活性，讓我們可以快速回應變化，並持續提升安全的運作環境。它提升了我們團隊協調各部門的能力，改善我們的顧客服務，並在這一季達到破紀錄的銷售。」[16]

## 目標百貨：朝向破壞式創新的經營

我們第三個大型零售商是目標百貨，它是近年來東山再起最有趣的例子。在歷經一九九〇年代和二〇〇〇年代初期的蓬勃發展——所謂的 Tarzhay 時期*，這個風格化的私有品牌讓目標百貨比沃瑪特或凱瑪百貨更顯時髦有勁——隨後，這家公司在經濟衰退期間與之後面臨困境。銷量大減，許多店面陷入絕境，領導團隊對於如何奪回流失到亞馬遜和其他競爭對手的市占率苦無對策。二〇一四年八月，董事會從外面找來新的執行長布萊恩・康乃爾（Brian Cornell）。二〇一九年四月和隔年一月，他兩度來到我的課堂上，討論這家公司各方面的復興。

康乃爾告訴我們，關鍵要素在於提升目標百貨對大數據的使用、提升其門市的價值主張及建立混合模式，結合傳統銷售和電商。就像百思買和家得寶一樣，目標百貨借重其他競爭對手難望其項背的核心競爭力，特別是物流能力。康乃爾如此形容他們向對手們提出的戰帖：「二〇一七年二月，我們提出對公司的願景。我們說，三年內將用七十億美元來重新構想我們的店面，在市中心和大學校園建造較小型的新商店，重新定義我們的品牌。投資科技和派送取貨的能力，同時大量投資我們的員工。如今我們看到的成功，實際上是結合所有這些如今趨於成熟的元素。我們大規模地執行，現在產生了效果。它推動銷售額大幅成長、市占率增加及我們商店、網站更多的流量。」[17]

起初，華爾街股市並不看好目標百貨投資七十億美元進行店面升級、供應鏈改善及其他康乃爾推動的計畫。不過他說得對，你沒辦法在生意走下坡時撙節開支。就像我的前老闆傑夫．伊梅特（Jeff Immelt）常掛在嘴邊的話，「你要迎向破壞性創新，不是躲避它。」

## 運用大數據，強化目標百貨的脊椎

大數據是目標百貨在各方面翻轉的基礎。令人意外的是，二〇一三年之前，這家公司沒有中心化的數據治理，也沒有專門部門負責整體的數據策略。隨著線上銷售持續成長，目標百貨需強化數據科學和分析法，以進一步提升其網路業務。它成立了新的專責團隊，打造日益多元的數據應用能力。科技界的老將帕里托許．德賽（Paritosh Desai）被聘請來領導這個「企業數據、分析法與商業情報」（EDABI）的新團隊。德賽回憶當時的情況

＊譯註：Tarzhay 是人們故意用法語式的腔調唸出目標百貨（Target）的發音。用以形容目標百貨平價、具風格化特色的商品。

說，「這家公司有巨大的機會，可透過收集數據，改進決策和經營公司的方式。同時我認為，如果能從電子商務著手，長期來看將有機會影響到整個公司——在實體商店、整個供應鏈，無處不在。」[18]

康乃爾強調 EDABI 對於目標百貨翻身的重要性，形容它是「理解消費者和理解我們在找尋什麼的一項投資……。雖然有很多策略的問題可以討論，不過我們明白，重點在於把對的能力擺在對的位子，不管是科技、供應鏈的能力或產品設計，或者我們在商店層面著重的執行能力。這段過程中，數據和分析法一直是我們重要的指導原則。平均一個星期有三千萬名消費者在我們的商店購物，還有相仿的人數造訪 Target.com 網站。因此，我們掌握了這些豐富的數據，如今我們知道消費者在哪裡購物，在找尋些什麼。」[19]

## 改善實體商店

康乃爾的優先要務，是把 EDABI 的大數據分析和目標百貨卓越的物流能力彼此結合，進行商店的重新配置，同時維持它與亞馬遜和沃瑪特的價格競爭力。過去幾年來，目標百貨也擴充其產品項目，添加了民生雜貨、成人飲品、更多選擇的玩具及年輕家庭固定需要的其他產品。如今，更加擅長根據本地顧客的實際需求調整店內供貨，甚至在新冠疫情期間，民眾囤積衛生紙之際，仍保持庫存供應無虞。目標百貨也重新打造它自有品牌的商品組合，增加二十多種新的品牌產品（像是 Cat & Jack 及 Good & Gather），根據康乃爾的說法，其中四分之一的品牌，如今創造出逾十億美元的年銷售量。

如二〇一八年十月，《華爾街日報》的報導提到，在目標百貨公布它十幾年來的最佳財報後，「這家公司捨棄了一些過去的中堅品牌，並推出新品牌。庫存獨家商品是〔康乃爾〕對抗亞馬遜和其它連鎖店競爭的策略之一。自有品牌的商品對零售商而言，往往更容易獲利。」[20]

這家公司在紐約和洛杉磯，這類高利潤都會區及大學校園，增加許多面積較小的商店。這些商店鎖定千禧世代和Z世代的族群，不同於過去，公司以郊區年輕家庭為核心消費者的傳統，這些新商店擴大了目標百貨的消費群，而且經營得相當成功；每平方英呎的銷售額，比目標百貨較早成立、面積較大的商店多出四倍。

同時，目標百貨結盟時也有更多創新，不只與大型消費品牌，如迪士尼和 Levi's 合作，也為直接面對消費者（direct-to-consumer）的新興品牌，如 Harry's（刮鬍用品）、Casper（寢具）及 Quip（牙刷）設立展示廳。同時，目標公司也收購了派送服務公司 Grand Junction 和 Shipt，可提供眾多線上購物者期待的當日派送服務。

## 「界限的模糊和融合」

類似百思買和家得寶，目標百貨採納不同類型的電子商務，充分利用它特有的脊椎——令競爭對手難望其項背的強大後端力量。無縫連結數位購物和店內取貨的物流挑戰，沒有你想的那麼容易。

想像一下你瀏覽 Target.com 的網站，打算幾小時後在本地商店的店內取貨。萬一這家店沒有足夠人力，無法在允許的時間內收集和包裝你的購物項目怎麼辦？萬一軟體出了點小問題，你看上的燈具沒有兩組存貨，最後一組燈具已被上門的顧客買走怎麼辦？或者，要是店內的收銀機太忙，沒有店員有時間到店外等你拿訂單取貨，怎麼辦？

解決這類和其他問題並不容易，但如果處理好，將成為目標百貨的競爭優勢。如一名分析師說的，「目標百貨被稱為送貨到店（ship-to-store）的電商平台，把實體商店轉化成線上消費者的迷你倉庫。讓消費者能在同一天在線上訂購一個商品，然後到店取貨。送貨到店減少目標百貨運送和處理商品的成本，並利用原本既有的實體店空間。如果消費者到了店裡後，決定順便選購其他商品，將是雙重的好處。」[21]

康乃爾認為，如今詢問消費者要在網路購物還是到店裡購買，越來越像個錯誤的提問了。「我認為從消費者的立場來看，人們已不在意他們是在實體或數位環境裡購物。在多數的例子裡，購物從手上的手機開始，從手機來決定要在哪裡購物，以及想選購什麼東西。他們會看自己在 Pinterest 上的最新貼圖，或手機裡的購物清單。我認為，界線的模糊和融合是日益常見的情況。我也認為，消費者很開心，如今購物變得如此輕鬆容易。他們充分利用二者的優點。他們想要的話可以選擇享受實體店的體驗。如果沒時間，也可以在自己的書桌或教室裡購物。我們現在把它變得非常容易，讓他們用自己的方式接觸我們的品牌。」[22]

## 把物流做「對」

讓我們承認吧：物流工作並不性感有勁。不過，就如水電工默默幫助我們水管流暢、燈火通明，物流專家們同樣是傳遞美好消費體驗的關鍵。只要是有卓越物流表現的公司，就可以取得競爭優勢，根據消費者的要求在對的時間、對的地點，提供對的產品。運作良好的物流結合強大的數位能力，就是無價的資產。

趨勢專家一再預言，百思買、家得寶和目標百貨將在電商時代覆亡。不過幸運的是，這三家公司的系統領導者，明智地把資源投注在結合數位和實體二者最大的優勢。這三家公司都運用可取得的資金，提升並擴展他們的物流與供應鏈基礎設施、網站或其他消費者接觸點。這三家公司加倍發揮其體能的力量，同時增添腦的新能力。因此得以打破趨勢專家的預言，運用其強健的脊椎，在競賽中脫穎而出。

## 系統領導者筆記6

### 物流

- 別做徒勞的對抗：消費者越來越想在網路上購物，電子商務持續加速中。如果你有實體的地點，便要著重於結合數位能力和良好的物流，來傳達美好的消費者體驗。
- 使用軟體來增加結合實體產品的服務機會。
- 不是每個產品都可以透過電子商務輕鬆運送。找出一些方法，讓你的產品性質和解決方案成為其他公司進入產業的門檻障礙（特別是亞馬遜，它不是什麼東西都能賣，而且什麼都能送）。

# 第九章

# 雙手：製作物品的技藝

類比（analog）有時比數位更好。偉大的技藝出現於類比中。音樂方面，我們在類比聽到更好的聲音，我們在一家公司的工程和設計理念上也會看到它。我們要去欣賞類比，理解它帶給世界的東西。

——孫英權，三星電子總裁

雙手是我對於製作實體產品這項技藝的比喻，不管做出簡單如迴紋針或精細複雜如史坦威平台鋼琴（Steinway grand piano）。這項能力包括：理解你所屬特定產業之關於品質、成本、規模和速度的拿捏取捨。這需要聰明理解如何排定這些可變數的優先順序，也要把製造產品當成整體商業策略的要素之一。

這代表了自工業革命以來思維方式的改變，過去，能用最低的成本製造最多產品者被視為最好的人手。二十世紀初期，最早的製造業巨頭，像是亨利·福特便專注於永無止盡地精進效率和經濟規模。二次大戰後經濟起飛的年代，那些能賣出最多洗衣機和電視機的公司，大致上都是生產產品速度最快的公司。你的生產量越大、單位成本越低，就越能用更多營收投入廣告，推升你產品的需求。

一九七〇年代，這個古典模型開始出現變化，當時，全球化把更多外國貨品帶入美國——其中許多以高品質或低價格或二者兼具，得到消費者青睞。新的競爭對手促使許多美國製造商把工廠遷到美國以外成本較低的地區，特別是東南亞和墨西哥。如果你最大的花費是在勞動力，為什麼要在俄亥俄州，以每小時二十美元的工資雇用工會勞工，而非兩美元的日薪在孟加拉或中國雇人？對數百萬名美國人來說，很不幸的是，就業機會朝向勞動力最廉價的國家移動；過去半個世紀，眾多產業受到嚴重打擊。全球貨運的提升讓我們在世界的另一頭建設任何東西都變容易，而且更符合成本效益。

如今，許多公司仍以同樣的方式做事，用很便宜的價格製造大量或接近大量的商品（commodities），好將其經濟規模極大化。舉例來說，儘管你可以用五美元或更貴的價格買一支漂亮的筆，但比克（Bic）仍繼續用每支〇．二美元的價格售出多支包裝的基本款Bic原子筆。比克能用這麼低的價格賣筆，歸功於它巨大的量產規模。超級便宜的價格，又刺激了非常在意價格的文具銷售商對它的需求。這個低成本／高產量的一般化商品商業模式仍能有效運作——不過，它已不再是製造業通向卓越的唯一道路。

過去十年來，不管是新創者或既存者，越來越多公司把驚人的創新帶入其製造流程和商業模式，致力於打造價格看似合理的高品質產品。其中最重大的新產製技術或許是增材製造（additive manufacturing，簡稱ＡＭ），它或可定義為「透過將材料逐漸積層的方式製造３Ｄ物件的技術，不管是塑膠、金屬（或）水泥……。一旦設計出（電腦輔助設計〔computer-aided design〕的）草圖後，ＡＭ設備從電腦輔助設計檔案解讀數據，持續鋪疊上液體、粉末、人造板材或其他材料，以層層積疊的方式，製造出一個三維立體的物件。」[1]

未來十年，增材製造似乎會大爆發，讓我們在美國這類高工資國家得以合乎成本效益的方式設計與建構物品。如今，有強大雙手的公司可雇用和訓練本地的熟練工人，因為具備先進機器人科技的工廠所需的工人數量大幅減少。不過現在，這些工人要擔負更多使用和維修複雜機器的責任。當你結合本地聘雇人員和本地採購的先進材料，這個新的製造模式可以兼顧高品質和高產量，同時相對而言，仍能應付全球競爭。

理解這個趨勢的一個好方法，是借用我史丹佛大學的同事勞勃．伯格曼（Robert Burgelman）設計出的生產可能性曲線（production possibilities curve），它以「交付成本」（delivered cost，即ＤＣ）和「認知價值」（perceived value，ＰＶ）進行對比。[2]（參見圖9.1）

在可能性邊界的右下方，你可以用「低交付成本」銷售「低認知價值」的產品來獲

## 圖9.1　認知價值（PV）／交付成本曲線（DC）

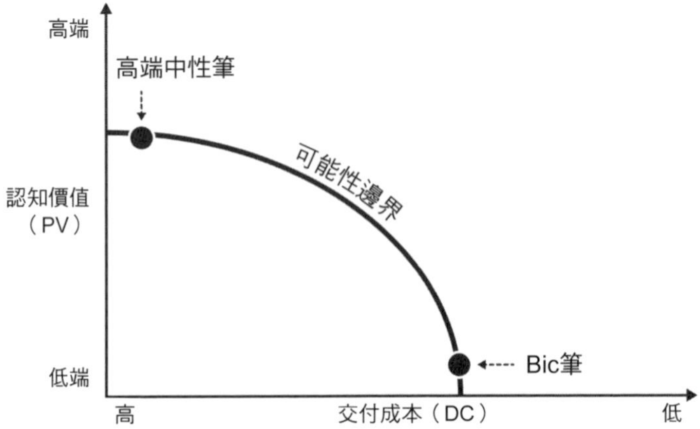


利，就像Bic最便宜的可拋式原子筆。你也可以在邊界左上方，以「高交付成本」銷售有「高認知價值」的產品，像是價格超過二十倍的中性筆。不過整體而言，最佳選擇是運用新技術將邊界曲線向外移動，以同樣甚至更低的交付成本，達成更高的認知價值。（參見圖9.2）

這一章我們聚焦的公司，在各自的產業裡已構想出如何將PV／DC曲線外延來改變遊戲規則。他們透過生產較少缺陷、較不需保養、維修和更換的產品來提升品質。同時，也壓低面對消費者的成本——多半不只是省錢，也節省過去製造方式的生產時間。（時間就是金錢！）

首先，我們會簡短回顧前面提過的兩家公司：有腦的愛齊科技和有力的戴姆勒公

## 圖9.2　創新推動可能性邊界的外延

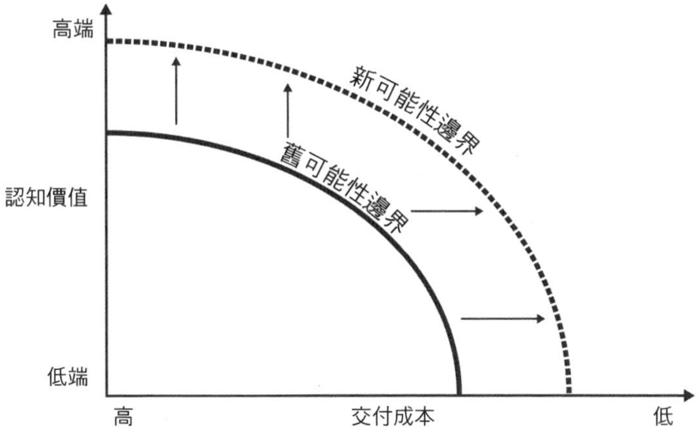


司。之後，要來看看三星這家跨國的大型集團，如何運用電子產品製造的專業，進入汽車和製藥這類新市場。再接下來，我們會深入討論桌面金屬這家新創公司，它搭上增材製造的趨勢，目標是運用其劃時代、高品質但成本可負擔的3D列印解決方案，來顛覆工業生產的世界。

## 愛齊科技：持續優化生產流程的腳步

我們在第四章看到，愛齊科技自一九九七年創立以來，就是科技的創新者。它的隱適美牙齒矯正器需具備高品質並且只能容忍極低限度的缺點，才能與傳統金屬的鋼線牙套競爭。隨著廉價競爭對手SmileDirectClub崛起，這個道理變得愈加明顯。隱適美的品

圖9.3　牙齒矯正解決方案的競爭空間

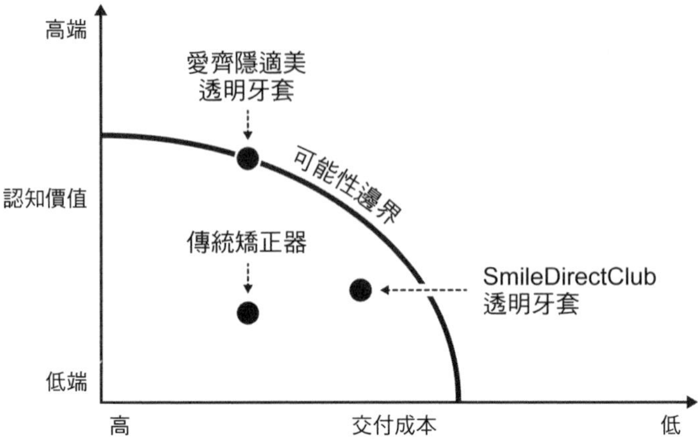


牌訊息強調它頂尖的品質表現。把你的牙齒準確移動到你的齒列矯正醫師或牙醫師希望的位置，同時不會有配戴傳統牙套的種種不便。在圖9.3，這讓愛齊科技來到左上方的位置，和邊界右下方的SmileDirectClub這類廉價競爭對手相比，它以稍高的成本提供了更高的價值。相較下，傳統式的金屬鋼線牙套則處於邊界的危險地帶，用對消費者來說大致相當的成本，提供明顯低於隱適美的認知價值。

愛齊科技持續找尋方法，透過研究如今已達九百萬名隱適美病患的大數據來提升生產流程。舉例來說，二〇二〇年十月，這家公司宣布了「智慧力矯正器啟動」（SmartForce Aligner Activation）這個製作矯正器的創新。如今，矯正器表面選定的區域會

「做專門的塑形，對牙齒表面提供最佳的施力以控制其位置、方向和力量強度，以達到想要的效果，並將不必要的移動減至最少」。根據愛齊科技全球門診副總裁米特拉・德拉克珊（Mitra Derakhshan）的說法，如今，「新增的啟動部分由軟體自動決定，並以 SmartForce Aligner Activation 製造來加入矯正器，因此減少了醫師們在治療計畫裡某些過度矯正的傾向。」[3]

像愛齊科技這樣的公司，幾乎創造了一個全新的生產流程，即使如此，如果它想留在產業裡，不斷演進的價值／成本邊界上，還是不能停下改進流程的腳步。而愛齊科技的每項創新，都會推動這個邊界再往前移動，讓它的競爭對手更難趕上。

## 戴姆勒：關懷人性的智慧工廠

另一個我們前面提到的戴姆勒，十九世紀以來就是製造業的先驅。賓士汽車為高品質工匠技藝設定了全球標準，它三十萬人的勞動力致力於維護這些高標準，以作為抵禦競爭者的護城河。和愛齊科技相似，戴姆勒持續評估和鍛造製作流程，充分利用產業裡最新的創新。不只在家鄉德國，還打造了汽車製造廠的全球網絡，包括巴西、法國、匈牙利、印度、印尼、馬來西亞、南非、泰國、美國和越南等情況各異的國家，這需要相當大的政治策略運用。[4]如果競爭對手有無窮的資本，或許可以設計出比戴姆勒更好的車，但需要好幾年甚至幾十年，才能在全球四大洲打造出類似的製造能力。

儘管具有這些優勢，仍沒有品牌可以保證歷久不衰。戴姆勒汽車受尊崇的地位正逐漸讓位給特斯拉（如第二章所見）；近來，特斯拉已成了戴姆勒的頭痛來源。過去，戴姆勒執著追求卓越和品質管控，成就了過去一百多年來在汽車業的領先地位，如今卻可能拖延它創新改造的腳步。

不過，戴姆勒絲毫沒打算放棄；相反地，它越變越聰明，在日益數位化的世界裡重新思考製造流程。它是第一家將輕型機器人運用在汽車製造的主要汽車公司。如今正接納所謂的「工業4.0」——整個價值鏈，從設計、開發到生產的數位化，包括建造「智慧工廠」（smart factories），讓汽油、柴油、混合車及全電動引擎等不同車型的元素混搭組合，更容易進行。戴姆勒預測，「汽車生產將從大規模生產轉變成一次性生產，每部車子都是根據個別消費者的需求打造。」[5]

在智慧工廠裡，產品、機具及整個環境彼此連結，也和全球各地的分支部門相互連結。正如賓士汽車的一名高層主管所說，「數位化幫助我們讓產品更加個人化，生產更有效率且更有彈性。工作的挑戰在於，執行長期計畫的同時，要能快速回應顧客的期望和市場變化。」[6]已經使用或即將啟用的新流程包括：

- 3D列印／增材製造：快速製作零件和工具的原型樣本。
- 人類擴增（human augmentation）：控制汽車內部機械人的新方法，由工人透過Wi-Fi指導機器人。
- 機器學習：輕量級機器人可透過觀察和模仿人類工人來提升其動作。
- 生產的數據雲：網絡中的每個製造廠都可以取得所有的全球生產數據，有用資訊得以加速分享。

這是否意味著機器人即將接管？按戴姆勒的說法並非如此：「人與機器人的直接合作，意味著人們在認知的優越性完美結合機器人的力量、韌性及可靠性……。目標並非追求全面機械化或全面自動化。」[7]

我對戴姆勒提升創新和其他腦的能力方面有些批評，因此必須強調，它仍舊擁有世界級的雙手，令任何打造實體產品的公司欽羨。戴姆勒仍舊占據邊界曲線的左上方，以相對較高的成本，可靠傳遞著高價值的汽車。不過它的主要對手特斯拉正強勢向外推動這個產業的曲線，戴姆勒需要努力趕上。十年前，負擔得起五萬美元的美國買車人會在賓士、BMW和保時捷之間抉擇。如今，越來越多人選擇特斯拉。

## 三星：把製造工作的熟練度應用到新市場

三星電子是南韓三星集團表現最突出的部門。除了製造各類型的電腦、電視、家用電器及電子通訊設備，三星電子也是全世界最大的手機製造商和全世界第二大半導體製造商。簡單來說，這家公司的製造業表現卓越。此外，二〇一九年四月和二〇二〇年一月，它的前總裁和策略長孫英權告訴我班上同學，三星從未停止創新的腳步，以提升製造方面的競爭優勢，並將其專業應用到新領域，像是汽車和製藥生產。

在三星的八年任內，孫英權扮演關鍵角色，協助這個規模原就驚人的公司持續擴展。他導引公司的企業創投業務，並主導二〇一六年對汽車零件供應商哈曼國際（Harman International）的八十億美元收購案。如《華爾街日報》的報導，「這筆三星史上最大的交易案，隨著手機市場臻於成熟而出現。這是一項賭注，賭的是數十年來，看似沒有太多變化的汽車業，將是下一個布滿晶片和螢幕的地方。哈曼國際約有百分之六十五的營收來自供應汽車的晶片、音響系統或其他零件。」[8]

哈曼國際成為三星完全擁有的子公司後，孫英權擔任其董事主席，他談到了三星如何把汽車業看待成「方向盤上的智慧手機」（smartphones on wheels）。隨著運算力、通訊能力及娛樂系統的提升，汽車在不久後，不只會直接連結人們的手機，本身也將扮演實際上的智慧型手機。三星製造所有這些精密零件的專業，將提升哈曼國際的既有優勢。

同時，公司也了解到，在製藥業達到一定規模，需仰賴有紀律的製作流程，這正是它的另一個核心強項。二〇一一年成立製藥部門後，三星與全世界幾個最大的製藥公司結盟，包括：必治妥施貴寶（Bristol-Myers-Squibb）和羅氏（Roche），他們需要格外高品質的製造能力。二〇一五年，三星生物製劑（Samsung Biologics）出現獲利，如今已是全世界最大的委託製藥公司之一。隨著複雜藥物需求驟增，三星開始在南韓建造第四座工廠，二〇二二年，它將成為全世界最大的生物製藥生產地，廠房占地面積近兩百五十萬平方呎（比羅浮宮稍大一些）。[9]

三星擁有數位領導者的名聲，不過孫英權鼓勵我的學生們，別輕忽類比技術持續具備的重要性。「類比（analog）有時比數位更好。偉大的技藝出現在類比。音樂方面，我們在類比聽到更好的聲音，我們在一家公司的工程和設計理念上也會看到它。要去欣賞類比，理解它帶給世界的東西。」[10]

三星的營收有很大比例來自供應半導體和顯示組件給其他與消費性電子產品——特別是智慧型手機——有直接競爭關係的公司。孫英權解釋說，三星這方面的能力來自它製作組件最佳品質的名聲和可靠程度，因此一些三星的顧客別無選擇，只能採用三星的零件。

這家公司的製造工作如何做到這麼好？它靠的是強迫三星電子的組件製造單位努力競

爭，讓自己的零件能被三星手機和其他產品採用。公司內部製作顯示器和半導體的團隊，被驅策要比非三星的供應商做得更好。內部品質的高標準創造出良性循環；製作組件的單位必須在競爭中勝出，才能保有被三星產品使用；這個追求卓越的過程，帶動了零組件在三星集團之外的銷售成績。

從孫英權的觀點來看，三星現有的規模和觸及並不保證未來的成功，但它們提供了大好機會持續提升生產的能力，並擴大進入新的地區市場和新的產品市場。[11]未來幾年，這家公司的雙手很可能變得更強壯。

接下來，讓我們看看當今在增材製造方面，最有趣的創新。

## 桌面金屬：領導3D列印革命的新創公司

創立於二〇一五年的桌面金屬（Destop Metal）是一支高級冶金和機器人研究團隊，目標是推動3D列印革命，讓它成為更快速、便宜、高品質、高量能的增材製造選項。如這家公司的願景宣言所言：「桌面金屬的存在是要讓3D列印成為每個工程師、設計師及製造者都可取用的技術。我們重新改造工程和製造團隊製作零件的方法——從原型打造到大量生產。」[12]

在麻薩諸塞州成立桌面金屬前，阿根廷出生的瑞克・富洛普（Ric Fulop）已經從事十五年創業者的工作，成立過六家新創公司。之後，有五年的時間擔任北橋創投（North Bridge Venture Partners）的合夥人，成功主導投資的公司包括：網路應用安全公司Dyn、電腦輔助設計（CAD）的軟體系統公司Onshape，以及3D碳纖維列印公司Markforged。[13]他本來可以留在創投資金，但還是決心在二〇一三年自創公司。日後，他告訴《富比士》雜誌說：「投資是非常緩慢的活動。它是蜜糖。這之中沒有太多可運作的，而我適合擔任經營者。老實說投資有點無聊。創業比較有趣。」[14]

二〇一九年四月，富洛普來到我的史丹佛課堂，解釋了他全心投入3D列印的決定。儘管增材製造的核心概念已醞釀了數十年，他看出最近的科技進展為這個領域拓展無比巨大的機會。透過增材製造，某些類型的零件生產將變得簡單又便宜，還有些產品則是首次有機會被創造出來。富洛普看出與惠普（HP）這類大型既存者競爭的機會，辦法是開發出傳統製造者無法匹敵的能力。透過技術和資金的適當結合，增材製造的破壞式新創公司可在短短幾年內成為重要的市場參賽者。

他告訴我們，二〇一九年的3D列印大概相當於一九七九年的半導體產業：它的基本技術已出現一段時間，但人們還沒真正開始發掘它的潛能。富洛普預測未來十年內，增材製造的市場至少成長十倍，製程會從小範圍的利基客戶（niche customer）擴展到廣泛應用的大眾市場。他提出充滿說服力的理由說明，不管是小型機械場或大批量產的生產商，很快都會投資在高品質、可靠、成本合算的3D列印機器，並以此來處理新的合金和材料。

## 技術

桌面金屬的機器作業影片看來彷彿科幻小說。在一層又一層的疊加後，3D列印機幾乎可用金屬製造任何東西，從飛機零件、工業設備、醫療產品到玩具。想想在未來的世界，你的修車廠再也不需等待幾天來取得你需要的特定零件，因為修車的技工不用一小時就可以列印出來。這種具彈性、客製化的製造似乎機會無窮。[15]

桌面金屬第一套3D金屬列印系統 Studio System 的宣傳，強調輕巧、適合放在辦公室，不像其他3D列印機，需要個人保護裝備或獨立的工廠設備。這樣的機器在二〇一七年十二月推出，定價十二萬美元，免去過去常見的危險粉塵和每次使用的昂貴成本。Studio System 可進行高品質的原型打樣、製作工具、生產產品，讓顧客隨時可以列印少量零件。截至二〇二〇年八月，它是桌面金屬最暢銷的產品，也是主要的營收來源。[16]

二〇一九年三月，桌面金屬推出第二個工業尺寸的產品，名為 Production System。它採用嶄新的列印流程——單程噴射（single pass jetting，簡稱SPJ），可應用在粉末陶瓷和金屬列印機，速度比傳統黏合劑的噴射流程更快。SPJ使用超過三萬兩千個噴射器結合撒粉器，每秒鐘噴射出數百萬計的滴液。桌面金屬宣稱，SPJ和其他創新，讓Production System可比一般最常見的金屬3D列印速度快上近百倍，而且費用便宜二十倍。[17]

那年十月，桌上金屬也推出名為Fiber的機器，專供使用玻璃纖維等非金屬材料來列印高解析度零件的顧客。富洛普的宣傳強調，Fiber「製作超高解析度的零件，使用比鋼強、比鋁輕的材料——一年的訂用費用起價不到三千五百美元」。[18]它對於消費性電子產品來說格外有用。

桌面金屬推出的第四項主要產品，是二〇一九年十一月推出的Shop System，號稱全世界第一個專為機械和五金工廠設計的金屬黏著劑噴射系統（metal binder jetting system）。[19]它的大小適中，適合需要比Studio System更大，又不像Production System那樣龐大的顧客。特別適用於開拓重工這類的重工業設備製造公司，因為它們可能需要在偏遠地區列印備用的零件。

這些精密的列印機，說明了桌面金屬研發團隊的強大實力。截至二〇二〇年八月，這家公司已經取得或正在申請超過一百二十項專利。[20]

桌面金屬的商業模式，需與要求嚴格的Ｂ２Ｂ（企業對企業）客戶建立長期密切的關係，這類客戶中，許多都需要客製化的解決方案。購買一部或多部列印機並調整你的生產系統，除了投資資金外，還需要所謂「信心的一躍」。顧客需放心信任桌面金屬，把它當成長期合作夥伴。採購列印機的決策不是為了節省成本差額；而是要判定，桌面金屬是否能成為可靠的夥伴，即使其價格不菲。

不同的市場區段會有很不一樣的需求，這迫使桌面金屬保持彈性。有些原型打樣的客戶想要全套式的解決方案：機器、墨水、金屬粉末和針對需求提供的支援。有些客戶，像洛克希德馬丁（Lockheed-Martin）或歐文斯科寧（Owens Corning）公司，規模夠大，可和金屬供應商建立自己的關係，他們對桌面金屬的產品和服務需求就比較少。

新創公司 Lumenium 是桌面金屬最早的客戶之一，它需借助３Ｄ列印量產一種有複雜設計的新型內燃機。在二〇一七年的匹茲堡貿易展（Pitsburgh trade show）上，桌面金屬的機器讓 Lumenium 的執行長比爾．安德森（Bill Anderson）大開眼界。「他們的展示攤位深深撼動我們，」二〇一八年他如此告訴《富比士》雜誌。「我們從不曾想過，這些零件可用低成本來大量生產。」Lumenium 與桌面金屬密切合作，發現３Ｄ列印大大節省了時間和成本。一個原本要花九百八十〇美元，花一星期打造的複雜引擎零件，如今可在四天內完成，成本只需一百四十八美元。[21]

富洛普在我的班上強調，漫長的銷售週期對桌面金屬的員工來說，雖然充滿挫折挑戰，但一旦產品得到認證，公司就會成為客戶製作流程的一環。富洛普和他的團隊贏得一個客戶的信任後——不管開拓重工這樣的大公司或 Lumenium 這樣的小公司——就等於取得了未來幾年，在該公司銷售產品的資格。強化客戶的雙手是桌面金屬隨著時間推移，取得超額利潤的真正力量。

（這和第七章談到的 Instacart 有許多相似處。Instacart 投入越多時間和精力，透過超商連鎖培養其夥伴關係，長期下來的報酬也越大。要說服超商相信 Instacart 能提供的價值或許不容易，而一旦這些結盟夥伴理解把宅配工作託付給 Instacart 的好處後，就不會輕易結束合作關係。）

為了來自各種產業的客戶，桌面金屬需發展深度的領域知識，這些產業包括：機器人、工業零件、軍事、航空、綠色能源，其中最重要的或許是汽車業。截至二〇二〇年，它已經和全球主要的汽車公司建立合作關係，包括：福特、ＢＭＷ、雷諾（Renault）、豐田、福斯、通用及日產。同時，桌面金屬也接受來自福特和ＢＭＷ的策略投資。[22]

如富洛普二〇一八年在《富比士》雜誌中說的，「這是福特汽車和其他公司支持我們的原因，傳統流程製造十二個推進器的時間，桌面金屬可以生產超過五百六十個。」[23]《富比士》也提到，他的辦公桌上展示了幾十個桌面金屬用３Ｄ列印製造的金屬零件。其中一個是ＢＭＷ汽車水泵鋼材原型的小模型，它過去的製作成本是八十美元，但透過３Ｄ列印只需五美元。[24]

這些改良做法，大量節省材料及燃料成本。桌面金屬正在推進增材製造於認知成本／交付成本曲線的邊界，以更低的交付成本提供客戶同等甚至更好的認知價值，其中包括時間成本。

## 財務賭注

桌面金屬基於它破壞性創新的技術和未來巨大的潛在市場，一開始就吸引創投者很大的興趣。截至二〇一八年，市值超過十億美元，包括：二．七七億美元來自恩頤投資（New Enterprise Associates）和凱鵬華盈（Kleiner Perkins）等創投資金。[25]福特汽車這家藍籌股（blue-chip）的客戶，投入六千五百萬美元的策略投資，並安排技術長進入桌面金屬董事會。對一個成立三年、員工人數兩百二十五人的公司來說，是不錯的成績。

桌面金屬並非逐步朝ＩＰＯ（首次公開發行）前進，而是在二〇二〇年八月，透過與崔恩收購公司（Trine Acquisition Corp.）合併的方式，突如其來公開上市。崔恩的執行長里歐・辛德瑞（Leo Hindery Jr.）在投資人視訊會議裡開心宣布，「桌面金屬將是公開市場投資人於增材製造2.0領域，唯一的大好機會，我們也相信，這家公司正在推動產業革命。桌面金屬的技術是取代過時之量產領域重大的第一步。」[26]

辛德瑞說，在分析過數百個可能的收購案後，崔恩公司決定選擇桌面金屬這個最具吸引力的投資機會，因為它結合了：

- 非常強大的產品與智慧產權組合。
- 一個能創造高利潤和強大經常性收入流（recurring revenue stream）的商業模式。他讚揚，桌面金屬具有「跨越六十多國、八十多個合作夥伴之專有派送網絡（proprietary distribution network）」。
- 一個蓬勃發展的市場。「產業專家預測，未來十年，增材製造產業將實現爆炸性成長，達到二〇一九年十倍以上的市場規模。我們相信，桌面金屬的前進計畫，從強而有力的長期趨勢看來，非常合理可行。」[27]

在同一場投資者會議中，富洛普預測，到了二〇三〇年，整體產業將從一百二十億美元成長到一千四百六十億美元。他預期，桌面金屬的年營收將從二〇一九年的兩千六百四十萬美元擴增三倍，在二〇二一年到達七千七百五十萬美元，之後的增長會更快，到了二〇二五年會到達十億美元。[28]「我們相信，桌面金屬獨特的市場位置將領導產業進入新時代。過去的增材技術主要專注於原型打樣，我們的產品組合……掌握的價值包含：從研發到高量能量產的每個階段。」[29]富洛普並補充說，二〇二一年年底前，桌面金屬將加速運送它的四種產品，同時將從「經常性耗材」（所謂「刮鬍刀與刀片」的商業模式）方面，為成長中的客戶群提供服務，以創造營收。

不令人意外地，眾多投資人樂於購買它的股票，有人形容，桌面金屬是「下一間超過百億美元的公司」，儘管它購併後的市值還只有二十五億美元。[30]如今它擁有大筆資金，包括來自崔恩公司的三億美元和其他購併前投資者的二．七五億美元。它擁有經驗豐富的經營和研發團隊。它擁有破壞性創新的技術，超過一百二十項專利。同時，它在這個十年內會成長十倍的產業裡，還有先動者（first mover）的優勢。它能出什麼問題呢？

每當我們嘗試預測未來，方方面面都有出錯的可能。桌面金屬原本就有腦，而且一天比一天強健，它可能在五年內，主宰增材製造的市場。或者，也可能仍只是個利基市場的參賽者，默默賺取一些低產能產業的利潤，永遠無法如觀察家預期的出現大爆發。或者，也可能沒生意可做，被其他一些至今未被發現的新創者取代。凡事都說不準，唯一可確定的是，把握既有腦又強健的原則，是在難以預測世界裡唯一可能的最佳保護。

不管桌面金屬的未來如何，它成立的前五年已發展出驚人的強大雙手。證明了製作生產絕不只是個無聊繁瑣的能力。把東西做好仍然很重要——能用創新的方式製作東西，進而推動產業發展曲線尤其重要。

## 把製造的工作做「對」

儘管經濟價值日越偏向不製造任何實體物件的數位公司，能掌握先進製造能力的公司依舊可以蓬勃發展。我們看到在二十世紀末，製造業透過低成本的勞動力和高量能的生產擴大規模，至於現在，最重要的關鍵則在於如何巧妙應用技術和數據。基本上，任何製造產品的公司都需把重要的資源投入到自動化、機器人、大量客製化以及（在適當情況下的）增材製造。

除此之外，隨著產品日越透過物聯網（IoT）連結，製造商必須更努力地深度了解自己客戶的客戶們如何使用他們的產品。就像愛齊科技可以運用新的製造能力，以過去不可能的方式達成大量客製化的目標。就像三星和桌面金屬，可與客戶發展出密切關係，透過科技、大數據及對服務的投入，提供給客戶獨特的解決方案。

下一波的製造業領導者，將不再是那些單純靠著廉價勞動力節省成本的公司。他們需要是能同時傳遞高價值、高量能及高接觸服務（high touch service）的公司。

## 系統領導者筆記 7

**製造業**

- 致力於平台轉移，目標放在推進你所屬產業的認知價值／交付成本曲線的邊界。儘可能別坐等你的競爭對手率先變革，被迫在後頭苦苦追趕。
- 了解你的產品對每個主要客戶或市場區隔（market segment）的損益表和資產負債表的影響。根據你對這些客戶或市場的深刻理解，來執行產品的客製化。
- 如果你為多個區隔的市場服務，商業模式要保持彈性。就如桌面金屬知道，要開發辦公室規格和工業規格的機器，你也要思考：如何針對不同價位，提供不同的解決方案。

第十章

# 肌肉：運用規模的槓桿操作

我一向不喜歡談論規模，因為龐大的概念常常和笨重、遲鈍聯想在一起。不過，如果我們擁有這項既存者優勢，就應該真正地好好利用它。光是依靠既存者的優勢將是災難一場，但這個優勢可為我們多爭取一些時間來轉向。

——查理．沙爾夫（Charlie Scharf），富國銀行執行長和前 Visa 執行長

我每天在矽谷和舊金山碰到的人們有個基本信條是：公司化實體大小和規模並非成敗的決定因素。在業界常用的比喻會說，實體的產業既存者是笨重的恐龍，看似強大，實則脆弱，將伴隨著隕石的墜落在地球上消失。

我認為這個恐龍的比喻有點過於氾濫。我教了六年「企業家的兩難」課程，可以保證許多既有企業的領導人既不老也不遲鈍，腦袋也沒有停留在史前時代。相反地，他們正充分運用其規模，同時也不至於把規模當成未來成功的保證。他們在心態上可能偏執多於自

滿，知道隨時有不可知的災難會降臨，帶給他們傷害。他們的風險意識和不自滿的心態，有助於把肌肉當成真正的優勢，即使有時，龐大是一種負擔，而非福分。

不斷擴展的全球企業於其日常管理作業和維持長期領先所需的創新之間，似乎存在一種先天上的緊張關係。與面對其他諸多挑戰時的情況一樣，系統領導者想化解這種緊張，需要一些看似互相衝突的技能。你必須確保這個星期／這一季／這一年的各項運作正確無誤，以達成你的財務目標；同時還要建立彈性，幫助公司開發新的力量，並為短期內不可能看到成果的一些營收來源建立基礎。

在維持規模的同時，這些公司要鍛鍊新的肌肉，以便在遊戲規則改變時仍有辦法一爭長短。他們也許無法從美式足球員轉型成芭蕾舞者，但可以變得更有彈性，可以快速轉向來面對新挑戰，同時保持實力來保護原有的市場。

我們在本章中，要觀察幾個在競爭激烈的產業既存者，他們面對著有創意的新創者及快速變化的消費趨勢帶來的壓力。他們各自都嘗試著，利用具全球規模的龐大力量來維持品牌的相關性、持續發展和生存，無論天外飛來的隕石是否即將迫近。

首先，我們會快速回顧百威英博，（如前面所見）它已成為全球啤酒生產和配送的巨人，儘管如今全球的啤酒消費者更偏愛小型酒廠的罕見品類，較不在意在南韓或哥斯大黎加，或其他任何地方能否買到一罐百威啤酒。接著，要看ＣＮＮ新聞如何努力維持全世界最受尊重的新聞頻道地位，儘管如今，數以百萬計美國觀眾偏好廉價製作的脫口秀和名嘴論壇，而非製作費高昂的傳統新聞。再接下來，我們會觀察主宰信用卡產業的巨頭Visa公司，如何面對付費領域的巨大變化。

最後，本章的主要案例是米其林，這個有一百三十年歷史的輪胎製造商，其擁有十三萬名員工，在全球一百七十五個國家營運。米其林擅長運用它設計和製造上的全球規模，授權在地管理人才，為各自的地區提供客製化的服務。不過，它長期面對著關於自我核心形象的嚴肅挑戰，迫使管理階層必須思考，如何定位公司的未來。

## 百威英博：讓規模成為創新之源

我們在第六章探討了百威英博面對的挑戰，它花了幾十年成長為全球最大的酒精飲料製造商。巨大的規模曾是令人難以匹敵的優勢，但到了二〇一〇年代，也開始顯得遲緩笨重，猶如步履蹣跚的雷龍。全球啤酒產業變得更加多元而破碎，另外，一些趨勢也給這家公司眾多地區的市場管理增添難度。

態勢已如此明顯，資本極小的小公司在利基市場也能推出有利可圖的精釀啤酒，百威英博能生產和派送大量的百威和酷爾斯啤酒，還有什麼了不起？特別是傳統大眾市場的廣告效果也越來越差，甚至連超級盃廣告的威力也開始退潮。同時，二〇一六年與南非美樂啤酒（SABMiller）的最後一筆重大交易後，擺在眼前的現實是，百威英博未來想透過收購推動成長，將不復可能。

執行長卡洛斯・布里托慎重面對這個生存威脅。一開始，百威英博先展現它財務上的肌肉，並在二〇一〇年代初期買下八家成長最快的精釀啤酒公司，並對其本身的核心品牌進行升級和重新包裝。更重要的是，它配置了不小的資源來打造一個獨立、專責的事業體，賦予它創新改造整家公司的使命。新任的破壞式成長首席佩卓・亞普展開了推動未來成長的廣泛實驗。

運用百威英博規模的重要一例，是布里托和亞普改正了這家公司眾多地區和單位數據去中心化的問題。過去，百威英博從不曾徹底整合多年來它收購的所有品牌，或全球各地區單位的數據系統，以一個透過合併與收購（M&A）不斷擴大規模的公司而言，這並不令人意外。百威英博內部的創新單位ZX發現，這是影響公司發展的重大侷限，因為許多它要推動的計畫，都要仰賴大數據的智慧運用。舉例來說，電商部門需要精細的銷售分析來推展精釀啤酒的平台，但相關數據分散各處，而且往往取得不易。這家公司也錯過了在已開發市場和新興市場之間洞見分享和策略交流的機會。百威英博聘雇更多數據專家，肩負整合與分析全球數據的任務；公司鍛鍊了更多的肌肉，令其他規模較小、地區性的競爭對手難以招架。

二〇二〇年，啤酒全球市場受新冠肺炎疫情嚴重衝擊的時刻，這一切動作得到了回報。儘管第二季的營收下滑百分之十七，但不管是營收和獲利，都超乎分析師的預期。如一名分析家所言，「過去幾個月，百威英博加速了在平台、電子商務管道和數位行銷的投資，這顯然助長了成長。」[1] 百威英博並不想坐待其他更靈活的競爭對手顛覆它。它動用寶貴的資源推動計畫，鍛鍊原有的肌肉，使其更具彈性。它提升敏捷性的同時，也維持本身在規模上獨具的優勢。

## CNN：以規模作為防禦之盾

如今，CNN（有線電視新聞網）是AT&T旗下華納媒體（Warner Media）的一部分，一九八〇年創立時，是第一家二十四小時全天候有線新聞頻道。四十年來，已成長為規模龐大的全球新聞機構。在全球超過兩百個國家的飯店裡都可以看到CNN國際新聞網的播放，包括：英語、西班牙語和阿拉伯語版本。CNN有近四千名記者在全美國九個分部和世界各地其他二十八個分部工作。龐大的新聞運作全天候更新CNN.com和公司其他網站的內容。它同時製作在各個社群媒體和其他數位形式的不同內容，從電子郵件短訊到手機app提示，到長版的紀錄影片。[2]

二〇二〇年四月，華納媒體集團的新聞與運動主席傑夫．查克（Jeff Zucker）在我班上提到，這種全球規模帶來了管理上的挑戰。設置新聞分部的成本高昂，但唯有如此，在風災、戰爭、恐怖攻擊或任何重大新聞事件發生時，CNN幾乎不管任何時間、地點，都能有記者在現場即時報導。福斯新聞網（Fox News）這類以美國為主的新聞頻道，國際新聞的人員編制較小，在美國之外地區的能見度有限，相對地，CNN不能只偏重國內新聞。過去十年來，CNN在美國的收視率長期落後於保守傾向的福斯新聞網，或許不是偶然，有時在黃金時段，CNN僅有兩百萬的平均收視戶，不如福斯的四百萬。到了更近期，CNN的總體收視率甚至落後自由派立場的MSNBC——另一個著重美國市場的新聞頻道。[3]

另一方面，CNN的全球規模，當它在美國國內出現危機時——例如前總統川普批評CNN是「假新聞」和「人民公敵」時——提供了一些保護。CNN跨國、多平台的營收流，也稍稍緩衝了美國有線頻道廣告營收的持續萎縮；這個廣告萎縮的趨勢隨著串流服務興起，放棄家中有線電視的「剪線族」（cord cutters）日益成為趨勢。二〇二〇年，廣告營收下滑的趨勢變得更嚴重，因為一些大公司因應疫情和經濟衰退，大幅刪減廣告預算。

查克告訴我的班上同學說，在致力於具公信力報導的公共服務，與在競爭的市場中追求利潤之間，不存在緊張關係。相反地，他認為CNN在全球可靠新聞報導的名聲是它一年超過十億美元活力的終極推手。[4]這個累積四十年的名聲，幫助公司安度美國這個重要市場的挫敗。

在全球新聞與資訊消費持續演進，廣告逐步脫離電視的情況下，CNN無法預設，自己的商業模式可以持續蓬勃發展。不過，運用強大的全球品牌能力——在世界舞台上展現肌肉——比起營收全靠單一國家狹隘觀眾的競爭者，它有更穩固的立足點。幾年內，我們或許會看到CNN轉移成訂閱模式，以彌補傳統廣告的崩潰，如同《紐約時報》和《華爾街日報》這類優質媒體近年來採用的做法。

規模可以在你的主要商業計畫出現不穩時，提供後備支援。

## Visa：善用既存者優勢

Visa 的規模鮮少被人們理解，自一九五八年以來，這個全球信用卡巨頭就是產業的先驅者。它在全球兩百多個國家的一萬九千五百名員工，處理近九兆美元的支付，創造了兩百三十億美元的營收和一百五十億營業利潤。在我寫作本書的同時，Visa 的市值在股價連五年成長後，正逼近五千億美元。最耀眼的成績是目前流通的 Visa 信用卡有三十四億張——平均全世界每兩人就有一張。[5]

二〇一六年，當時的執行長查理．沙爾夫（Charlie Scharf，如今是富國銀行執行長）在我的班上談到，Visa 如何因應來自支付領域數位新創者的諸多威脅。如今他的評論仍有其參考價值，因為基本上，他的接班人艾爾．凱利（Al Kelly）延續沙爾夫的策略，而且大為成功。

他的重點是，找出運用 Visa 規模和實力的新方法，以對抗諸如：Square、PayPal、Stripe、Apple Pay 等支付方式。沙爾夫持續努力創新，不會先入為主地認定，新創一定無法扳倒 Visa 的競爭優勢，特別是 Visa 幾乎在全世界被普遍接受的網絡效應。他帶領公司不斷找尋新方法，為合作夥伴和顧客提供服務，為發行或持有 Visa 信用卡的人們，創造增加價值的數位工具。

他告訴我們，「我一向不喜歡談論規模，因為龐大這個概念常和笨重、遲鈍聯想在一起。不過，如果擁有這項既存者優勢，就該真正地好好利用它。光靠既存者優勢將是災難一場，但這項優勢可為我們多爭取一些時間來轉向。」[6]

舉例來說，蘋果有創立 Apple Pay 的能力，但它不像 Visa，擁有與一萬五千家銀行的關係，及一年處理一千三百八十億筆交易的能力。同樣地，任何新創的支付公司也無法達到 Visa 的觸及率，尤其在政府對金融產業的嚴格監管下，Visa 特別擅長在其中運作。

沙爾夫解釋，Visa 有三項明確的優先要務。第一，在傳統信用卡業務之間持續發展，與萬事達卡（MasterCard）、美國運通卡（American Express）及在中國的中國銀聯（UnionPay）競爭。第二，強勢進入電子交易仍舊落後的開發中國家。第三，推動數位創新，追隨 PayPal 和 Square 這些創新者的腳步，進入任何進行交易的所在。他補充說：「老實說，我認為在交易領域的每個人都應該害怕得要命。不管是銀行、網絡、收單行（acquirer）或他們在電商裡對應的機構，理論上都有被取代的可能性。」[7]

運用規模來推動創新的一個例子，是預防詐騙的工作。初入門者或許打造了較低成本的交易系統，但缺少像 Visa 的大數據和強大的風險演算法來保護客戶和交易商。如沙爾夫說的，「當那一張卡在世界各地被刷、被點、被使用，我們會知道你是誰，知道你在哪裡。我們知道你是否到過某處。我們協助人們，很快判定是否被盜用——這正是我們詐騙率如此低的原因。」[8]

沙爾夫提到，Visa 在考慮任何創新對它既有關係的衝擊時，都必須非常小心。當它開發出一個直接以顧客為訴求的新服務 Visa Checkout，不會忘記向發卡銀行大力宣傳其價值。Visa Checkout 讓使用 Visa 卡在零售網站購物時更快速方便，同時也為發卡銀行帶來更多交易和更多手續費。不管它對終端用戶來說有多大的吸引力，如果不持續支持銀行合作夥伴，就無法維持它的成長。[9]

沙爾夫大力鼓勵創新和移除內部障礙，他從未忘記Visa的本質。「不管走到哪裡，參加員工大會、開討論會，我都會談到既有業務的重要性。我們已經增強能力，每秒鐘可以處理多達五萬六千筆交易，而且無懈可擊。這是因為公司裡許多人賣力工作的結果。」[10]核心業務的員工值得讚賞和尊敬，因為他們提供了肌肉，讓Visa得以拓展創新的服務。

## 米其林：迎戰認同危機

二〇一八年，我研究米其林，並訪問幾位它的資深主管，令我驚訝的是，這家一百三十年的公司在輪胎產業的創新精神和領導地位始終不變。從一八八九年，創立於法國克萊蒙費朗（Clermont-Ferrand）的小公司起，米其林成長為全球第二大輪胎製造商。有超過百分之六十的淨銷售額來自歐洲以外地區，掛名的眾多品牌包括：百路馳（BFGoodrich）、永耐馳（Uniroyal）、Kleber、回力（Warrior）、Kormoran、Riken、暹羅輪胎（Siamtyre）、Taurus以及Tigar。它的十三萬名員工分布在全世界，從十七個國家的六十八個生產地點，運送輪胎到一百七十五個國家。[11]

簡言之，這家公司既有的肌肉規模已令人印象深刻。不過它的領導者，包括：曾任營運長的現任執行長孟立國（Florent Menegaux）在內都跟我說過，米其林迫切需要打造嶄新且不同的肌肉。

到了二〇一八年，輪胎產業已快速破碎化，隨著小型、較廉價的輪胎製造商興起，用頂級價格販售頂級輪胎變得日趨不易。隨著電動車興起（它導致輪胎不同的磨損方式）和共乘制度的風行（它改變了輪胎的購買週期），傳統的商業計畫已然過時。在不同國家也開始要承受不同的成本壓力，特別在複雜且巨大的中國市場。

二〇一九年四月，孟立國在我的系統領導課程提到，米其林已不能再把自己當成輪胎公司。它必須在附加產品和服務上勝出，否則將成為標準商品化（commoditized）的零件供應商。他的領導團隊正重新定義公司的核心競爭力並重新組織人力，盡可能擴大公司非輪胎業務的成長。

二〇一七年六月，米其林宣布二十多年來首次全球改組，目標是「提升公司的反應力和維持競爭力，以順利迎接未來的挑戰」。[12]公司為三個非輪胎部門設定強勢的目標，讓他們更具創業和實驗精神：

- 服務和解決方案——指的是為汽車和貨車車隊經營者提供的「智慧車載系統」（telematics）服務，像是：數位追蹤車輛地點、油表里程數、輪胎狀況、怠速時間及其他數據。

・高科技材料——負責米其林在汽車產業之外，材料科技和創新的變現。

・體驗——包括公司著名的旅行地圖和指南、行動 app 及生活風格的品牌產品。

它的目標是在五到七年內，讓這些非輪胎業務的營收成長從原本的百分之十提升到百分之二十五。[13]

許多員工對改革的速度和範圍感到充滿挑戰，公司文化不再那麼階級森嚴，而較傾向協調合作。他們被期待從原本產品導向的思維，轉變為專注於顧客體驗。如米其林北美地區總裁史考特・克拉克（Scott Clark）觀察到的，「這對我們來說是個有趣的挑戰，因為在公司過去的歷史裡，我們是資本密集的工業產業，重視投資報酬率（ROI）。但是，把它應用在新創思維，不見得合宜或有建設性。」[14]負責服務和解決方案的全球行銷總監艾瑞克・杜維哲（Eric Duverger）也說，「以輪胎而言，它關乎顧客的生命安全。但就服務而言，你可以冒更多風險並加快腳步。米其林已經打造出安全和品質的品牌資產。不過在服務領域，你需要新的技能組合和嶄新的思考模式。」[15]

米其林除了重新思考輪胎公司的定位外，也重新考量身為法國公司的地位。儘管員工遍及全球，這家公司仍根植法國。要擢升到資深主管階層，員工被預期需要法語流利並定居在法國，這也讓其他國家的員工處於不利的劣勢。有些人擔心，法國人迴避風險和尊重傳統的文化，可能減緩變革的腳步。

杜維哲是法國人，但在南卡羅來納州的米其林美國總部工作。他認為，相較於法國人的謹慎個性，一般而言，美國人較樂觀且勇於冒險。[16]不過，孟立國認為這類的差異是好事：「米其林源起於法國，但我們不是單純的法國公司。我們花了很多時間進行文化交流，而法國的教育強調抽象觀念。美國剛好相反，它特別強調行動。」[17]

讓我們來看看，米其林如何運用其核心輪胎產業的肌肉，讓另外三個部門逐漸成為公司身分認同的重要部分。

## 輪胎之一：創新者兩難與亞馬遜效應

米其林的創新傳統可追溯到其草創期的一八九一年，公司開發了第一個可拆卸的腳踏車輪胎；四年後，它推出第一個充氣式的汽車輪胎。最重要的發明之一是一九四九年推出的輻射層輪胎（radial tire）科技，它讓駕駛各類車輛——從最迷你的汽車到最笨重的卡車——都變得更安全、平順且節省燃料。

一直以來，米其林的優先要務都是販售最安全、最高品質的輪胎，這需要在研發和產品測試上進行大量投資。這家公司宣揚風險零容忍，安全議題不容錯誤的空間。如杜維哲所言，他們灌輸給員工共同的信念是：「輪胎品質的重要性凌駕於一切」。[18]不過，隨著過去二十年市場日益破碎化，在中國和印度等發展中國家的眾多競爭者陸續出現，這些高標準日益難以為繼。二〇〇〇年，全世界三大輪胎製造商——普利司通（Bridgestone）、米其林和固特異（Goodyear）——占了全球市場的百分之六十。不過到了二〇一六年，三巨頭的市占率下跌為百分之三十七・六，其中米其林占了百分之十四。中型的輪胎製造商取得百分之二十八・二，其餘的百分之三十四・一則分散在小型的製造商，各家占比不到百分之二。[19]

在此同時，特斯拉這類電動車，比使用汽油的車子扭力更大，導致輪胎較大的磨損，因而需要更頻繁地更換。Uber和Lyft 這類共乘汽車公司消弭了駕車者對輪胎品牌的偏好。同時，自購輪胎的消費者也越來越在意成本和燃油效率，而不是品牌或品質。這些趨勢都讓輪胎越來越像標準化的商品，而非有品牌區隔的產品。這是克雷頓・克里斯汀生（Clay Christensen）所謂「創新者兩難」（innovator's dilemma）的例子，高價位／高品質的品牌（在驚恐中）發現，它的多數顧客也可以接受較劣質但廉價的替代品，只要這個替代品可隨時間不斷改進。

另一個壓力來源則是：亞馬遜和阿里巴巴這類電商巨頭，寄身在輪胎製造商及其客戶之間，對米其林的價值鏈構成威脅。人們為了省錢，逐漸改採網路購物，而不是到汽車經銷商或汽車零件供應店採買，因為這兩者可能基於利潤考量，鼓勵顧客選擇較昂貴的輪胎品牌。米其林汽車業務線（Automotive Business Lines）的執行副總裁夏逸夫（Yves Chapot）告訴我，「這些公司的大威脅在於，假如他們比米其林更了解顧客，然後告訴我們說：『好了，提供我們輪胎就好。其它事由我們負責。』」[20]這是所謂「亞馬遜效應」（Amazon effect）的一個例子，製造商失去與其自身顧客的接觸，日益接受強大中介者的擺布。

這些力量都施壓米其林削減價格，同時，輪胎的原料價格正不斷提高。產業的新入門者和顛覆者大多不用擔心維護本身品牌的問題，這給了他們價格上的競爭彈性。米其林似乎只能被動跟進，同時，公司內部有人也擔心，產品的領先地位能否保持不墜。

公司企業文化的態度讓這個問題變得更加複雜，有點像是暴龍看待小型哺乳類動物時君臨天下的態度。按克拉克的形容是，「我們的弱點在於，在過去的歷史中，我們產品的表現相對於競爭對手，差異明顯且巨大。我想這養成了一點自滿和傲慢心態。」[21]也因此，孟立國一再向員工強調，全心擁抱公司的嶄新思維和願景，不光是關注新的產品和服務。

## 輪胎之二：全球在地化的力量

米其林的一些競爭對手得到其國家政府的大力支持，例如：中國的輪胎製造商領取政府補助，以便在全球最大的輪胎市場裡和外國製造商相抗衡。為了維持影響力，米其林在每個從事業務的地點，都必須保有強烈的存在感，並維護其可靠合作夥伴的名聲。結合全球的肌肉實力及在地知識——暱稱為「全球在地化」能力——對一個在全球層級進行競爭的公司來說，是追求成功的必備能力。

孟立國在我的班上說，「我常用一個漂亮的詞——『全球在地化』。我們作為一家公司，必須在全球層級達成協同效果（synergies）和效率。不過，要在每個地方都符合顧客預期，必須非常在地化。也許你不相信，在美國，許多人以為米其林是美國的公司。在中國，許多人以為米其林是中國的。我們的成長靠的是在合理情況下，盡可能在地化也盡可能全球化。」[22]

米其林必須找出方法，降低它在中國的輪胎生產成本和消費價格，否則將因價格因素而被擠出中國市場。全球在地化的能力，使其有辦法生產外型不同，讓駕駛感受不同於歐美輪胎的中國輪胎。但回應萎縮的輪胎營收沒有簡單的答案，更重要的是在非輪胎部門創造出成長。

## 服務和解決方案：以過去的規模作為數位領先優勢

在二〇一〇年代，米其林的企業客戶開始尋求伴隨輪胎的進階服務，包括：維修與日程表的提醒，以及關於輪胎性能及耐久度的詳細資訊。服務與解決方案部門提供客戶支援、大型車隊的管理、貨品運送中心的全球網絡以及替代性收費模式（例如：按運送公噸數或起降飛機班次數計費）。它同時也為貨車車隊提供智慧車載系統，包括：收集、貯存、傳送車輛資訊以及分析車輛性能和狀況。

孟立國將服務與解決方案部門形容為「絕對必要」（absolutely essential），也是與車隊保持聯繫，避免第三方成為中介的關鍵。他解釋說，「車隊需要有人為他們管理資訊，提供一站式的解決方案（turnkey solution），如此一來才能確認自己受到保障，有人為他們妥善管理資產。」[23]他交付這個團隊的任務是打造獨特、客製化的產品與服務，換取對這些企業客戶收取頂級費用的正當性。

米其林已經進行幾項交易，來擴展它的服務與解決方案部門。二〇一四年，它收購了Sascar這家巴西的數位車隊管理公司；這是全球在地化的另一個例子，它提供了米其林理解巴西特殊國情的專業。二〇一七年的另一項收購案是NexTraq，一家在北美區提供功能型車輛（utility vehicle）智慧車載解決方案的供應商。這兩者都提供公司新的肌肉：以高科技流程提升駕駛安全、燃油管理及車隊生產力。除了這兩者和其他收購，服務與解決方案團隊也推出本身的車隊管理數位新服務：MyBestRoute 協助駕駛選擇最佳路徑、MyInspection 將車輛檢驗[24]化和標準化、MyTraining 可進行駕駛訓練、MyRoadChallenge 協助加強安全駕駛。

技術創新的一個例子，是連結輪胎到物聯網，使用無線射頻識別系統（radio frequency identification，即RFID）感應器來捕捉輪胎狀況和車輛性能的數據。商業模式創新的一個例子是「將輪胎視為服務」（tires as a service）——不單只是購買輪胎，採用這個選項的車隊將按駕駛里程數付費，讓支出費用更為平穩。[25]這些新增的服務項目，唯有靠米其林的龐大規模才得以實現，特別是它堪稱業界首屈一指之關於使用輪胎的龐大數據庫。

不過最初幾年，這個團隊的成長只有百分之十到十五，未能達到孟立國設定的目標。服務與解決方案的主管——執行副總裁索尼婭・阿蒂尼安—芙瑞朵（Sonia Artinian-Fredou）擔心，問題在於如何為這個高科技，以服務為導向的單位找到適當人才。長期以來，米其林強調內部擢升，但如今它需要招募帶著新觀念的外部人才。研發部門資深副總裁泰瑞・蓋提斯（Terry Gettys）也同意：「我們嘗試像矽谷的科技公司一樣運作，（但是）我們是從一個有悠久文化和歷史的企業內部成立。所以你必須不斷鼓勵人們勇於冒險、更快行動，還有直接聆聽客戶的心聲。」[26]

遺憾的是，一些公司有意招募的新人才，仍舊把米其林當成老派的工業輪胎公司。如阿蒂尼安－芙瑞朵形容，「新世代的年輕人對於加入米其林這樣的大公司不特別感到興奮。」[27]孟立國也同意，高科技部門的招募工作仍是一項大挑戰。他告訴我的班上說，「我們光是在研究部門，就需要三百五十種不同類型的技能，行銷部門也有好幾百種。如今，我們要招聘了解數據運用的新型態行銷人員。我的看法是，五年內，米其林有百分之五十的職務是目前還沒被定義出來的。因此，人們有大好機會可以加入並發展這些技能。」[28]他仍然樂觀地認為，隨著米其林品牌的進化，招聘工作將變得更容易。

## 高科技材料：擴大創新到其他產業

許多人並不知道，長期以來，米其林就是材料科學及其應用在全球的領先者。二〇一七年公司改組後，米其林知道這個強項可能成為輪胎之外的重要營收來源，而不光是扮演公司內部的研發角色。孟立國解釋這個部門的重要性說：「高科技材料部門的存在，是因為我們需要持續大量投資於製造全世界最好的輪胎，因為這是我們標誌性的產品。不過，透過各種創新在市場獲取價值，將變得越來越困難。如果我們能把（材料科技的）技能知識應用到其他部門，還有許多其他業務可讓我們獲利。」[29]

舉例來說，米其林開發了以3D金屬列印來製造模具零件的能力。由於當時的業界著重於塑膠材料，因此享有先行者優勢，看出了把這項技術拓展到輪胎模具以外的市場機會。

為了增強在高科技材料部門的肌肉，米其林和眾多小型公司建立合作夥伴關係。比如二〇一五年與法國機具製造商法孚集團（Fives Group）合資，成立法孚米其林增材解決方案（Fives Michelin Additive Solutions），提供產業客戶完整的3D列印解決方案。可以處理包括：機具的設計和製造，到全套生產線，再到零件重新設計、安裝、生產支援以及訓練等相關服務。[30]二〇一九年，與法國能源公司佛吉亞（Faurecia）合資成立的西姆比奧（Symbio），將發展輕型車、貨車和其他「氫動力」（hydrogen mobility）應用所需的氫燃料電池。二〇二〇年，一項與加拿大公司Pyrowave的聯合發展協議，結合米其林材料科學的專業與Pyrowave回收方面的研究，將推動創新塑膠廢料回收技術的產業化。另一個則是，二〇二〇年與瑞典公司Enviro的合作協議，將發展出把二手輪胎轉化為原料的創新製程。[31]

## 體驗：擦亮舊「明珠」的新亮光劑

讓我驚訝的是，孟立國把公司的體驗部門，特別是全球知名的《米其林指南》（*Michelin Guide*）當成米其林品牌的「明珠」和提振整個公司士氣的助力。第一本按照三星級別評價餐廳和飯店的《米其林指南》發行於一九〇〇年，當時是當作推動法國駕車新風潮的附加贈品。米其林兄弟從未想到，這個小小的副業會發展成全世界最負盛名的評鑑機構，米其林的三顆星評鑑，已成了全世界廚師們夢寐以求的最高榮譽。一九二九年，米其林出版第一本旅遊指南，並在二次世界大戰後的數十年，持續擴展指南範圍。

孟立國相信，即使在網路有無窮資訊的時代，具權威性的指南仍有無比價值，之於高端餐飲和旅遊服務業更是如此。「我們將成為他們信賴的夥伴，幫助他們選擇住宿、美食、觀光地點。而且我們會把這些資訊組織和連結起來。我們將成為顧客在重要社交事務上的夥伴，就像米其林之於輪胎一樣。」[32]

在二〇一〇年代中期，米其林每年可賣出一千三百萬份地圖和指南，外加兩千萬個生活風格產品。旅遊地圖服務 ViaMichelin 已幫顧客計算過兩千億公里的旅行。二〇一六年，顧客們透過米其林的餐廳預訂服務 Bookatable，共預訂三千九百萬桌訂餐。米其林擴展其體驗部門，並在二〇一七年收購葡萄酒的國際評鑑刊物《勞勃．帕克的葡萄酒倡導》

（*Robert Parker's Wine Advocate*）百分之四十的股份。透過這次收購，米其林希望建立在美食和葡萄酒市場的穩固地位。幾個月後，又加碼收購餐飲年度指南與宴會行銷公司「美食指南」（Guide du Fooding）百分之四十的股權。[33]

把資源投入到體驗部門是很合理的做法，因為它用另一種方式，運用米其林在全世界享有的聲名。在餐飲旅館評鑑方面，《米其林指南》不只是全世界最悠久、最負盛名的品牌，也是第一個真正全球化的品牌。一個關於單一國家的指南，無法比擬全球性指南的威力。如果一位美國的高級主管第一次前往東京或布宜諾斯艾利斯，大概不會有時間研究這些城市全部的指南，但她可以放心信賴米其林的指南。

## 米其林混沌不明的未來

米其林努力強化和重新鍛鍊肌肉的努力，能否讓這家悠久的公司在全球競爭最激烈的時刻持續蓬勃發展，專家們仍不敢妄下斷言。這家公司在體驗、高科技材料，還有特別是服務與解決方案的眾多投資，可謂一場大豪賭，但若不採取這些冒險之舉，將讓公司陷入更大的風險中。關鍵的問題在於，要花多久，非輪胎業務的事業規劃才能得到回報，以及這樣的回報能否達到全球性的規模。舉例來說，截至二〇一九年，服務與解決方案部門帶進超過六億美元的全球營收，但仍只占了米其林總營收兩百八十六億美元的百分之二。[34]

二〇一八年夏天，公司高層主管強調了未來的嚴峻挑戰。杜維哲警告說，「我認為我們無法在四年內達標，我們需要更多時間……。在服務方面的行銷，仍有重重難關要克服。」[35]負責研發的執行副總裁泰瑞・蓋提斯（Terry Gettys）也預測，「如果我們四年內未能如期發展，我個人猜測，這意味著我們對變化的反應太慢……在輪胎之外的領域，對於流程、人員和文化以及整個營運方式，沒有做好調整。」[36]

我個人抱持比較接近孟立國的樂觀看法，這個系統領導者不厭其煩地清楚傳達，他如何同時兼顧短期挑戰，並提出清晰、有說服力的長期願景。他知道，對一個全球性的龐大企業而言，轉型是一項艱鉅任務，但他相信，最終可以透過規模的充分運用，讓公司獲得新的競爭優勢。孟立國相信，米其林可繼續以其歷史和法國文化傳統為榮，同時招募所需的全球、高科技、非法國的創業人才，讓公司變得更好，並在未來數十年持續繁榮發展。

正如二〇一九年四月，他在我的課堂上說的，「此刻，我們正多方面地進行大規模轉型——包括技術、人才、管理、商業（模式）。你想像不到，我們進行轉型的項目如此眾多，如此龐大且複雜。但大家都知道為什麼要做，而且我們也將會成功。」[37]

## 把規模做好

將數位與實體結合的最大優勢，是能以全球範圍快速地和客戶溝通，之後把他們的需求納入你的產品和服務中。困難之處在於，熟練掌握大規模營運所需的技能，並區隔不同客戶，提供他們客製化的解決方案。

如今，許多產業都有全球性的既存者——例如：百威英博、CNN、Visa以及米其林——也正面臨新進競爭對手的嚴峻挑戰。除了要面對有新科技和商業模式優勢的新創公司外，有些也面臨來自中國的不公平競爭，他們得到中國政府的保護和支持。這些既存者很容易感覺到，自己彷彿笨重的恐龍，被更快、更輕巧、更靈敏的新來者包圍。不過這一章的重要啟示是，既存者也可以變得更快、更輕巧、更靈敏，同時還能進行大規模的營運。

特別是米其林，它完全能接受自身所處的情況，發展材料科學的平台為眾多區隔的市場和地理區域提供服務，它派任員工，在本地提供客製化解決方案的同時，也在全球拓展新市場，以輔助其核心事業。儘管米其林不斷面臨挑戰，它仍是運用規模的典範；透過數據的運用、有效率的全球供應鏈以及派送專業，來建構出新的競爭優勢。

如今，人們越來越期待企業在廣泛地區，提供有客製化功能的解決方案，並能快速迎合公司與個人客戶的期待。一開始，新的顛覆者通常不具備這些能力，舊有的既存者也可能不曾擁有過。不過，如果他們希望在未來成功，無論如何都必須快速鍛鍊出這些肌肉。

## 系統領導者筆記8

### 運用規模的槓桿操作

- 根據公司的技術和能擴大觸及的產品來重新界定你的核心競爭力，不論是透過數據、產品派送或生產製造。
- 讓員工盡可能貼近你的客戶。即使如今，我們越來越倚靠數位通訊和協作；不過要理解本地市場，仍要有人在你銷售產品的對象之間生活和工作。
- 以大規模運作的團隊需不厭其煩地溝通。要讓人們把新策略或願景牢記在心，需要清楚明確的訊息，經過一而再，再而三地耳提面命，並針對公司不同部門和個別需求進行說明。不可能光靠幾封電子郵件就改變根深蒂固的企業文化。

第十一章

# 手眼協調：組織生態系

挑戰在於，你必須跟所有利害關係人維持強有力的關係。你要確定自己完全理解，推動他們和激勵他們的動力，並嘗試與其展開有建設性的合作。你得找出一條前進的道路來幫助公司成長、繁榮、壯大、更加實現我們的使命。

——馬克．拉瑞特（Mark Laret），加州大學舊金山分校健康機構總裁兼執行長

每家公司都自成一個生態系，同時也是更大生態系的一環，置身於一個協調企業共通利益、彼此相互連結的網絡中。在單一公司裡，部門、事業單位和工會這類組織，多半有著明確定義的關係和階層順序。相較下，在供應者、通路合夥者、投資者、監管者及競爭公司共組的外在生態系中，彼此的關係和相對的強弱大小，似乎始終處於流變狀態。處理生態系成員之間彼此競合的需求，始終像個高難度的特技雜耍——要做好，需要強大的手眼協調能力。

不管你領導的是一個小部門或全球性組織，都會碰到一些關於你生態系的難題。什麼時候該強勢地嘗試塑造它？什麼時候該退居二線，由他人來主導你的產業演進？如果你未來市場的願景與你的通路夥伴或主要競爭對手不同時，可以怎麼做？

系統領導者處理這些問題時，會嘗試釐清生態系裡哪些成員是真正的朋友，哪些是顯而易見的敵人，還有哪些人在不同情況下有不同身分——所謂「亦敵亦友」（frenemy）的雙重角色。另一個實用的概念是「競合」（coopetition），這是一九九〇年代初期，雷·諾達（Ray Noorda）擔任諾威公司（Novell）執行長時創造出來的詞。諾達用它來形容一個值得玩味的情況——有時激烈的競爭者需要彼此合作，直到短期問題解決後，將再次為同樣的客戶爭得你死我活。[1]

你或許會好奇，為何這一章把手眼協調歸類於「力」的能力，前面則把內耳（平衡持有和結盟關係）歸類為「腦」的競爭力。基本上，維持平衡是內在的工作，它做出決策來決定，哪些功能該由公司直接掌管，哪些功能該指派給合夥人或其他盟友。然而，手眼協調比較偏重身體的機能，因為是關於一家公司在整個生態系裡如何設定自身的願景，這個生態系可能包括從供應商到政府監管部門的各個成員。牽涉你如何運用你的力道來影響非你直接管控的人們行為。

一般而言，要判斷是誰或什麼力量在推動產業和市場走向並非易事。在這類情況下，生態系的「影響力地圖」（influence map）成了領導者的有用工具。透過地圖視覺化的呈現，你可以描繪出哪些單位對其他單位施加影響，它們的影響力道又多大。[2]不同大小的圓圈和不同粗細的箭頭，有助於你理解不同大小的利害關係者之間的關係性質，以及對彼此的影響程度。一份影響力地圖可幫助你區分出誰是朋友、敵人，還有誰亦敵亦友，並由此決定如何動用你的資源來影響這三類群體的決定。

其他好處還包括，可以透過地圖來掌握哪些關係相對而言比較平衡（這需要技巧高超的外交手腕），哪些較不平等（外交策略無效時，你可以選擇強行貫徹你的意志）。它可以幫助你認識生態系中的壓力點（stress point），並預期不同賽局參與者的行動會對彼此造成新的壓力。它也可以幫助你找出策略行動的結果，以及在整體市場中的變化。圖11.1就是一個範例。[3]

在影響力地圖裡，每個連結到你公司的圓圈，你都可以畫出一個二乘以二的方格（由我的同事勞勃．伯格曼設計），根據你與這個單位的彼此依賴程度，以及你們影響彼此行為的程度，將你與這個單位的關係做出分類。[4]參見表11.1。

隨著你對這些關係有更清楚的理解，你可以開始調動資源到你具備強大影響力及改變某人行為，會對你的結果造成具體影響的區域。影響力地圖及二乘以二方格可幫助你理解公司的「位置力道」（position power）——根據你在生態系的地位所能施展的力量。它有

## 圖11.1　公司及其生態系影響力地圖範例

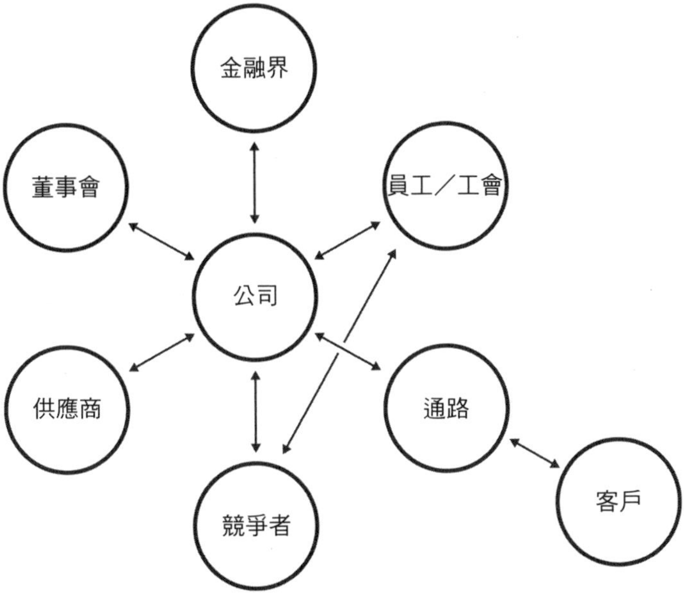


助於定義你在同時間，應對生態系多項元素時的手眼協調能力。

不過，和「位置力道」同樣重要的是你的「影響力道」（influence power）——說服他人照你所願去做的能力；甚至，當你處於與對方平等或從屬地位時。這兩種力道都可以帶來雙贏的夥伴關係，但你可能要比你的敵人更聰明，或對他們施壓，讓他們朝著對你最有利的方向行動。

在本章討論的企業，都以饒富趣味的方式在他們的生態系運用位置力道和影響力道。首先，我們要看加州大學舊金山分校健

## 表11.1　雙方的影響與依賴關係

| 影響 ＼ 依賴程度 | 低 | 高 |
|---|---|---|
| 低 | 你和另一個單位基本上**互不相屬**。你可用對等身分和對方結盟，或逕行離去而不致有任何影響。 | 在戰略上你**從屬於**另一個單位，陷入防禦的地位。因為你確實需要對方，你必須設法滿足對方的需求。 |
| 高 | 你和另一個單位**相互依存**，有潛力成為長期、穩定生態系中的好夥伴。你們也可能為了爭奪生態系的控制權而展開勢均力敵的戰鬥。 | 在戰略上你對另一個單位居於**支配地位**。你具有把意志加諸對方身上的力量——如果你選擇要這麼做的話。 |

改編自史丹佛商學院勞勃．伯格曼的設計圖

康機構（UCSF Health），這個龐大的醫療機構有著錯綜複雜的生態系。接著則要重新回到Instacart，評估它開發強大手眼協調能力的持續進展。另外，也要看看沃爾瑪超市如何運用位置權力讓它的供應商就範。最後，則要深度討論Google的安卓部門（Android），它製造的作業系統驅動了全世界五分之四的智慧手機。雖然安卓是一個特殊產業裡頭的特殊產業，它管理生態系的方式，提供了我們重要的教訓。

### 加州大學舊金山分校健康機構：遊走於眾多利害關係人之間

加州大學舊金山分校健康機構長期名列全美十大最佳醫療機構之列（根據《美

國新聞與世界報導》（*U.S. News & World Report*）和其他媒體評鑑）。總裁兼執行長馬克・拉瑞特（Mark Laret）負責掌管超過九百五十張病床、一年近兩百萬人次的門診以及超過四十億美元營收的財務報表。拉瑞特在機構任職的二十多年間，推動各種改善病患體驗的計畫，提升照護品質和安全，並建立醫院和醫師的區域網絡。他負責監造加州大學舊金山分校健康機構最新的醫學綜合大樓——米深灣加州大學舊金山分校醫學中心（UCSF Medical Center at Mission Bay），它在二〇一五年開業，裡頭包含兒童、婦女及癌症治療的專門醫院。[5]

加州大學舊金山健康機構作為大學附屬單位，旗下有眾多灣區的醫院門診機構，它訓練生命科學與醫學專業的三千三百名學生、一千六百位住院醫師以及一千一百名博士後研究學者。提供教學與醫療的人包括：癌症、心臟科、兒童醫療、神經科、器官移植等各專科的頂尖人物。它也進行先進的生醫研究，每年主持超過一千五百個臨床實驗。[6]這些數字代表二〇〇〇年之後的戲劇性轉變，拉瑞特在此時受雇來挽救這個深陷困境的非營利機構，當時它與史丹佛醫學中心的合併計畫失敗後，每星期的虧損高達一百五十萬美金。[7]

加州大學舊金山分校健康機構的規模非比尋常，不過二〇一八年五月，拉瑞特在我的班上講課時，更讓我驚訝的是它所處生態系的複雜程度。他跟我們解釋，他如何同時應付一些彼此衝突的需求，這些需求分別來自病患、醫師、護理人員、學生、保險公司、供應

## 圖11.2　加州大學舊金山分校及其重要組成份子的影響力地圖

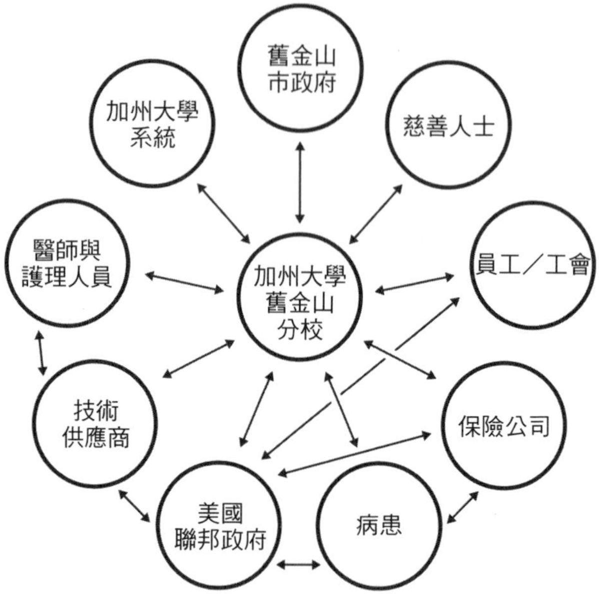


商、工會、醫技公司、支持醫療中心的慈善人士，還有負責監管的舊金山市政府、加州州政府及聯邦政府的政治人物和公務員。身為加州大學這個全美國最大公立大學系統的所屬單位，舊金山分校健康機構同時也要面對學術界的考驗，要努力爭取內部資源，以取得聯邦與民間的研究補助。所有這些單位，都不斷嘗試影響拉瑞特及其管理團隊的決策。圖11.2說明了加州大學舊金山分校的影響力地圖。

他描述，自己的工作很大一部分是嘗試去影響地圖上那些同樣也想影響加州大學舊金山分校健康機構的各單位。他規範自己的行事曆，積極配合所有這些群體，每天早上問自己的第一件事是，「今天我需要去影響誰？」他填滿的行事曆，不光處理其他人會面的要求，或解決電子郵件收到的各式問題。他必須把時間和醫院的資源，分配到對生態系有最大衝擊的任何行動上。

在任何一星期，拉瑞特都有可能要去解決旗下某家醫院的護士罷工、聆聽某間醫療技術新創公司的宣傳簡介、打電話給慈善人士，募集興建新大樓的幾億美元經費，以及和政治遊說公司討論，支持州議會的監管法案，還要與他的頂頭上司——加州大學舊金山分校校長會面，討論經費不足的問題。來自四面八方的各種挑戰可能讓許多領導者卻步，但拉瑞特將它視為他組織生態系的部分工作，目的是給病患帶來更好的結果。「挑戰在於，你要與所有利害關係人維持強大的關係。要確定自己完全理解推動他們和激勵他們的動力，並嘗試與他們進行有建設性的合作。要找出一條前進的道路幫助公司成長、繁榮、壯大，並且更加實現我們的使命。」[8]

在配合政府規範方面，對組織的表現尤其可能產生巨大衝擊。拉瑞特解釋說，「我們做的每件事都有規範。我們堆東西能離地板多高，離天花板多近都有規定。誰能把藥水點進你的眼睛，也有規定。它的理由有充分的正當性，因為這是關乎生死的產業。我們被期待不出任何差錯。」[9]他補充說，醫療供應者零容忍的文化和舊金山的高科技文化存在著矛盾，因為在科技界，錯誤不僅被容忍，還被當成學習的好機會。他的一部份工作就是扮演兩個文化之間的橋樑，讓加州大學舊金山分校健康機構可以透過各種方式，與科技界建立夥伴關係。

我問拉瑞特，如何對困難的抉擇做出決定，他毫不遲疑地說，他會依照價值的指引。作為非營利事業，加州大學舊金山分校健康機構的優先要務是服務病人。在財務限制內，他的手眼協調能力會專注發揮在可對最多數病患帶來最多改善的任何事。

## Instacart：從低影響力到高影響力之旅

我們在第七章，以 Instacart 作為腦的平衡持有與結盟能力的主要案例。你可以回想一下，Instacart 甫創立的前幾年，沒有任何槓桿可以操作它在超市和雜貨供應商生態系的影響力。它是大海中的一條小魚，只能努力避免被較大的掠食者吃掉。短程目標單純就是建立一個在產業裡穩定、可以永續的位置，有部分是靠說服超市連鎖相信，Instacart 可用便利且簡單的方式提供顧客宅配。

不過隨著 Instacart 持續成長，特別是在二〇二〇年新冠疫情期間宅配業務的蓬勃發展，它的生態系已經累積重要的實力。權力的平衡開始移轉，更多超商需靠 Instacart 專業的送貨大軍派送食物給一些不能或不願出門的顧客。在超商嚴重缺乏派送選擇的情況下，派送服務的龍頭，突然間有了更多位置力道。同時，Instacart 也打造出遊說政治人物的實力，向選民說明他們存在的重要性。舉例來說，它花費令人咋舌的兩千七百萬美元，挑戰「加州二十二號」公投提案，主張打零工的兼職人員應歸類為獨立契約工，而非公司員工。[10]

Instacart 改造市場的力量，或許不能像經營製造工廠一樣歸類為體能，不過它對生態系裡每個賽局參與者——不管是宅配的顧客、採購員、超商或民生消費品的製造商而言——都有實質的影響力。Instacart 仍需平衡各個實體的需求，不過如今，它具備規模和力量來組織其生態系，不只是配合這個生態系。圖 11.3 和圖 11.4 的兩個影響力地圖說明了，這家公司從在生態系裡尋求他人協助的新創公司，發展為影響合作夥伴之主要參與者的歷程：

以二乘以二的方格而言，Instacart 從右上方的從屬角色移動到左下方與數個合作夥伴相互依存的地位。近來，許多連鎖超市和消費品牌需要 Instacart 的程度就和 Instacart 需要他們一樣。這也意味著，它的考驗已經超越第七章討論的「腦」的層面，也就是平衡持有與結盟的內在能力。如今的 Instacart 擁有「力」的市場能力，可對它的朋友、敵人及亦敵亦友的夥伴命運做出實質影響。它接下來的挑戰，是如何做出明智且符合利益的運用。

**圖11.3　Instacart 在新創階段，與其關係產業的簡明影響力地圖**

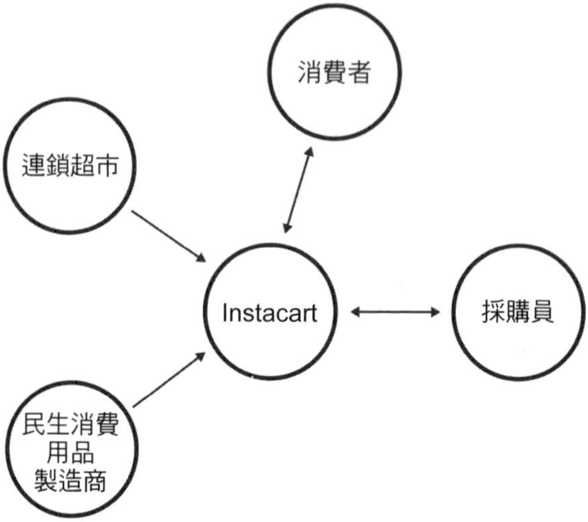


## 沃爾瑪：不怕扮演主導者

談到在生態系裡運用實力，不管善意或惡意，都很難找到比沃爾瑪更清楚的例子。打從一九六二年，山姆．華頓在阿肯色州創立單一商店起，到如今在二十七個國家，一萬一千五百個地點展店的零售業龍頭地位，沃爾瑪的生態系策略有著驚人的一致性。華頓相信，零售業成功的關鍵是盡可能壓低賣給顧客的售價，部分手段是盡可能廉價地從供應商手上取得貨品。他的格言已深植歷代沃爾瑪主管心中。簡言之就是「進價要低，貨源要足，薄利才會多銷。」（Buy it low, stack it high, sell it cheap.）[11]為達此目的，沃爾瑪始終如一的做法是

### 圖11.4　Instacart 在成熟階段，與其關係產業的簡明影響力地圖

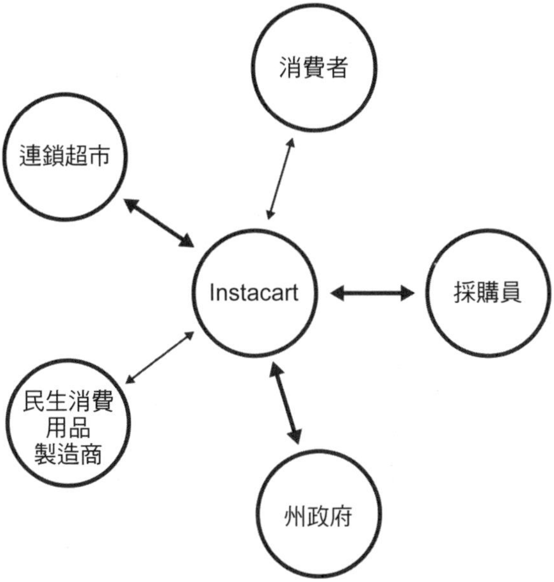


盡力排除中介商，直接向製造商取貨以降低成本。

隨著沃爾瑪數十年來的成長，它相對於製造商的位置已由從屬發展至相互依賴，到如今變成主導。隨著越來越多美國人到沃爾瑪購物，它在零售業生態系的力量也直線成長。到了一九九〇年代，如果你的公司生產任何消費性產品並希望它成為全國性的品牌，你就需要它被放上沃爾瑪的貨架，而非沃爾瑪需要你的產品。這也表示，華頓在過去壓低價格的做法如今已變得更加強勢且一面倒。就如二〇〇三年，新聞記者查爾斯・費希曼

（Charles Fishman）經典揭露：

沃爾瑪用比多數雜貨店四分之一還低的價格，賣出一加侖的猶太蒔蘿泡菜（kosher dill），它或許是為顧客提供服務。但它對 Vlasic 做了什麼？這個泡菜製造商花了幾十年讓顧客相信，該用頂級價格購買他們品牌的產品。如今，沃爾瑪等於讓這一切付諸流水。同時，這股狂熱的搶購熱潮徹底扭曲了 Vlasic 的營運作業，從它的農場到工廠到財務報告……。沃爾瑪真正從沒被人說出來的故事是，最大零售商以提供我們「日常的廉價」為名義，對供應商施展毫不留情的壓榨……。

對一些不會有變化的基本商品，沃爾瑪會支付的價格及它賣給購物者的價格，必然逐年下降。不過，沃爾瑪和它兩萬一千個供應商以外的世界不知道的是，這些低價帶來的高成本。沃爾瑪有實力壓榨供應商，做出扼殺利潤的讓步。為了在它的價格要求下生存，從胸罩到自行車到牛仔褲的各類製造商不得不解雇員工，關閉在美國的工廠，把產品生產外包到海外去。[12]

隨著沃爾瑪在美國零售業的主導地位日益穩固，它在協商時採取非常強勢的態度。它的主管不怕當壞人，對業務代表設定嚴格的規定，只給他們三十分鐘向沃爾瑪的買方做簡報。順道一提，每趟簡報可能需轉機兩次，才能到達沃爾瑪阿肯色州本頓維爾（Bentonville）地處偏遠的總部。沃爾瑪可以如此肆無忌憚地要求，主因在於它的多數供應商位置都受困於「依賴性高、影響力低」的象限。

過去幾年來，面對亞馬遜和其他電商的價格競爭，沃爾瑪對製造商施加更多壓力。二〇一七年，一個同業出版物的報導提到，沃爾瑪要求供應商「改善物流，準時派送訂單，以降低運送成本、減少重覆訂購、減少缺貨問題，協助公司增加十億美元的銷售額」。根據一名諮詢顧問的觀察，同意配合沃爾瑪的廠商可預期獲得更好的銷售和策略協助，不願配合的廠商則處處受限：「每隔三到四年，沃爾瑪就會告訴你，把行銷廣告的錢用在降低價格上。他們把桌上籌碼全掃光，然後逼著你降價。」[13]

當然，有些沃爾瑪供應商的實力比 Vlasic 的醃黃瓜強大許多。舉例來說，蘋果公司可用比較平等的立場談判 iPhone 手機，如何透過沃爾瑪的通路銷售；他們處在相互依賴的象限。沃爾瑪大可威脅 Vlasic，用其他家的醃黃瓜取代它的產品，但真的想買 iPhone 的顧客，應該寧可到別家店購買，而不願接受其他廠牌的替代品。為了維持這些顧客對沃爾瑪的忠誠度，它跟蘋果談條件時就不得不為 iPhone 破例。這是它對生態系卓越管理的另一個面向，永遠關注公司開宗明義的目標：「無論何時何地，以日常的低價供應各式產品。」[14]

## 安卓：駕馭一個真正全球化且敵意縈繞的生態系

二〇〇八年，Google 推出智慧型手機的安卓作業系統時，採取與蘋果新手機 iPhone 封閉式 iOS 相反的策略。Google 的領導團隊相信，與其滿懷妒意地守護手機專利產權的作業系統，公司最好的成長策略是釋出作業系統，給任何想打造手機的人們。如他們在網站上所寫，「安卓做為一個開源的平台，它的原始碼可供任何人查看、下載、修正、增強及重新發布，不需任何手續費、版權費或任何其他費用。它與閉源／專利軟體正好相反，閉源軟體（closed source）絕不公開它的原始碼，並嚴格禁止任何修改。」[15]

從十三年後的視角來看，這個決定應該是大獲成功。如今，安卓是全世界一千三百家第三方原始設備製造商（original equipment manufacturers，簡稱 OEMs，即代工生產）製造的二十五億支智慧型手機、平板及其他行動裝置的作業系統，總市占率超過百分之八十。[16]每年，Google 投資數十億美元改善安卓並拓展其新用途，例如：智慧型手錶、智慧音響及汽車作業系統。藉此，它在二〇一九年，從安卓系統創造了估計達一百八十八億美元的營收，包括：

- 九十一億美元，來自 Google Play 的應用程式平台，沒有安卓就不可能有它的存在。

- 七十五億美元，來自安卓裝置的搜尋廣告。
- 二十二億美元，來自 Google Maps 和 Google Pay，多數營收來自安卓裝置的使用者。[17]

聽起來就像是個幸福的結局——一個奠定重要基礎的決策，得到的報酬可能遠遠超過前執行長艾瑞克・施密特（Eric Schmidt）二〇〇五年時的期待。據傳，當時的 Google 以五千萬美元收購安卓有限（Android Inc.）這家小小的新創公司。[18]

不過，儘管安卓主宰了行動作業系統的市占率，使用中的裝置達到二十五億個，每年營收高達一百九十億美元，仍面臨巨大的挑戰，因為它的生態系有令人瞠目結舌的複雜度。想想看，其影響力地圖上的這些單位，都可以左右安卓持續發展的成敗：

- 全世界約一千三百家智慧型手機ＯＥＭ製造商，如果發現更好的替代品，或對安卓的免費作業系統附加條件不滿意，隨時可能拋棄安卓。
- 成千上萬的 app 開發商，它們的努力是支撐 Google Play 成為全世界最大應用程式平台的基本關鍵，讓 Google Play 得以提供比蘋果的 App Store 更多選擇。
- 全世界數以千百計的行動電話商，足以透過改變政策就顛覆整個行動市場。
- 世界各國的政府規範制定者中，有些對市占率龐大的安卓任何具掠奪性的獨占、壟斷充滿戒慎。

這個複雜的生態系透過圖11.5，只能勉強描述。

我在二〇一三年、二〇一五年和二〇一八年，訪問多位安卓的主管，為史丹佛的商學院發展出三份案例研究。讓我們深入研究一下，它要持續面對的深遠、長期挑戰。[19]

## 如何打造一個看不見又免費的品牌？

由於原始設備製造商（OEMs）和無線電話商可隨意客製化安卓系統來符合自身的目標，安卓手機的消費者體驗可能隨著不同裝置而有明顯差異。因此，安卓如何談論它的使用者體驗，當它具備千百種不同的使用者體驗時？如果品牌打造關乎界定市場定位，當你控制的不是單一定位時該怎麼做？

曾任蘋果公司主管的鮑勃．波契斯（Bob Borchers），後來成了Google平台與生態系的行銷副總裁，他敏銳察覺到這項挑戰。他提到，在蘋果，消費者與品牌互動的各個元素都受到控制。但在安卓，Google軟體的形象卻取決於別人的硬體。安卓的品牌商標甚至不歸自己擁有，這個綠色機器人商標是透過創意共享協定（Creative Commons）的開源代碼。[20]

**圖11.5　Google和安卓生態系的影響力地圖**

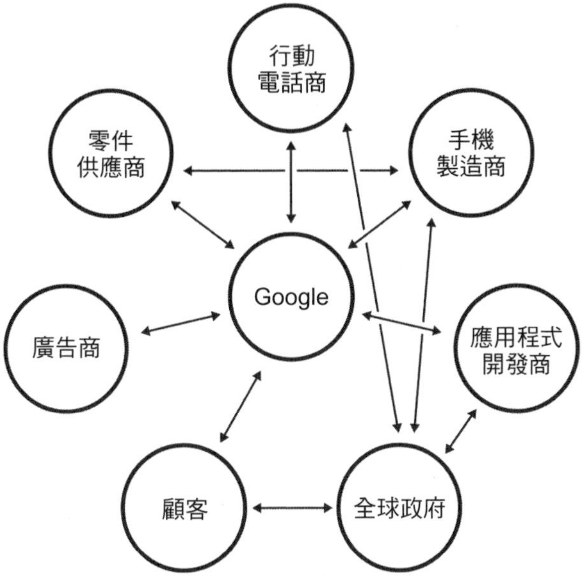


這是刻意的；一個開源的吉祥物和商標，可以鼓勵人們廣泛推廣安卓平台。Google 花在安卓的直接行銷成本明顯低於蘋果，因為它的結盟夥伴會推出裝置，安卓則受惠於來自小米這類的 OEMs 廠商和 AT&T 這類行動電話商的數十億美元行銷費用。Google 的目標，是在所有裝置上確保適當程度的一致性。雖然裝置在各自的市場會有不同市場定位，但安卓提供的基本承諾必須一致。

不過，正如波契斯提到的，「只有百分之五十的人們知道，安卓是 Google 旗下的公司，知道的人當中，不到一半的人知道，它的軟體程式是 Google 員工負責編寫。」[21] 他要負責為安卓打造清楚、一致的訊息，即使整個生態系合作夥伴們的行銷，有著分散的本質。不過，在波契斯的消費者品牌檢測報告裡，與裝置相關的特色常被使用者誤認為作業系統的特徵，反之亦然。「大部分的原因在於缺乏一個統一的品牌故事。品牌是建立在消費者體驗的基礎上，但有太多種不同的安卓使用者體驗，因此很難說清楚我們究竟是什麼。」[22]

Google 理解，它需要一個載具來呈現 Google 對於安卓體驗的理想願景，於是打造了 Android One，提供使用者在OEM品牌裝置上一個簡化的，以 Google 為中心的體驗。如諾基亞這類的 OEMs，可以建立已內建於 Android One 的獨特產品線，例如：Nokia 8 Sirocco。如此一來，購買 Sirocco 手機的人可以如 Google 期望的方式來體驗安卓系統——包括它整合好的 Google Play、Google 助理、相簿、地圖、智慧鏡頭、Gmail、雲端硬碟、文件以及 Chrome。

安卓的一位產品管理總監薩加．卡姆達（Sagar Kamdar）提到，Android One 提供兩大好處。第一，讓 OEMs 廠商可以投入時間和資源來打造消費者最在意的硬體元素，例如：更好的攝影機，而把一些軟體平台的創新工作交給 Google。第二，讓 Google 有機會向使用者說明，以 Google 為中心的體驗有哪些可能性。照他的說法，「對 Android One 而言，所謂的成功是當消費者說：買這支手機是因為我清楚知道安卓手機是什麼樣子，所以選購了它。」[23]

## 面對財力雄厚的競爭者，如何持續推動創新？

安卓的領導團隊，持續把提升作業系統、給顧客驚喜，當成非常優先的要務。他們認定，科技不該只是「可忍受」（bearable），還要給人帶來興奮和愉快。公司團隊致力於把人工智慧加入安卓作業系統，支援 Google 助理（Google Assistant）配合手機提供音響、電視和汽車的創新體驗。儘管安卓擁有超過百分之八十的市占率，公司團隊知道，隨時有強大的競爭對手虎視眈眈，可能是小型新創公司或科技巨頭，或界於二者之間的任何公司。

他們特別擔心的對象包括：

- 三星，它是賣出最多安卓手機的ＯＥＭ——二〇一九年，兩億九千六百萬支。[24]這是安卓生態系的關鍵一員，彼此多年來的堅定關係在二〇一二年，三星宣布推出自家作業系統「Tizen」ＯＳ後有了變化。第一支 Tizen 手機直到二〇一四年才出現，Tizen App Store 則等到二〇一五年才問世（共只有二十五個 app）[25]雖然 Tizen 是個失敗的例子，但顯然三星正尋求減少對安卓的依賴度。

- 亞馬遜，它選擇「分叉」（fork，修改）的安卓作業系統，來建立 Fire OS，二〇一四年起，裝設於亞馬遜的 Fire Phone 手機和 Kindle Fire 平板電腦上。不過，由於 Fire OS 不能登入 Google Play Store 或使用 Google apps，Fire Phone 仍以失敗收場。[26] 此後，亞馬遜不滿於自己大零售商的位置，透過 Alexa 的人工智慧、Echo Dot 智慧音響、亞馬遜網路服務（AWS）及其他創新，加倍努力要成為最先進的科技公司。只要它願意，它可以自行開發各種連結裝置的行動作業系統，遠遠超過智慧型手機和平板電腦的範圍。
- 臉書，二〇一三年推出自身品牌的智慧手機（和HTC結盟），但以失敗告終，之後它宣布，沒有計畫推出在市場上競爭的作業系統。臉書的目標是爭取行動廣告的市占率。從理論上來看，它不在意透過哪個作業系統使用臉書的 app。不過，如果臉書的行動策略出現變化，對安卓必然是個嚴肅挑戰。

這三家公司和其他一些潛在威脅，或許讓安卓的管理團隊輾轉難眠，不過他們也相信，創新是維持領先的不二法門。

## 如何在錙銖必較的新興市場提供服務？

隨著二〇一〇年代初期，智慧型手機市場大爆發，兩個明確的副市場清楚出現了。歐洲和北美的中產階級，和有錢的消費者樂於支付頂級價格購買最先進、大約兩年升級一次的手機。至於開發中國家，大批民眾熱衷於購買較廉價的手機，不需一些新增的附加功能。但在開發中國家的生態系，到底有多大的不同？二〇一五年，安卓的副總裁傑米・羅森伯格（Jamie Rosenberg）告訴我，「在印度、巴西和印尼這類市場，發展模式可能和已開發市場一樣，也可能大不相同。或許 apps 在這些市場變現的方式會很不一樣。我們必須確認，在這些市場的商業模式跟我們的平台配合良好，包括人們使用數據和對數據收費的想法，或媒體與內容傾向由廣告支援的模式，以及遊戲如何派送和變現的方式。」[27]

以印度為例，朝智慧型手機移動的趨勢在二〇一四年加速了；這年，市場出現了百分之一八六的成長幅度。隨著價格降低及印度人對手機行動廣告的接受度，安卓團隊知道，這個擁有巨大人口的市場值得重視。他們開發了一個較簡易的安卓版本，可在功能沒那麼強大，價格較可負擔的手機上運作。接下來，Google 與本地的 OEMs 結盟，提供他們新的硬體規格，讓他們的手機可用更簡單、成本更低的方式生產。Google 的協助，讓這些 OEMs 廠商可用約一百美元的價格銷售配備安卓系統的陽春版手機。Google 也設計出符合當地使用偏好的款式，例如：FM收音機功能，或讓使用者在一個裝置使用多重帳號的雙 SIM 卡手機。二〇一九年年底，總人口十三・八億的印度，在連續六年飛躍式成長後，智慧型手機的用戶已突破五億大關。印度前四大 OEMs（三星、小米、Vivo 和 OPPO）的廉價手機占了百分之七十四的市場，使用的都是各種版本的安卓作業系統。[28]

另一個在開發中地區的關鍵產品是 Android Oreo Go Edition，一個專供低端裝置使用的作業系統。羅森伯格說，安卓團隊對客製化軟體設定了高門檻，不過如果某個特色功能有高需求，他們就會積極投資。「這些年來，我們看到一種矛盾逐漸浮現；一方面，我們需要利用先進硬體來創新作業系統，另一方面希望同樣的這套作業系統，可在最廉價的安卓手機上運作良好。最後我們決定不該放棄這個區段的市場，即使因此需為較陽春的硬體裝置打造新的作業系統。為了維修 Android Oreo Go Edition 這個版本，我們放棄部分的效率，但也因此觸及一個新區段的使用者。」[29]

安卓的產品管理總監保羅・根奈（Paul Gennai）說明了在新興市場的一些必要改變：「過去，我們的平台和 apps 逐年持續擴展，導致低端硬體的裝置運作出現困難。藉由 Android Oreo Go Edition，我們改寫了許多 Google 本身的 apps，不只讓它們更小、數據運作更有效率，也讓使用者使用裝置時更容易——例如：更加視覺化的使用者介面和更強的語音互動。或許更重要的是，我們為 app 的生態系設定了更普遍的門檻來維持它的高性能。

這些改變不只給消費者帶來好處——也有益於OEM廠商和電話業。」[30]

根奈總結 Google 的目標說：「一體適用（One-size-fits-all）的做法已經行不通了。比較沒錢，不表示就得忍受較差的體驗。」[31]

## 如何在打造自己硬體的同時，不至於疏遠你的硬體合作夥伴？

儘管安卓穩步成長，Google 的管理團隊知道，光靠軟體無法維持他們在行動產業的領先地位。執行長桑達．皮采（Sundar Pichai）說，「要推動運算向前邁進，你要在硬體和軟體的交會點下工夫。」這句話總結了一個重要的真理——如今，多數的產業價值在於腦與力的結合。[32]

時間拉回二〇一〇年，Google 推出了 Nexus 智慧手機，是由 Google 設定，但由合作的OEM廠商製造。Nexus 的目的不是要大規模進軍硬體產業，而是要開創一個適於科技創新的環境。皮采解釋說，「假設我們想為使用者打造更好的攝影體驗，我們必須研究整個組件，從影像感應器到處理器，到軟體和使用介面。Nexus 讓我們可以做到這點。」[33]雖然 Nexus 從沒取得太大的市占率，但 Google 不在意。它對Nexus設定的目標不是要分食OEM合作夥伴的市占率，而是向OEM廠商展示，安卓應可如何配合最先進的硬體運作。

二〇一六年年底，Google 中止了 Nexus 手機，並推出兩種版本的 Pixel 手機，這 Google 品牌的高端手機將和推動安卓成長的手機製造商們直接競爭。安卓團隊知道，他們要加倍努力經營與ＯＥＭ的合作夥伴關係，還要與新的 Pixel 團隊結盟。在內部組織圖裡，安卓和 Pixel 是不同的事業單位，有各自的管理部門——不過生態系裡的其他人都把他們當成「Google」來對待。正如卡姆達說，「我們當然希望 Pixel 能有所區隔，但現在我們成了我們自己的ＯＥＭ，我們的ＯＥＭ結盟夥伴會問：相對於你們自己的硬體產品，你怎麼看待我們？因此，這中間確實需要維持平衡。」[34]

不同於 Nexus 把安卓的軟體裝入第三方裝置，Pixel 把端到端（end-to-end）的使用者體驗完全交由 Google 掌控，包括一個未客製化的陽春版安卓系統。它給 Google 一個機會，重新改造消費者對這家公司的觀感。安卓的產品管理副總裁莎賓娜．艾利斯（Sabrina Ellis）說，「對 Google 這個依靠數據驅動的公司而言，很自然地，我們可以對我們的搜尋體驗做出快速的實驗，並透過數據了解運作情況。現在我們可以進行 beta 測試，提供我們眼中消費者真正需要的設計和手機規格。藉由 Pixel，我們向生態系說明，我們可利用安卓來做些什麼。我們正努力提高它的標準。」[35]

Google 在安卓與 Pixel 的團隊之間設立一道防火牆，目的是避免三星這類與安卓結盟，但與 Pixel 相互競爭的ＯＥＭ認定他們之間有偏袒或串通之舉。沒有政府部門或反壟斷的監管機構要求設置這道防火牆，而且它讓兩個部門之間的協調合作趨於不易。但到目前為止，這道防火牆避免了ＯＥＭ廠商為表達抗議而放棄使用安卓系統。它成了衡量彼此相互依賴關係的一個因素，這些廠商只需專注在品質、功能和價格上來與 Pixel 競爭。

我用過好幾代的 Pixel 手機，也很喜歡它們，不過目前為止，它仍是一個高端但低市占率的產品，沒有成為像二〇一六年時，ＯＥＭ擔心的「殺手級」手機。以二〇一九年年底而言，Pixel 在全球手機市場的銷售額只占了百分之〇．四。[36]即使強大如 Google 這樣的公司，想要消費者轉換他們習慣使用的手機都不是件容易的事。在艾利斯看來，這不光是顧客忠誠度或慣性的問題，「轉換品牌的賭注很大，因為轉換的成本——多花幾百美元，從蘋果或三星轉換到 Google 手機——非常高。」[37]

## 如何在維持成長的同時，不致引來監管單位的不滿？

二〇一八年七月十七日，歐盟的反托拉斯委員會宣布，針對安卓違反競爭的做法，對 Google 祭出五十一億美元的罰款。判決中聲稱，由於 Google 要求安卓驅動的裝置預先下載它本身的 app 套組，給了 Google 的 apps 和搜尋引擎不公平的優勢。歐盟要求 Google，從 Chrome 和搜尋（Search）剔除某些它提供給安卓合作夥伴的 apps。[38]這不只在歐洲，甚至全世界，都對安卓以合夥關係為基礎的商業模式帶來嚴重威脅。如果其他國家的監管機構也仿效此法，會發生什麼情況？

正如過去類似判決之後的做法（包括二〇一七年六月，歐盟的二十七億美元罰款），Google 在法庭和輿論上做出強力反擊。執行長桑達．皮采強調，Google 沒有要求任何 OEM 納入、推廣或偏好 Google 的服務；它交給每一家 OEM 自行決定。舉例來說，亞馬遜的 Fire 平板電腦使用安卓作業系統，但沒有預先裝設 Google 的 apps。雖然大部分安卓裝置預先下載了一些 apps（有些屬於 Google，有些不是），但消費者可輕鬆停用或刪除。同時皮采也主張，安卓沒有破壞競爭，反而透過它免費的發送擴大競爭；擴大了軟體開發商、手機製造商及消費者的選項。他聲稱，歐盟的判決將限制智慧型手機生態系裡所有人的選擇，最後總結，這項判決「傳遞了令人不安的訊息，表態支持專利系統而非開放平台」。[39]

Google 的首席法律顧問肯特．沃克（Kent Walker）進一步主張，安卓的商業模式讓開發商得以建構 apps，而不需撰寫數百種不同版本的程式碼，同時讓製造商可以客製化打造硬體，這點，可從消費者擁有數千種手機選項得到印證。對安卓實施禁令，會讓 app 開發商創造新內容時更困難——與歐盟希望擴大消費者選擇與產品競爭的目標背道而馳。

經歷這次鉅額罰款後，Google 透過法律行動、公部門遊說及公共關係的倡議持續對抗違反公平競爭的指控。舉例來說，在安卓的網站上，你會發現一份羅列詳細、措辭嚴謹的

「安卓事實」（Android facts）清單，說明這個作業系統如何支持整個行動產業的公平競爭和創新。[40]儘管 Google 發跡於反政府監管的矽谷新創公司，它的領導團隊明瞭，如今世界各國政府在公司的影響力地圖上有著重要位置。他們正運用必要的手眼協調能力來應對這些影響力。

安卓在公部門關係的對應——如同它與 OEMs 廠商、行動電信商、app 開發商和其他單位的關係——是巧妙調整策略的模範，隨時因應生態系的演化和持續浮現的挑戰。它得到的回報是令人嘆服的百分之八十到八十五的全球市占率，以及從中取得的滾滾財源。

## 把生態系做對

要塑造一個符合你目的的生態系，要深思熟慮，把資金和人力部署於長期而言，產業競爭決勝的區域。不同於產品設計、生產和派送，組織生態系需要深刻了解賽局參與者，理解其動機、特有強項及需要依賴些什麼。

在眾多賽局參與者之間應對，有時需要正面迎戰，例如與供應商談判時。有時則需要用間接的方式，例如：幫助在你生態系裡的其他人開發產品和服務，以達成和你本身產品和服務的互補效果。領導者可能被要求與不同大小和能力的公司協調合作，從龐大、具威脅性的成功機構，到嶄新、未經驗證的新創公司。

加州大學舊金山分校健康機構、Instacart、沃爾瑪及 Google，是型態迥異的機構，同樣具備卓越的手眼協調能力。他們知道，主動導引和組織生態系的其他成員，是一項攸關企業成敗的重要能力。在連結日益緊密的世界裡，打造生態系的能力益發重要，它不再只是一項競爭優勢，也關乎生存的必要條件。

### 系統領導者筆記 9

#### 組織生態系

- 發展出一張產業的影響力地圖及依存／影響圖表，幫助你的團隊理解，在你的產業中不同組成的彼此互動，以及哪些成員真正左右著其他成員的力量。
- 要清楚區分，你的公司是在試探某個領域（像是 Google 的 Pixel 手機）、或它構成了公司的成敗關鍵（比如沃爾瑪的低價策略）。這種區別會影響到你對生態系的合作夥伴需施壓的程度。

對可能限制你策略選項的政府規範謹慎以對，特別是當公司已經大到足以引起監管者的注意時。不管你喜不喜歡，政府的議程都可能左右你在市場的競爭格局——要正面看待政府規範。

# 第十二章

# 韌性：長期存活之道

我努力學習的一件事是，如何比創建機構那個世代的人們存續地更久。如何實現當初創建者的理想，同時也對現狀提出質問。

——薩蒂亞・納德拉（Satya Nadella），微軟執行長

對任何一家公司來說，永續經營都是終極的挑戰。最初幾年，數不盡的新創公司因為突破性的創新而展翅高飛，一旦競爭對手迎頭趕上或產業出現突如其來的變化，就一敗塗地。儘管新創界相信所謂的「快速失敗」（failing fast）和隨即轉向新的商業模式，不過這種策略的靈活運用說來容易，做起來卻不簡單。

不過，一些公司確實十年復十年，不斷找出調整和演進之法。不管時機好壞，他們持續打造公司名聲和品牌形象，即使創辦人早已退休或遠去。隨著時序變化，這些公司會做出明確區分，哪些原本讓公司立足市場的產品或服務，如今該被拋在腦後，又有哪些基本

價值和使命，可以而且該維繫，以作為公司的核心身分認同。

我把這種技能稱為韌性，並將其歸類為「力」的能力，因為它通常需要推動大規模的改變。Instagram 或 Slack 這類新創公司的創辦人，在一間辦公室跟二、三十位員工解釋策略轉向（strategic pivot）是一回事，但當領導團隊想在擁有幾萬甚至幾十萬名員工的公司進行產品、商業模式尤其心態轉型時，又是另一回事了。許多員工習慣原本的做事方法，反對甚至憎恨創新。當你要關閉幾十年歷史的工廠或大規模裁員時，發揮韌性可不容易。

回想我們討論過的，創辦於幾十年前甚至一百多年前，時空環境截然不同的公司：戴姆勒、米其林、沃爾瑪、強鹿機械、百威英博。或回想一下，詹姆·柯林斯（Jim Collins）和傑瑞·薄樂斯（Jerry Porras）合著的經典之作《基業長青》（*Built to Last*）列舉的一些長壽企業：3M、迪士尼、波音、索尼、寶僑。這些公司雖然各自不同，共同處則是清楚知道，本身的歷史和文化有哪些相關且重要，哪些可以安心捨棄。他們同樣具備度過艱困時期的韌性，並充分運用新的契機進行重組——許多時候，是藉由擴增公司創辦人未曾認知到的產品或服務。他們都充分利用品牌地位建立後，不需凡事完美無瑕的優勢；消費者會用耐心等待你從錯誤中復原，並在新時代重造你的產品。

在本章，我們先從三個發揮韌性的簡短例子開始。國家地理（National Geographic）證明了，一個在十九世紀就赫赫有名的機構，仍可在二十一世紀繼續蓬勃發展。一九八〇年代和一九九〇年代，微軟曾創造出前所未有的成果，並在二〇〇〇年代初期一連串策略錯誤後，展現韌性、重新復甦。就連相對較晚，一九九七年成立的 Netflix，也歷經過兩次重大的商業模式轉向，在內部和外部的質疑聲浪中完成兩次轉型。

之後，我們要探討的主要案例是嬌生公司，它在過去一百三十五年，持續不斷演進。嬌生的韌性有部分來自它著名的「公司信條」——董事長勞勃・伍德・強生撰寫於一九四三年，好讓決策符合公司的價值主張。公司領導者把科技當成一套工具，而非萬靈丹，努力在大範圍市場中保持競爭力。同時，它也面對一連串威脅品牌地位和聲譽的艱鉅法律和公關挑戰。

## 國家地理：老店新開

一八八八年，國家地理學會（National Geographic Society）成立於美國華府，目的是為了「增進與推廣地理知識」。三十三位共同創辦人涵蓋地理學家、探險家、教師、律師、地圖測繪者、軍官、金融家，希望鼓勵美國民眾對世界的好奇心。九個月後，他們發行《國家地理雜誌》（*National Geographic*），自從它的內容從偏技術性的文章轉向搭配圖片、符合大眾口味的文章後，發行量在一九〇〇年代初期衝上兩百萬份。很快地，國家地理因為它震撼人心、開創性的照片而知名，包括第一批關於天空、海洋及南、北極的彩色照片。[1]

幾十年內，國家地理學會成長為全球最大的非營利科學與教育機構之一。它仍把自己視為地球資源的守護者，持續致力於擴大觸及率。一八九〇年起，它已提供一萬四千個獎助金給全球七大洲的研究。根據其官網上的說法，補助項目包括：「在聖母峰最全面性的科學考察、增進理解在莫三比克的哥隆戈薩國家公園（Gorongosa National Park），人類與肉食動物的衝突、述說有助於解釋世界和其中事物的故事以及改變我們對大型猿類的理解，明瞭身為人類有何代表意義等突破性研究。」[2]

這個學會堅守其核心使命——「運用科學、探險、教育和說故事的力量，闡明並保護地球的奧妙」[3]——同時充分運用廣泛的新管道，包括：電視頻道、書籍、網站、紀錄片及在世界各地實際參與的活動。《國家地理雜誌》始終維持全美國前十大暢銷雜誌的位置，發行量約四百萬份，總觸及人口高達兩千八百萬人。[4]

二〇一五年，非營利的學會與二十一世紀福斯公司（21st Century Fox）合資創立營利的國家地理合夥有限公司（National Geographic Partners），對其眾多資產和刊物進行重組。（在二〇一九年的交易後，迪士尼取代了福斯的合資角色。）這個合資公司把百分之二十七的實得收益交給非營利的學會。基於它龐大的媒體資產組合，如今國家地理觸及成千上萬的人們，並在全球一百七十二個國家的電視頻道播出，還有四十一種語言的出版品。[5]

打從九歲起，我就愛上《國家地理雜誌》圖文並茂的內容。我的臥室牆上貼了一幅已知宇宙的海報；如今，它貼在我史丹佛大學辦公室。這種懷舊心情推動了品牌的忠誠度，也讓它繼續吸引新世代的粉絲。我兒子只透過他的手機，認識國家地理是個精彩酷炫影片的製作者。但不管任何形式，只要內容夠傑出，這個品牌的韌性將歷久不衰。

## 微軟：找到走出黑暗的韌性所在

微軟起家的故事，是每位科技創業者美夢的樣板。天資聰穎的書呆子（比爾．蓋茲，Bill Gates）自大學輟學，和他最好的朋友（保羅．艾倫，Paul Allen）以極少的資本創業，在持續成長的個人電腦市場（MS-DOS）中把軟體商品化，並在簽約談判中以計謀打敗全世界最大的公司（IBM），然後以成功的新產品為槓桿，推出下一個新產品（Windows和Office）；透過第一次公開上市賺得一大筆財富，成為世界首富和最有影響力的企業家。接著在退休後，開始透過大手筆的慈善事業拯救世人。全劇終。上字卡。

當然，微軟前二十五年的故事沒這麼簡單。不過，我們還是把重點放在二〇〇〇年一月，蓋茲從執行長的位子退休，交棒給史蒂夫．巴爾默（Steve Ballmer）後發生的事。接下來的十四年，多半被視為微軟公司史上最黑暗的時期，幾乎完全失去了它在一九九〇年代，技術和戰略的制高點。在巴爾默領導下，這家公司似乎原地踏步，對既有產品提供了一些多餘且人們不感興趣的升級，例如：二〇〇七年，普遍受到惡評的 Windows Vista 作業系統。就算微軟力圖創新，結果往往被批評為比不上蘋果這類令人振奮的公司。還記得二〇〇六年，人們拿著 iPod 跟 Zune 做了一番比較嗎？*

在股價持續低迷十年後，巴爾默面臨股東和媒體不留情的批評，二〇一二年，《富比世》專欄甚至稱呼他是「美國大型公開上市公司最糟的執行長」，因為他「把微軟帶離了最快速的成長，同時也最有利可圖的科技市場。」[6] 董事會最後總算在二〇一三年把巴爾默請下台，由微軟雲端與企業部門負責人薩蒂亞．納德拉（Satya Nadella）接任。

二〇一四年納德拉接任後，人們讚美他，重新找回當初讓微軟偉大的一些價值——不是對舊產品的盲目崇拜，而是曾驅策蓋茲和艾倫兩人，以科技為導向的進取精神。這家公司主打的雲端產品，特別是大為成功的 Office 365 和其他應用的訂用模式，重振了微軟的股價及其過去的威名。它的 Surface 平板個人電腦和其他硬體產品也廣獲好評。

* Zune 是命運多舛的 MP3 播放器，原本要挑戰 iPod，卻飽受專業人士和評論家嘲笑。在《Engadget》一篇典型的評論文章如此結論道：「聽過『要麼別做，要不就大幹一場』（Go big or go home）這句話嗎？如今的 Zune，唯一轟轟烈烈的是它的宣傳廣告。」(https://www.engadget.com/2006-11-15-zune-review.html)

二〇一九年被《華爾街日報》問到靈感來源時，納德拉回答說，「在企業和機構領導者保持相關性所做的辛苦努力中，我努力學習的一件事是，機構如何比創建機構那個世代的人們存續地更久。如何實現當初創建者的理想，也對現狀提出質問。」[7] 這是對韌性所做很好的總結：要度過艱困時刻，你要分辨組織裡哪些是不變的本質，哪些是無關緊要，可以也該被質疑的細節。

## 網飛：二度再創品牌的勇氣

比起這一章討論的其他公司，擁有二十三年歷史的網飛（Netflix）只能算是初生之犢。相對年輕的資歷，也讓 Netflix 成了韌性為何重要，以及如何鍛鍊韌性的一個好例子。即使是年輕的公司，也不見得容易分辨，什麼是公司的核心使命，什麼是次要的產品和服務。要轉向新的商業模式需要韌性（也需洞察力和勇氣）——理想狀態下，你該在危機迫使你轉向前率先行動。

一九九七年，里德．哈斯汀斯（Reed Hastings）和馬克．蘭朵夫（Marc Randolph）在聖塔克魯斯（Santa Cruz）創辦了 Netflix，它的地理位置遠離被網路狂熱吞噬的舊金山灣區和矽谷。他們知道，有種服務肯定不乏需求——幫助想租賃電影和電視節目影帶的人們，省去開車到錄影帶店借帶和還帶的麻煩。Netflix 的用戶可到它的網站排定想觀看的ＤＶＤ順序，等它們郵寄到家裡的信箱，歸還時只需裝進郵資已付的信封寄回去就好了。[8]

如今回過頭來看，似乎沒那麼創新，不過 Netflix 的確做出突破性的設計，改良巧妙的倉儲和貨件追蹤系統，讓它們的ＤＶＤ可在全美各地流通，把損壞和延誤減至最低。試過服務的人們都愛上它的便利，以及無限期把ＤＶＤ放在家裡，無須額外收費的好處；唯一的問題是，假如不歸還前面的ＤＶＤ，就沒辦法收到接下來要看的影片。Netflix取消逾時歸還的費用、派送的障礙和影片缺貨的挫折感，為消費者提供了在百視達（Blockbuster）這個主宰影片租賃平台之外的另一個選項。到了一九九九年，網飛全美訂戶達到約十萬人，它從按片計費改成按月付費，可無限租片的模式。[9]這個轉變，讓它透過口碑行銷，成長地更快。

到了二〇〇六年，網飛已經擁有超過六百萬名美國訂戶，其於二〇〇二年，首次公開募股後的股價也已水漲船高。沒有競爭對手能在郵寄租賃的市場與其抗衡。不過，哈斯汀斯和他的團隊知道，光靠實體的ＤＶＤ不足以讓公司維持領先地位。他們開始在內部推動創新發展，按需求提供串流影音的服務。二〇〇七年，這個新選項的推出，正好適逢美國家庭使用高速網路達到關鍵數量的時刻。

一開始，網飛提供的串流內容遠遠少於ＤＶＤ能提供的電影和電視節目，使用者的體驗也無法始終保持順暢。一些批評者和股東質疑，消費者明明對DVD的服務非常滿意，公司為何要投入那麼多錢在串流上。二〇一一年，批評聲浪愈加激烈，當時 Netflix 宣布，計畫把DVD租賃業務拆分成獨立的公司 Qwikster。哈斯汀斯宣布這項改變的部落格發文，引來了兩萬七千則多是負面的嚴厲批評，其中一個評論說，「把網飛拆開成網飛和 Qwikster 兩家公司，是從新可口可樂（New Coke）以來最糟的商業決定。」[10]股價連續下挫兩個月，最後計畫宣告流產。

不過，儘管 Qwikster 引發大混亂，哈斯汀斯認為串流才是未來的想法完全正確，即使當時DVD仍然提供了使用者更廣泛的娛樂。截至二〇一二年，這家公司增加了兩千六百萬名美國訂戶。當然，如今多數美國 Netflix 的訂戶都只訂用它的串流服務（二〇一九年的六千兩百五十萬訂戶當中，有六千零一十萬人訂用網路串流）。[11]這間公司在正確的時機點做了正確的轉向，延續它提供美好娛樂的核心使命。

網飛另一項重大轉變，是製作自己的原創內容，一開始是二〇一一年，以一億美元買下《紙牌屋》（*House of Cards*），集合一線的編導陣容，包括導演大衛・芬奇（David Fincher）、凱文・史貝西（Kevin Spacy）和羅賓・萊特（Robin Wright）等演員。這項舉動讓好萊塢為之震動，如《紐約時報》的報導，「這項交易立刻讓 Netflix 成為頂級電視製作的賽局參與者。《紙牌屋》這部政治影集的內容和形式彷彿傳統電視劇，但播送方式不同……。它將透過網飛的推薦引擎進行行銷。同時，它可能一口氣上架好幾集節目，因為訂戶可能喜歡花時間拼命追劇……。透過《紙牌屋》的授權，網飛可說把自己推上了好萊塢，成為ＨＢＯ這類頻道的另類選擇——也展現出它樂於花大錢，投資高品質的節目。」[12]

朝網路串流轉向的鉅額投資引來一些質疑，特別是主流的好萊塢電影公司一致認定，投資娛樂產業需要專業的經驗和敏銳的嗅覺，這是專研數據和演算法的 Netflix 欠缺的。不過，哈斯汀斯和他的團隊再次展現了洞見與勇氣，知道要在領先之際持續演進，而非被動坐等問題浮現。他們知道，Netflix 作為別人內容的平台，不可能維持長期成長。因為其他競爭者也會開始打造他們自己的串流平台，屆時必會限制 Netflix 取得使用者真正喜歡的電影和電視節目。要長期生存，勢必要打造出一座完全屬於網飛的高品質內容圖書館。

到了今天，就如哈斯汀斯預測，基本上每個主要媒體公司都擁有自己的串流影音平台。但網飛持續蓬勃發展，光是二〇二〇年第一季，全球新訂戶總數就增加了一千五百八十萬人，這也歸功於新冠肺炎疫情讓串流服務的需求暴增。根據《華爾街日報》報導，「幾部大受歡迎的原創作品讓這一季的使用量大增，其中包括：第三季的電視影集《黑錢勝地》（*Ozark*）和紀錄片連續劇《虎王》（*Tiger King: Murder, Mayhem and Madness*）。根據 Netflix，《虎王》有六千四百萬名會員的收視戶收看。」[13]

網飛示範了馬拉松選手——而非短跑選手——的思維和訓練。隨著未來幾年，它所處產業的競爭日趨激烈，它鍛鍊韌性的努力也將持續得到回報。

## 嬌生公司：面臨新挑戰的老派既存者

一八八六年，嬌生公司由三個兄弟創辦於紐澤西（New Jersey），販售使用便利的手術藥膏和繃帶，之後也賣急救包、嬰兒爽身粉及各種個人用品。它在一九二四年把事業擴展到英國，之後又到墨西哥、南非、澳洲、阿根廷、巴西及菲律賓。[14]一九五九年，它收購了美國的麥克尼爾實驗室（McNeil Labs）和歐洲的西拉格（Cilag），成為大型製藥公司。[15]之後的一九六一年，嬌生收購楊森製藥（Janssen Pharmaceuticals），鞏固了它以研發為基礎的全球主要藥廠地位。至今，持續擴展全球的消費用品、醫療、製藥產業。

如今，這個集團的規模和廣度令人望之興嘆，並在二〇一九年創造了八百二十億美元的營收。它超過兩百五十個品牌生產眾多經典產品，許多品牌都自成一家。包括：

- 非處方藥和消費性產品，如：泰諾（Tylenol）、美林（Motrin）、苯那君（Benadryl）、奔肌（Bengay）、依莫瀉（Imodium）、保胃健（Pepcid）、速達服（Sudafed）、李施德霖（Listerine）、Band-Aid、嬌爽（Stayfree）、胃能達

（Mylanta）。

- 食品品牌，如：善品糖（Splenda）和力康特（Lactaid）。
- 化妝品和皮膚保養品牌，如：可伶可俐（Clean & Clear）、露得清（Neutrogena）、艾惟諾（Aveeno）、bebe、落健（Rogaine）、露比黎登（Lubriderm）。
- 護眼產品，如：安視優（Acuvue）和維西納（Visine）。
- 醫療器材品牌，如：愛可倫（Acclarent）、賽瑞諾華斯（Cerenovus）、曼陀（Mentor）。[16]

儘管有這些強大的消費品牌，嬌生公司足足有一半營收來自製藥部門，他們製作諸如：類克（Remicade，治療風濕性關節炎）、喜達諾（Stelara，治療乾癬）以及澤珂錠（Zytiga，治療前列腺癌）等處方藥。製藥產品對公司營收尤其重要，其稅前利潤約百分之三十一，比起消費性產品的百分之十七和醫療器材集團的百分之十六高許多。[17]

我們討論 23andMe 時就可以看到，處方藥產業的商業模式是高風險與高報酬。它花費數十億美元資金投資研發和試驗重要的新藥品。但藥品發明後，在美國的專利期限只有二十年，這包括在美國食藥署出了名的嚴格許可過程中，試驗藥品及取得專利的時間，不管它共花了多少年。實務上，像嬌生這樣的公司，使用一種新藥品套利的時間大約只有十年，之後其他公司就可以生產同類型的仿作藥品，壓縮它以頂級價格銷售的能力。[18]

自二〇一二年接任嬌生公司執行長的亞歷士・戈斯基在二〇一八年二月來到我的「企業家兩難」課程上。他就清楚意識到，嬌生公司過去的成就，公司對抗阿茲海默症、HIV及癌症的角色讓他引以為傲。他同時也深知嬌生公司三大產業（製藥、醫療器材、民生消費用品）並非成功的保證。除了要和顛覆性的生物科技新創公司及傳統大藥廠競爭外，在面對一連串法律訴訟、鴉片類藥物的危機及外界不滿處方藥高價的批評聲浪下，需努力恢復公司聲譽。

## 「公司信條」扮演嬌生與時俱進的基礎

戈斯基遵循嬌生七十七年來的公司信條：重視對消費者帶來的結果，這個公司信條始終扮演公司變與不變的指導方針。它是公司韌性的關鍵元素。身為創辦人家族成員，從一九三二年到一九六三年擔任董事主席的勞勃・強生，在一九四三年公司公開上市前夕，也是所謂「企業社會責任」未曾被討論過的年代，寫下了公司信條。在公司的簡介中可以讀到，「我們的信條不只是道德指引。我們相信它也是企業成功的秘方。嬌生公司是少數經歷一個世紀的變動，仍繁榮發展的公司，這本身就是一個明證。」[19]

公司信條談的是做事的優先順序，而非策略或產品。它刻意把股東和收益擺在最後，使用嬌生產品的人們、製造產品的員工及公共利益排在前面。基本上，勞勃．強生建議他未來的繼任者，決策時都要兼顧對這些人的責任。這份堪稱美國企業標誌性的文件，值得我們詳讀全文：

我們相信，我們的首要責任在於病患、醫師和護理人員，在於我們的父母和所有其他使用我們產品和服務的人們。為了符合他們的需要，我們做的所有產品都要有高品質。我們持續努力提供價值、降低成本和維持合理價格。客戶的訂單需即時且正確地做出回應。我們的商業夥伴需得到公平獲利的機會。

我們要對世界各地與我們共事的員工負責。我們需提供完整的工作環境，每個人都被當成個體看待。我們需尊重他們的多元和尊嚴，並認可其價值。他們對工作要有安全感、成就感和目的性。酬勞需公平且足夠，工作條件需乾淨、有序與安全。我們要支持員工的健康和福祉，協助他們履行對家人和其他個人的責任。員工要能自在地發表建議和批評。對符合資格的員工提供聘雇、發展和晉升的公平機會。我們要提供有能力的領導者，他們的行為需公正且合乎道德。

我們對我們居住和工作的社群，及世界共同體要負起責任。必須幫助人們活得更健康，協助在全世界更多地方提供資源和照護。必須做好公民——支持善行和慈善工作，改善衛生和教育並承擔應付的稅款。必須妥善管理獲得授權使用的財物，保護環境和自然資源。

最後，要為我們的股東負責。企業需穩固獲利。我們要實驗新的想法。研究工作必須持續下去，發展創新計畫，為未來做投資，為錯誤付出代價。我們需購買新的設備、提供新的廠房並推出新的產品。並且要建立危難時刻所需的預備金。當我們根據這些原則來營運，股東們理當得到合理的回報。[20]

不像某些公司，類似使命宣言寫完就忘，嬌生公司把公司信條刻在它總部大門入口的一大面牆上。這份信條在世界其他分支單位，也展示於顯著之處。每位新進人員都會被耳提面命，每位員工也被要求填寫年度調查，評估公司是否確實實踐這些信條。嬌生的資深主管信誓旦旦地說，這絕不是喊口號。其中一位在會談中告訴我，「你在公司待越久，越了解它的重要性，以及它如何影響公司決策。它帶來的公司文化是，不同意見會得到尊重，病患需求絕對、真的擺在第一。」

戈斯基知道，如今民眾對大企業的不信任，遠超過勞勃·強生的年代，製藥業尤其如此。他說，公司信條闡述的原則提醒每位嬌生員工，要把大數據、人工智慧、基因組學

（genomics）及其他新科技當成工具，絕不能當成目的。戈斯基提醒他的主管，專注於把病患的結果當成優先要務。他知道一旦忘了初衷，科技也無法挽救公司。

## 以拓展事業線作為長期成長的關鍵

戈斯基強調，嬌生公司韌性的另一個重要面向，是它龐大的產品線和消費性的品牌組合。「當你在一個產業待超過一百三十年，自然會出現有些業務上升、有些下降的週期循環。我們在所有涉足的產業裡都經歷過如此情況。這也是我們能連續五十五年股息增加，連續三十四年獲得AAA信用評等的原因之一。」[21]一個八百二十億美元的企業集團要追求成長並非易事，戈斯基的公司成長策略，是以其科技和全球資源為槓桿，將其運用在有最佳機會的所在，不管在製藥、醫療器材或民生消費品上。

他提到，身為執行長要督導龐雜的事業體，一天中可能就要參加好幾個會議；從關於最新癌症的療法，到機器人外科手術的新方法，再到關於露得清的新廣告該選珍妮佛．安妮斯頓（Jennifer Aniston）還是凱莉．華盛頓（Kerry Washington）擔綱主角。即使是遠低於執行長層級的員工們，也可受益於產品多樣性：「你可以在嬌生公司工作，又成為小單位新創公司的一分子，之後還可以擴大它的規模，經營一個數十億美元的部門。」[22]

二〇〇〇年代後期，對於人類基因組、診斷學、生物製劑（biologic）及其背後疾病之細胞生物學的認識，出現了重大突破。製藥公司開始把開發特殊藥物列為優先要務，這類藥物的潛在病患比初級照護的病患少了許多，但往往可以透過低成本和較高的價格達成商業化的目標。此外，這類藥物也不需像初級照護藥品一樣，投入大筆行銷費用。

一開始，嬌生公司對於市場的變化毫無準備。到了二〇〇九年，它已預見將因專利到期而減少近九十億美元的營收，這會導致其製藥部門的營收減少三分之一。更值得警惕的是，嬌生公司的通路缺少重要的新藥來取代這些專利到期的藥物，部分原因是，它的組織架構不是為了特殊藥物的新趨勢設計。同時，它也過度注重可能觸及數百萬病患的大眾市場藥品，未能重新分配資源和人才來投入利基藥物（niche drug）；這類藥物或許只會觸及十萬名病患，但仍享有很高的獲利。

在戈斯基領導下，嬌生公司將其拓展方向從初級醫療用品轉到心血管、新陳代謝、免疫系統、傳染病及腫瘤醫學（oncology）等領域。二〇一七年收購了愛可泰隆（Actelion）之後，又拓展到肺動脈高壓（pilmonary hypertension）的領域。到了二〇二〇年，它已擁有十二個各自超過十億美元價值的藥品，還有一個新冠肺炎疫苗已經準備進行臨床試驗。[23]

## 擁抱並培養創新精神，並以此打造韌性

戈斯基相信，假如勞勃．強生今天還在經營這間公司，應該會雇用數據科學家來找出基因資訊的巨大數據組隱藏的祕密，還會找來人工智慧專家，偵測一些疾病中，可能被醫師忽略的早期預警訊號。他絕不允許既有的產品成為研究和開發新產品的阻礙。

讓戈斯基感到興奮的新技術是CRISPR（中譯全名為「常間回文重複序列叢集關聯蛋白」），讓醫療專業人員「編輯」會導致遺傳疾病的DNA片段。透過修改目標細胞，讓其「自行毀滅」（self-destruct），CRISPR可用來摧毀對抗生素有抗體的細菌。[24]另一個令人振奮的新科技是被稱為CAR-T療法的癌症治療方法，它抽取病患免疫系統裡，負責判定身體對外來抗原免疫反應特異性的T細胞。[25]被取出的T細胞透過基因工程，產生合成的接受器，被重新輸入病患體內後，可以辨認並附著在腫瘤細胞上。

在嬌生加速開發高科技醫療方法的同時，也面臨一連串新的競爭。風險基金投資人開始大筆投資生技的新創公司，他們占據更好的位置，可把賭注放在未經驗證的技術上，因為他們較精簡的結構可比大藥廠更快、更靈活地轉向。同時，亞馬遜也開始進軍多個區段的醫療保健市場，並在二〇一八年收購線上藥局PillPack，然後也以種子基金投資非營利的醫療機構Haven，投資於人工智慧的醫療工具，並和匹茲堡健康數據聯盟（Pittsburgh

Health Data Alliance）結盟，展開癌症診斷、醫療成像和精準醫療的創新研究。蘋果投資在軟、硬體方面的科技，像是Apple Watch可儲存病患的醫療資訊，並進行測量脈搏和心電圖（EKG）等基本檢測。Google進行了收集和分析美國健康紀錄的工作，到二〇二〇年為止，已經收集了數千萬名病患的病歷紀錄。[26]

目前，這些科技巨頭在藥物開發上雖然還不能和大藥廠競爭，但他們擁有的病患數據已構成嬌生公司未來的挑戰。不過，至少短期內，嬌生的深厚專業提供了對抗新進者的強大保護。不管是生物科技的新創公司或蘋果和Google這樣的科技巨頭，幾乎都不可能快速駕馭取得新藥的開發、試驗、許可及配送的複雜作業。嬌生公司與食藥署和其他監管機構的深厚關係，也是一項重要的競爭優勢。

戈斯基與我們班上談話時，對基因組分析法創新工作的熱情頗具傳染力（請原諒我用了雙關語）。他談到，嬌生正努力結合不同的腫瘤診斷方法，以在早期診斷出癌症。他談到，雲端運算連結全世界科學家的威力，及網路直接把實用內容傳送給消費者的力量。

他說：「我在這個產業待了近三十年，想不出有比此刻更令人振奮的時刻，因為科學和技術正出現大爆炸。實際上，我們已接近治療HIV和C型肝炎。幾年前，我做過髖關節置換手術，現在做完手術幾小時後，就可以拿著助步器走路。效果著實驚人。」[27]

## 進行結盟，以防落入「非我所創症候群」

許多歷史悠久的公司，基於過往創新的歷史而對外來的創新不屑一顧，以致落入所謂的「非我所創症候群」（not invented here syndrome）。但嬌生公司展現自信，把結盟當成商業模式重要的一部分，明瞭他們的公司信條沒有要求他們創新必須自內部而生。對公司來說，真正重要的是不斷向任何的可能來源學習，包括嬌生自己投資的生技新創公司在內。

戈斯基提到，「我無比幸運地和約十三萬四千名同事一起工作，他們非常聰明、認真、勤奮、重視價值。他們讓我們成為今天的樣子，沒有這群員工，我們就不可能做到。不過我們也知道，我們沒辦法什麼都做。所以你看整個嬌生集團，不管製藥或醫療器材或民生消費品部門，大約有百分之五十的時間是自行在內部發掘和開發事物。另外一半的時間，我們向外尋求協助，這是過去二十年來的情況。我們對哪裡有最好的科學和技術，抱持不可知的態度。特別是今日科學的發展，若不持續和外界連結，和學術中心、創投界、新創公司建立關係，就無法維持在時代尖端。」[28]

嬌生與生技新創公司的合夥關係中，提供的好處包括全球製造作業、臨床發展和監管規定的專業，及派送給成千上萬潛在消費者的肌肉力道。這些優勢可為新的生技公司帶來互補，令其在尋求科技領先的腳步上，比大藥廠更快轉向。二十年來，嬌生建立了四個不同的結盟計畫，藉以向外尋找最令人振奮的發現，並將其納入它的生產機器：

- JLABS 是八個生命科學的育成中心系統，按月收費，提供新創公司實驗室、技術指導及研究社團。這個計畫雖然沒有附加條款，但嬌生公司藉此和使用設施的新創公司建立關係，搶在其他大藥廠之前投資他們的研究。
- 創新中心（Innovation Centers）設於四個研究熱點：波士頓、南舊金山、倫敦和上海。這些熱點可接觸到當地極早期的醫療健康新創公司。
- JJDC 是嬌生公司的創投部門，負責投資前景看好的新創公司，包括：最早期的種子資金到第二輪投資（Series B），以及隨後的資金挹注。
- 楊森事業開發（以一九六一年收購的楊森製藥公司〔Janssen〕命名）負責與知名藥廠和中型到大型生技公司的結盟或收購計畫。

為了極大化結盟的影響力，一旦外部的研究工作進展更快，嬌生公司就會撤銷內部同類型的研究計畫。這等於向外部的公司保證，他們不會有偏袒內部研究人員的情況。

## 法律和公關挑戰：運用韌性，度過危機

儘管在戈斯基擔任執行長期間，各方面都取得進展，這段期間公司也經歷一連串法律和公關問題。它的產品安全和行銷做法收到超過十萬次訴訟，牽涉到的產品像是：含滑石粉成分的嬰兒爽身粉，抗精神病藥物理思必妥（Risperdal）及類鴉片藥物。

整個製藥產業都經歷過類似問題，以致喪失過去提供救命藥物的好名聲。其中聲譽一蹶不振的最糟例子，或許就是人稱「製藥哥」（Pharma Bro）的馬丁．史科雷利（Martin Shkreli），他惡意抬高救命藥物價格並詐騙投資人。[29] 毫不誇張的說法是，在某些圈子裡，大藥廠惡名昭彰的程度不輸大菸草公司——他們被形容成不知節制、只知賺錢的貪婪巨頭，毫不在意自己的產品會危害人們。連桑德斯（Bernie Sanders）和川普（Donald Trump）這般天差地遠的政治人物都同聲批評這個產業胡亂哄抬價格，顯然情況不大妙。根據二〇一八年的艾德曼信任度調查報告（Edelman Trust Barometer），只有百分之三十八的美國人信任製藥公司。[30]

在這個不受歡迎的產業裡，嬌生公司也面對著格外不利的新聞報導。舉例來說，二〇一九年，它因為在鴉片類藥品危機中的角色，而被命令償付五．七二億美金給奧克拉荷馬州政府；一個月後，又因為顧慮石棉危害健康的數千起官司，被迫回收三萬三千瓶嬌生嬰

兒爽身粉。嬌生公司還面臨骨盆腔人工網膜補片產品（Pelvic Mesh Products）引來的數萬起訴訟，以及不當行銷抗精神病藥物理思必妥，遭法院判賠八十億美元。雖然嬌生公司對這些訴訟提出抗辯，但這些新聞事件已經重創公司名聲，導致二〇一九年時，原本名列前茅的信譽跌至五十八家藥商的第五十七名。[31]

公司信譽的崩壞格外令人不安，因為隨著隱私法日益嚴格地限制企業取得消費者的數據，嬌生公司比過去更需要爭取消費者的信賴和同意。它透過社群媒體和利基網站這類工具，努力深化與消費者的直接關係。不過，如果人們一開始就把嬌生當成大壞蛋，這些策略還會有用嗎？

影響製藥業聲譽最大的問題，或許源於公眾對藥品價格飆漲的強烈不滿。如二〇一九年，美國總統參選人桑德斯說的，「如今，美國人用全世界最高的價格購買處方藥。這導致了醫療照護危機，每五位美國成年人當中，就有一人負擔不起需要的藥品。」[32]他的政見提出建立單一保險人醫療照護系統（single-payer healthcare system），得到越來越多人支持。即使許多美國人反對單一保險人制度，他們多半也支持公共保險的選項，好讓人們在面對大藥廠時有更多協商籌碼。[33]按照美國目前的情況，超過九百家健康保險公司自行和製藥商協商，他們沒有太多可運用的籌碼，因為前十大保險業者總共只稍稍超過保險市場的百分之五十。[34]此外，多數美國人都是透過雇主提供的健康保險，自然而然，藥廠沒有太多競爭壓力，需降低專利藥品的價格。

大藥廠多半把藥品成本高漲的責任，歸罪給藥品福利管理公司（pharmacy benefit managers，通稱 PBMs）——如：快捷藥方（Express Scripts）、保健標誌（Caremark）、臥騰（Optum），它們負責為健康保險公司管理處方藥的福利。藥品福利管理公司往往在藥廠的定價上，加上看不見但高昂的成本加成。為了說明這套制度的缺失，嬌生公司帶頭發起價格透明化的運動。二〇一九年，它成了第一家在電視廣告上公布藥品定價的藥廠。此外，它也發布了劃時代的「楊森美國透明度報告」（Janssen U.S. Transparency Report），公開列出主要藥品的定價、採購折現、折扣和實價。如此鉅細靡遺地公開藥品定價，可說史無前例，也得到媒體讚許。不過嬌生公司也知道，儘管做到價格透明化，隨著人口高齡化，藥品需求更勝以往，藥品定價的爭議在未來將越來越烈。

近來一些跡象顯示，嬌生公司的形象止跌回升。一份二〇二〇年的美國官方研究推論，沒有強烈證據顯示，嬰兒爽身粉與卵巢癌有關。[35] 嬌生公司在理思必妥的訴訟得到公開的勝利，罰款從原本的八十億美元減至六百八十萬美元。[36] 儘管二〇一九年，訴訟案件的數量達到高峰，但嬌生的股價表現仍勝過其他大藥廠。[37] 從二〇一二年，戈斯基上台以來，股價大致翻了一倍。對一個營收達到八百二十億美元的企業巨頭而言，仍相當可觀。

嬌生公司相信，長期來看，多數消費者最在意產品好壞，而非法律訴訟的新聞、定價或政府監管。戈斯基相信，不管最簡單的非處方藥或最複雜的癌症治療，只要公司能持續推動創新來改善人們的生活，多數人終將再次把嬌生公司視為地球上的正面力量。

總結來說，他對公司憑藉韌性，度過艱困時期保有信心。如他在我課堂上的總結，「你必須不斷思考你的策略、資源及模式——根據你消費者的演進、他們做決定的不同方式及你所引入的新能力。若無法持續進化，就沒辦法成功。」[38]

## 把韌性做對

這聽來有點弔詭，韌性和力量代表了持續性，但卻必須透過不斷改變及不斷演化的文化才能達成。就像運動員一樣，一家公司不可能長期採用一樣的訓練方法；必須增加跑步機的里程數或重量訓練的磅數。

韌性也需在整個公司維持一致性。在嬌生這樣的公司裡，每個事業單位都努力維持各自領域的競爭力，也爭取在公司的內部競爭保持領先。在某些情況下，共同分享後端平台和最佳實作方法當然合理，但在公司裡，強制要求齊頭式平等卻可能損害其韌性。

最後，公司的文化與價值觀可以扮演導引員工的指針，強化他們致力於長期的公司使命。以國家地理而言，其使命是傳播知識。之於微軟，是發展軟體幫助人們工作與溝通。

對Netflix而言，則是以最好的媒體派送服務，提供娛樂給全世界。至於嬌生公司，是為了病患、醫師、護理人員及其他所有使用公司產品的人們服務。這個具有公共精神的使命，可激發員工持續勤奮工作的韌性，建立一個持久的傳承，度過所有公司必經的高低起伏。

## 系統領導者筆記10

### 韌性

- 把顧客的結果當成公司表現的主要推動力。了解你的產品與服務，對客戶事業或個人生活的影響，可讓你正確且有效地運用資源。
- 要確認，你公司的使命之於公司每個人都清楚容易理解；不論順境或困境，都能當成公司的指導原則。如果不行，就要改變。
- 推動變革需要深思熟慮。即使處理潛在的生存威脅時，也要對公司的整體發展途徑展現信心。有點弔詭的是，想被視為可永續經營的機構，必須不斷行動，把改變和演進當成常態，而非恐慌的理由。

第四部

# 系統領導的力量

腦與力的框架提供了一套方法，讓你評估公司在整合關鍵數位與實體活動的表現。第二部和第三部討論的十種核心能力，提供了一般衡量標準之外的、比較你的公司和競爭對手的新方法。

最終，你的目的並非只是衡量這些能力——而是要透過推動組織變革來提升這些能力。我遇過最好的企業領導者都是系統領導者——擅長融合數位與實體的最佳做法，辨識即將興起的模式，同時在快速變化的環境中做出關鍵決策。

最後一章，我們將探索系統領導者的關鍵特質，仔細審視兩位展現系統領導力的執行長。

第十三章

# 系統領導者：推動腦與力的持續進步

如果你今天要選人擔任你的職務，你還會選你自己嗎？比起當初接到這個職務時，你是否仍是這項職務的最佳人選？若已經不是，你打算怎麼做？

——卡翠娜．雷克（Katrina Lake），Stitch Fix 執行董事主席

我向全世界各地的聽眾教導腦與力的框架，從跨國企業到遍及各大洲的新創公司。每次說完這些概念後，最常聽到的問題是，「我懂了，但我要從哪裡開始？」他們說，這些機會令人感到振奮，但運用這些機會的挑戰卻叫人卻步。我回答的方式是請聽眾們問問自己，以下四個關鍵問題：

1. 整合數位和實體的趨勢，對你的客戶和他們的事業代表什麼意義？
2. 你公司的核心技術和關係，可以提供什麼競爭優勢？

3. 你客戶需要的產品和服務，哪些是你目前無法提供的？
4. 在快速變化的時代裡，你如何擴大視野、查看脈絡、擁抱風險，成為一個傑出的領導者？

這些問題探觸到「系統領導」（Systems Leadership）的核心，你在本書中不斷看到這個詞彙，包括前面十章所附的「筆記」。我用這個詞彙來形容把一個組織的腦與力極大化的技藝和科學。在最後一章，讓我們更準確地探討系統領導意指為何，以及你如何增進它，而它和腦與力的能力又有何關聯。首先，我們來看看兩位傑出的系統領導者，在兩間型態迥異的公司展示不斷推動進步的必要性——Stitch Fix 的卡翠娜・雷克（Katrina Lake）和埃森哲（Accenture）的茱莉・希特（Julie Seet）。

## 系統領導的迫切性

我把系統領導定義為，同時用不同觀點，熟練掌握流程和策略的能力。互異的觀點包括：實體和數位、市場廣度和市場深度、短程和長程，有利於公司和有利於公司生態系的。系統領導者結合了理解公司技術和商業模式的智商（IQ），和打造有效率團隊並激發其最大潛能的情商（EQ）。他們運用短期執行能力來達成本年度的財政目標，推動五年內還看不出成效的變革。他們同時掌握大的圖像和基本細節。他們理解，組織裡的所有元素對內部和外部利害關係人的影響，以及內部和外部的互動如何塑造公司的營收結果。

我向一位「財星五百大」的執行長描述系統領導，他的回應是，「哇，聽起來好難。」他說的顯然沒錯。不過系統領導的難就和跑馬拉松、彈吉他、做微積分，或在高速公路開車的困難一樣。基本上，這些能力都不需特殊天份。關鍵在於，長期努力學習並熟練正確的技能。它的實作練習更重於天份能力。

若你從頭閱讀本書到此，相信你已具備成為系統領導者的智慧和情緒。但你需要選擇去履行這項目標，因為這將大大影響你的職涯發展。它會決定你晉升到與你才華匹配的職位，或者一路受困。同時，不管你是為大型既存者或小型新創者工作，你掌握系統領導和十項腦與力的核心能力，將決定公司成敗。這個賭注不可謂不高。

## 系統領導vs.傳統領導

傳統上，主管經由某個特定領域：營運、工程、銷售、行銷或財務專業，晉升為資深管理人員。負責一個事業部門或整家公司時，他們的背景自然會對其看待公司全貌的觀點有所影響和偏頗。為兼顧其他面向，他們往往非常依賴其他部門的專業同仁，像是研究與開發、人力資源、法律和政府關係的部門。領導者可能設定概略的目標，指派部屬負責細節，預設具能力的團隊成員可讓一切運作順利。他們沒必要在每個部門的細節上都事必躬親。

但是，現代企業的複雜度讓這個運作方式顯得過時。如今，每個內部功能更加相互依賴；舉例來說，業務部門小小的策略變動，可能讓製造與財務部門雞飛狗跳，反之亦然。尤有甚者，公司外部生態系的所有夥伴、競爭對手及客戶，都可能隨時撼動原本仔細擬定好的計畫。也因此，今日的領導者相較於過去，需要更廣泛的專業和技能。他們要更善於整合各個部分，提供客戶和股東最好的價值。

這不是說，你必須無所不能，或把公司所有面向的所有細節銘記於心。這不可能有人做得到。但要有充分的了解，才能與各方面的專家進行有意義的交流對話。你必須有足夠的認識，詢問適當的問題，雖然自己不必然能解答它們。接下來你要思考的是，你能從這些專家身上學到什麼，以及他們的觀點如何納入你的公司，以及公司生態系的合夥者其策略優先要務的大圖像中。最後，也要有自信和勇氣，在極不確定的狀態下做決策，因為打安全牌和固守現況只會帶來大災難。

要發展出這些知識的廣度，你必須致力於終身學習，對新體驗保持敞開。之中可能包括：閱讀人工智慧的文章，幫你從未交談過的同事買咖啡，或開通 TikTok 的帳號以理解 Z 世代的人們。總之，這代表突破你的資訊泡泡——抗拒自己只想和同背景的人待在一起的心態，因為這些人是用和你相同的角度看待世界。

## 統合兩種思維

表 13.1 快速比較了典型的矽谷／數位領導者（左）、傳統／產業領導者（中）及系統領導者。讓我們依據六項挑戰對其進行探討。

數位思維者的執念，是要打造規模可無限延展的水平平台。比如說，臉書在地球上人人都使用臉書產品前，絕不會心滿意足；率先加入的二十五億人，根本未達到他們一半的目標。接下來的也是自然而然；數位思維者偏好軟體勝過硬體，因為它的規模化比任何實體產品容易許多。他們最理想的結果是贏者全拿，因為數位市場往往會出現定於一尊的市場主導者（像 Google 在搜尋領域，或 Uber 在共乘市場）。他們最理想的員工是彈性工作的——也許是兼差的零工，或每隔一、兩年就不安於室想換跑道的人。他們最理想的客戶是樂於接受單一基本產品的人們，這讓他們更容易擴大規模。他們最理想的政府是放任主義的（libertarian），對民間市場做最小程度的規範和干涉。

## 表13.1　系統領導者的二元性

| | 數位思維者 | 實體思維者 | 系統領導者 |
|---|---|---|---|
| 定位 | 水平（平台） | 垂直（領域） | 水平垂直兩軸都可以延伸規模 |
| 技術 | 軟體（平台） | 硬體（資產） | 有作業前端的創新平台 |
| 結果 | 贏者全拿 | 持續提升 | 占主導地位的分額 |
| 工作者 | 具彈性／零工 | 晉升／具忠誠度 | 組合式的職涯 |
| 客戶 | 單一平台 | 「個別單位」 | 可客製化的商用現貨（COTS） |
| 政府 | 自由放任 | 積極參與 | 維持均衡 |

實體思維的人則有截然不同的優先順序和價值觀。一般而言，他們具備特定領域的專業，著重於垂直成功——在一個較狹隘但深度的市場建造美好的產品，例如賓士車的經營者。垂直式成功往往建立在硬體基礎上，它的成果多半透過持續的改良來界定。比如，如果漢堡王（Burger King's）的營收成長比麥當勞和溫蒂漢堡多了百分之二，就是成功的一年。從過去的歷史來看，如果通用汽車讓它的雪佛蘭（Chevy）節省百分之二的油或提升百分之五的速度，就是一次勝利。實體思維的人鼓勵員工在組織裡待上多年，從組織記憶（institutional memory）中汲取利潤。他們把客戶設想成喜歡客製化解決方案的「個別單位」（units of one）；公司目標是提供有特色的解決方案來鎖定客戶。同時他

們認為，政府的規範與監管並無問題，他們只需熟練掌握與公部門的關係來取得競爭優勢。

系統領導者結合這兩套技能和思維模式。同時理解軟體和硬體，重視垂直的專業和水平的規模。他們不會一意追求，達到像亞馬遜一樣贏者全拿的主宰地位，但也期待更全面的成果，而不是為了爭搶一點點市占率而斤斤計較。他們嘗試透過提供（財務和情感上的）各種福利來建立員工忠誠度，但也明白，如今幾乎不再有人會在同一家公司待上幾十年。他們理想中的客戶是尋求「可客製化的現貨」（customizable off the shelf，簡稱 COTS）的解決方案，讓它們可以輕鬆依據個別需要進行修改。（看看Netflix的演算法，它提供科幻影迷和浪漫喜劇迷各不相同的瀏覽體驗。）此外，系統領導者理想中的政府是平衡的——適度規範產品和保護工作者，但不做過度規範，扼殺創新或損害到消費者。

## 無樂譜可循的交響樂指揮

我們可以把系統領導者想像成交響樂指揮，圍繞他身邊的，不只是公司各部門的功能，還有一些外在的力量，像是有高要求的客戶、強勢的競爭對手以及非全然可靠的系統合夥者。多數指揮家出身單一樂器的專業，但站上指揮台時，就必須開闊自己的視野。好的指揮家重新調適耳朵，接納所有樂器，讓它們和諧運作。不過，這個比喻有部分不適用，因為指揮家有一份樂譜，明確指引每個樂器對一份作品的作用。但系統領導者是持續地在不確定的狀態下運作，不能確知下一步會發生什麼事，而且雖然沒有樂譜，但他知道基本的音調，必須鼓勵團隊一起和諧演奏出音樂。

系統領導者依靠他們的能力辨識模式，應用過去的經驗面對新的情勢。他們有清晰的目標，要增進客戶的生活與財富，同時有勇氣領導員工進入未知的領域。底下五個部分會說明，這些充滿勇氣的指揮家，如何運用交響樂的各部做出最佳表現，而不至於讓整體演出變成雜亂的噪音。

## 在交會點運作

在交會點運作（operating at intersection）意味著同時尋求多個目標，因為你知道，每部分的成功將帶來比個別力量相加還強大的增效作用（synergies）。這項技能綜合了多項我們前面探討過的「腦」與「力」能力。交會點的出現，可能有多種類型：

- **創新技術與創新商業模式的交會**。這個強大的結合力量推動當代最成功的幾家公司，包括前面幾章談到的許多例子。比如我們可以回想一下，愛齊科技如何把最先進的科技（數位掃描和3D列印）融合到創新的商業模式中（讓牙醫師成為渠道的合作夥伴，以提供成人的齒列矯正），帶給消費者具吸引力的利益（透過便利、負擔得起、幾乎不露痕跡的過程，得到一口整齊的牙齒）。愛齊科技光靠它的新科技或新商業模式，或許都可以獲得成功，但增效作用讓它取得更大規模的訂單。

- **短期結果與長期變革的交會**。過去，公司會擢升的領導者是經營事業單位良好，可根據計畫達成季度和年度目標的主管。也可能讚揚能洞見未來，規劃公司未來五或十年新策略的思想家。不過，營運者和創新者被當成各不相屬的群體，有大不同的技能組合。如今恰好相反，系統領導者要知道如何大規模營運及如何執行創新管理。他們在這個交會點得到最大的滿足。回想一下，百威英博的佩卓・亞普嘗試擴大今日微型的精釀啤酒品牌，也實驗大膽嶄新的方式，提供啤酒給未來的消費者。
- **全球力量與在地專業的交會**。在有挑戰性的市場，同時充分運用這兩種資產。我們可以回想，米其林如何在中國發展它「全球在地化」的策略，來和中國低成本的輪胎製造商競爭。它找出品質和價格的甜蜜點，讓其他全球輪胎大廠或中國本地的對手都難以匹敵。

有時，在交會點運作的意思是，在看似不相關的事業之間找出隱而未現的關聯性。想想看，三星如何發現它半導體的製造過程——它需要無塵室、眾多資本設備及強大的營運紀律——和製藥過程的相似性。這家公司的領導者最後推論出，他們在一個產業的競爭力可以運用在截然不同的另一個產業上。如今，有點令人難以置信的是，三星是全世界最大的學名藥（generic biologic drugs）製造商。

系統領導者持續在「我們已擅長的」和「還有什麼是可能利用這些技能來做的」之間，找尋潛在的交會處。

## 預測未來並預作準備

即使你不是專業的未來學家（futurist），也知道哪些科技在未來至少十年內，會持續對商業和社會帶來衝擊，它們包括：機器人、數據分析、人工智慧、機器學習、雲端運算、區塊鏈及增材製造。你的挑戰在於，設想這些創新會如何影響到你組織的各個面向，包括：行政管理、研發、銷售及製造等核心部門。不管你喜不喜歡，這些領域都有些職務即將消失、被淘汰，而在我們還想像不到的一些領域，則會有新的職務需求被創造出來。

這些無可避免的趨勢，迫使系統領導者做出困難的決定，而且越早越好。他們的內耳幫助他們思考，哪些東西要自行生產，哪些要向供應商購買。肌肉幫助他們明智地建立規模，增加或精簡員工，來替換已經消失的舊職位。前額葉皮質幫助他們權衡，太快做出太多改變與落後業界五到十年之間的風險。

做出這些關於未來的困難決定時，要注意在自己職涯中發展出的偏見。有偏見並不丟臉，重點是要有自覺，知道自己有誤判的可能。我在英特爾和奇異電氣等公司被訓練成擔綱事業單位的營運者，也在矽谷新創公司擔任主管和執行長，因此我會從營運的角度看待機會。工程師、會計師、銷售代表或律師出身的人，會用不同的方式看待世界。

另一個在預測未來時的可能誤區是團體盲思（groupthink）。我最喜歡的一句格言出自剛退休的 BNSF 鐵路公司執行長卡爾·艾斯（Carl Ice）。他說，「在你自己的會議室裡，你說的永遠都對。」系統領導者在直接的報告之外，會尋求來源可靠的外界意見。他們會不時走出辦公室，巡視偏遠的廠房，或和非正式的顧問碰面，最好兩者都有。艾斯告訴我們班上，每年他都會在他的鐵路上旅行超過一萬兩千英哩，如此一來，便可見識到鐵路第一手的營運狀況。[1] 任何人有理解產業的足夠洞見，有足夠坦率來挑戰領導者的結論，都可能扮演新想法的測試者或提出反對意見的魔鬼代言人（devil's advocate）。

## 管理情境脈絡

情境脈絡（context）被定義為「構成某個事件、陳述、概念的環境，透過它，得以完整理解和評估。」[2]孤立存在的事實（fact）並非真相（truth）；如果你沒理解它的情境脈絡，可能造成嚴重的誤解。為了強調這點，我常利用從前奇異電氣執行長兼史丹佛同事伊梅特（Jeff Immelt）學到的等式，以投影片放給班上學生看：

### 真相＝事實＋情境脈絡

底下是情境脈絡改變時出現的例子。一九八〇年代，大部分美國企業領導者把全球化視為無庸置疑的善，是個（透過離岸外包，offshoring）降低供應和勞動成本，把更多東西賣到全世界的方法。但過去十年，雖然全球自由貿易的基本元素沒有太大改變，但情境脈絡已經不同。中國成了新崛起的全球霸權，不再只是廉價生產球鞋和手機的地方。離岸外包嚴重破壞了美國中西部廣大地區的工業，帶來鴉片危機、極端民粹政治等種種後果。即使在德國，雖然中國是它最大的貿易夥伴，如今也出現來自中國公司不曾預期到的競爭。[3]與其一頭栽進全球化，追求浮面的利益，系統領導者會花些時間從更廣泛的情境脈絡來思考。

管理情境脈絡的另一例，出現在我教導社群媒體的案例研究。我詢問班上同學，為什麼近年來臉書廣泛受到憎惡，同為科技巨頭的Google——同樣會追蹤用戶的行為並據以變現——卻能躲避這種負面評價。我的學生也感到不解，直到一位客座的講者指出，Google宣示的公司使命是組織全世界的資訊來幫忙你找出任何你想找的東西。假如Google的搜索幫你找到了某樣東西，它不會在意，這個資訊存在於它自己的網站或其他地方。他們的目標是提供你足夠協助，讓你想有所回饋，而非引誘你每天花幾小時，進入圍著高牆的內容園地。換句話說，臉書的商業模式之於臉書，聽起來很棒：使用者對消費和分享內容會上癮，這讓他們平台上的精準行銷更有效率。只有當你想到使用者不滿的情緒和被剝削感受等情境脈絡時，你才看得出這個商業模式長期的危險性。

系統領導者會思考，他們透過任何媒介，分享每個員工的訊息的情境脈絡。他們絕不會忘了，風險與不確定性會嚇壞許多人。要求他們改變運作多年的習慣，比較有效的方式是透過平靜而堅定的決心，而非恐嚇。在冷靜、滿懷信心的脈絡下可幫助你走得更長遠，即便你心裡一點也不平靜。嘗試跟員工解釋情況時，你要說出口的是，「基於這些理由，我們必須改變，我們知道怎麼去做，讓我們開始吧！」這是推動變革的有力方式。

系統領導者出自財務、銷售、行銷或其他非技術部門的背景，往往需要額外心力來嫻熟、掌握公司的技術。多花時間去閱讀和進行研究是值得的，讓你得以更充分地掌握資訊，更能與實際編寫程式和設計機器的人交流討論。前諾基亞董事主席里斯托・席拉斯馬（Risto Siilasmaa）提到，他為什麼參加人工智慧和機器學習的課程：「我長期擔任執行長，已經習慣由人們跟我解釋事情。其他人努力工作，我專注於想出對的問題。有時候，執行長和董事長們可能覺得理解技術上零零碎碎的細節不是他們角色的工作，他們只需專注考慮：『創造股東的價值』。另一方面，他們可能覺得自己學不會一些看起來很複雜的東西，因此就不考慮嘗試。這兩者都不是創業者該有的心態。」[4]

透過學習、聆聽和展現對專家的同理心，構成我所謂的產品經理思維。在許多公司裡，產品經理位在輪型公司組織圖（wheel-shaped org chart）的軸心位置，持續不斷與工程、消費者、製造、銷售、財務、研發及其他部門互動。聽起來這個部門的整合工作很有趣，不過（至少在矽谷）這是非常困難的差事。你要負責和你產品相關的所有一切，但你對影響產品成敗的人卻沒有直接的指揮權。關鍵的技能是人際互動上的：學習如何與各部門不同人格類型的人們相處。系統領導者要在公司其他人之前，注意傾聽這些專家們的需求及他們可能找出的任何問題。他的目標是變得八面玲瓏，可融入任何內部的次文化，贏得原生專業者的尊重。[5]一位偉大的產品經理可以得到每個人的支持，人們會說「她懂得我們的需求，會努力為我們爭取」。

比起產品經理，系統領導者通常在營運上有更大的權威，因此也不能抱怨，凡事都要負責，卻什麼都指揮不來。不過，學習像產品經理一樣思考，好處非常大。它幫助你深入探索你產品背後的技術和公司的生態系。注意聆聽專家的說法，並運用杏仁核，對他們關切的問題展現同理心。當你必須做出令某些部門不滿的決定時，你良好的關係——「她是跟我們站在同一邊的」——可減緩反彈的聲浪。

## 在不確定性與破壞中「擁抱風險」

財經理論告訴我們，在變動不安的時刻，要格外小心地採取規避風險（risk off）的思維。不過系統領導者通常會反其道而行。情勢越動盪時，他們越擁抱風險（risk on），正面迎戰挑戰，而非被動地坐觀事態在他的公司或產業中演變。他們學習如何管理自己和團隊的焦慮感。在本書中，我們遇到的系統領導者，不管是像 Stripe 這類的顛覆者或強鹿機械這樣的既存者，都運用前額葉皮質，鼓起勇氣採用未經驗證的高風險策略。

帶領人們度過不確定的一個方法，是先觀察自己如何運用時間，因為你的人們一定也在觀察你。不管你在演說或電子郵件裡說了什麼，你的行動會給組織傳遞明確的訊息，讓他們知道什麼是你認為重要的。英特爾（Intel）最具代表性的執行長安迪・葛洛夫（Andy Grove）在他的經典著作《10倍速時代》（*Only the Paranoid Survive*）證明了這點；書中，他翻印了一位跨國大企業執行長在公司重大轉折點一個星期的桌上行事曆。這位領導者容許自己花許多時間參與許多非實務的會議和廠房的巡視，全然無視手邊的危機。[6]

另一點，注意技能與運氣之間的差異。若你翻看過往的職涯，你過去的成功是否真的全依賴你的才華和勤奮工作？或者只是在對的時間站在對的位置，進而掌握某個重大機會？承認運氣扮演的角色不會損害你的成就，但可讓你免於傲慢自滿。華倫・巴菲特（Warren Buffett）說過一句名言，「潮水退去，才知道誰在裸泳。」這句話不只適用於運氣好的財富管理人，也適用於運氣好的企業領導者。

最後，來看看兩位系統領導者，對這些思維方式與人格特質所做的最好示範。

## 卡翠娜・雷克：撼動時尚零售業

線上零售商 Stitch Fix 的創辦人兼執行董事主席卡翠娜・雷克是一位破壞性變革的專

家。二〇一一年，她開始在競爭者眾的市場推出新型的購物顧問服務。Stitch Fix的顧客不需到精品店請人幫忙挑選服飾，只需填寫個人穿著品味的問卷，便交給一個有人工智慧演算法支援的真人造型師做建議。這位造型專家會送出包含五款衣物的「調整」（fix），消費者可決定留下哪些，哪些要用預付郵資、預填地址的信封袋退回去。到二〇二一年年初為止，這家公司在創立的前十年已賣出價值六十億美元的服飾，這完全是原先預想不到的，平均每位消費者在加入的第一年，花費五百美元。[7]

二〇一七年五月，《紐約時報》提到，「在零售業的戰場上，布滿消費者行為變化的傷亡者。購物者在網路上尋找更好的折扣，百貨公司經營困難，一些風行一時的品牌如今永久退場。這時，還出現了Stitch Fix這家服飾郵購服務公司，它提供的服飾消費者幾乎沒有太多選擇，而且品牌的服裝、褲子、配件也不打折。儘管這個商業模式有違傳統商業邏輯，Stitch Fix照樣持續成長。」[8]

雖然一開始，雷克被大約五十家心存懷疑的創投資金拒絕，這家公司仍在二〇一七年十一月成功地首次公開上市，她也成為領導新創公司上市的最年輕女性。她在競爭激烈的市場中成為創新的顛覆者，矽谷的偶像。她展現多數系統領導者具備的充分自信和自知之明，這點在她二〇一九年四月及二〇二一年一月，兩度到訪我的課堂時展露無遺。

雷克可以深入淺出，清楚闡釋她公司的各個主要面向，包括：時尚、大數據、人工智慧、品牌營造、行銷及職場文化。她深深投入 Stitch Fix 生態系的大圖像，也能暢談公司產品與服務最微小的一些細節。雷克和她的團隊擴展公司到新的市場和新的消費族群（例如：男裝和童裝），她致力於維繫公司最大的競爭優勢——結合分析法、時尚及消費者服務的獨特能力——以推動獨特的購物體驗。

雷克提到，Stitch Fix 的系統得以讓消費者對自己選擇買或不買的服裝提出最詳盡的回饋反應，調查問卷提出合身程度的明確問題（消費者可以對服飾提供意見，像是襯衫或洋裝上衣第一顆鈕扣的高度、牛仔褲後口袋的位置等等），讓實體零售業者難以企及。即使是亞馬遜想提供類似的服飾服務，也做不到這種鉅細靡遺的程度。Stitch Fix 運用這些數據，不只為消費者提供更好的建議，也把資訊回饋給上千家服飾品牌，讓他們得以改善自身的產品。

Stitch Fix 把一個可水平擴展規模的事業，融合足夠程度的客製化，讓消費者成為長期顧客。它由公司超過三千名造型師提供獨特的個人化建議，並隨著人們持續使用這套服務並提供更多回饋，變得越來越準確。Stitch Fix 這個結合規模與親密度的商業模式，其他服飾零售業者除非做出大規模改組，否則幾乎不可能仿效。

雷克不滿足於這個競爭優勢，她還不斷尋求各方面的改善。她相信，個人成長與公司成長緊密相關；假如：一個公司成長了百分之四十，它的員工必須自問，他們自己是否也成長了百分之四十。每隔幾年，她也會問自己和她的團隊一些其他問題：「如果今天你要找人擔任你的職務，你還會選你自己嗎？比起當初接到這個職務時，你是否仍是這項職務的最佳人選？若已不是，你打算怎麼做？」這些話題多半讓人不自在，特別是那些因為過去的傑出表現而坐上今天職位的人，但如今，需要新的技能來應對產業變化的人們。不過，這些問題也是推動職能發展的有效方式。

雷克在強調雇用多樣化團隊的重要性時，採用非常特別的定義。她不只找尋在人口組成上的多樣性，也評估新進人員是否與公司文化契合（cultural fit），甚至最好是為公司的「文化加乘」（cultural add）。她認為，任何組織如果只招募能反映既有文化和價值的新人——就算反映了性別、族群、年齡等等的多元性——公司將可能有團體盲思和出現盲點的危險。

Stitch Fix 是一個「腦」與「力」的混生種，結合創新演算法、大數據的熟練運用、真人設計師的同理心及強健的物流脊椎，來回運送數以百萬計的服飾。這家公司的快速成長，多處要歸功於雷克願意「擁抱風險」，而非迴避困難的決定；公司也藉著這樣的商業模式，在其他服飾品牌備受疫情衝擊之際，仍持續蓬勃發展。她知道朝向破壞性創新前進，是避免成為新科技與新趨勢之被動接受者（passive receiver）的最好方法。同時也是鍛鍊韌性的機會，讓 Stitch Fix 未來能對抗目前還設想不到的產業顛覆做法。

在寫作本書接近尾聲的時刻，雷克二度造訪我在史丹佛的課堂。這場與學生的對話是一項挑戰，因為有些學生熱情擁戴這家公司，其他一些人則對 Stitch Fix 長期差異化的潛力抱持懷疑。雷克仍因這家公司的眾多商機保持信心和熱情，但在這次課程進行後不久，她的角色從執行長換成執行董事主席（Executive Chairperson）。即使是雷克這位成功的顛覆者，也時時面對時尚零售產業不斷演進帶來的衝擊。系統領導者不可能宣告自己已經得到永久的勝利，因為競爭對手、市場、消費者永遠都不會停止變化，這些變化有時還朝向未曾預期的方向。但這一切都不會減損雷克打造一間開創性公司的成就；不過，每一天都代表新的威脅，它可能是亞馬遜，也可能是名不見經傳的新創公司。

## 茱莉．史威特：重新改造「力」的諮詢巨頭

埃森哲（Accenture）的歷史，可追溯到一九五〇年代初的安達信會計公司（Arthur Andersen）。一九八九年，安達信與安盛諮詢（Andersen Consulting）成了有共同股東但各自獨立的事業體和法人，獲利分配的問題導致兩者的緊張關係。二〇〇〇年透過仲裁結果，兩家公司正式拆夥；二〇〇一年，安盛諮詢採用了「埃森哲」的公司新名稱——正好及時避開了導致安達信毀於一旦的安隆（Enron）會計醜聞。[9]

二十年後，埃森哲是科技導向的諮詢業要角，它的五十一萬四千名員工，創造出四百四十三億美元的年營收，員工遍布全球五十一國，為一百二十個國家的客戶服務。[10]如果任何公司需要協助打造IT策略、雲端服務、全球系統整合、資訊安全甚至支援各類的垂直領域，如：數位廣告、建立更穩定的供應鏈或重新改造製造和營運作業，都很可能向埃森哲尋求協助。不過這個強大的市場位置，一路走來並不容易。

二〇一九年二月，茱莉．史威特在我的班上談話。幾個月後，她從北美區執行長晉升為全球執行長。二〇一〇年，她以法務長的職務加入埃森哲；她的法律背景讓她在這個多半是工程師和企管碩士的公司裡，具備他人稀缺的視野。史威特在公司的前十年，以全球管理團隊的一員成為公司不可或缺的角色，並從二〇一五年開始負責經營埃森哲最大的一塊市場，為公司帶來快速擴張和服務轉型——從原本既有科技的後端整合者角色，轉變成最先進的人工智慧、安全、雲端儲存、量子運算，甚至廣告技術的先驅者。用矽谷的行話來說，埃森哲「抬高了技術層級」（moved up the technical stack）＊，提供其客戶更精巧、更有價值的服務。

如今，史威特結合系統領導者的基本技能，領導埃森哲持續演進：預測未來並預作準備；採取「產品經理」思維；掌握變化的生態系背景脈絡；在艱困競爭中保持冷靜。她運用埃森哲的規模（肌肉），擴展眾多新類型的服務，在全球一百二十個國家以全球在地化的方式營運。她同時兼顧埃森哲服務客戶的核心使命，以開放的態度對其他部分進行變革——包括：公司組織圖、成功的衡量標準以及員工薪酬的作業方式。她持續擴展自己在廣告這類新領域的知識，以服務新類型的客戶。在重新改造埃森哲的過程中，也樂於和不願調整和成長的資深主管分道揚鑣。

二〇一九年，史威特告訴我的班上，「我們提供給客戶服務的一切都已經變了。八年前，我們在數位、雲端、安全的業務占不到百分之十。如今已超過百分之六十。為了推動這些業務，我們對埃森哲做了徹頭徹尾的轉型。最基本的改變在於思維模式。八年前，讓我們引以為傲的是，我們能快速跟隨他人腳步，並且不做大規模投資。如今，我們是以創新為導向的公司，同時大量投資於我們的技術和能力。」[11]

埃森哲已經找出有創意的方式，在它既有的人力資源裡重新開發人才。比如，埃森哲沒有新聘雇成千上萬的新員工來提供新的服務，而是挑戰員工們如何讓他們的工作自動化。他們透過訓練課程來掌握新技能，在展示他們如何將原本工作自動化後，才算畢業，並因此可以晉升到新職務。史威特告訴我們，透過把這些過程遊戲化（gamifying），埃森

＊譯註：原文 "moved up the technical stack"，字面意思是提升了技術棧。technical stack（或譯「技術棧」）在科技業指的是建構和執行軟體的所有技術服務的清單。

哲已對超過三十萬名員工進行數位、雲端、安全的再訓練，在保留組織知識（institutional knowledge）的同時，持續推動終身學習。

如今，埃森哲出人意表地成了數位廣告的領先者，是公司推動變革的另一個好例子。根據二〇一八年《華爾街日報》的報導，聯合利華（Unilever）這家消費產品的龍頭已將原本「廣告狂人」（Mad Men）風格的創意宣傳，轉向專注於數位驅動的分析法和精準的線上標靶廣告。埃森哲以互動的做法提供這類型的服務，著重於設計和營造美好體驗，並和主要的廣告代理商一爭長短。埃森哲的互動行銷團隊（interactive marketing group）主管告訴《華爾街日報》，要製作巧妙的汽車廣告或許不該找埃森哲，但埃森哲具備的專業可以幫助汽車製造商重新改造整體的購車體驗。[12]

史威特解釋說，「你必須透過對科技的深度了解，運用人工智慧和分析法來理解顧客。它不僅是一套技能組合。這是埃森哲的獨到之處。」[13]她也強調跨足新市場所需要的人才多樣性。「如今，埃森哲互動（Accenture Interactive）是全世界最大的數位廣告代理商（digital as agency）。這些人多半在工作室工作。他們的工作方式大不相同。讓我們感到驕傲的是，公司以『多文化的文化』（culture of cultures）來服務客戶。」[14]

史威特也具備強大的內耳來平衡持有和結盟。這家公司必須和各類型的公司維持健全關係，從：SAP公司、甲骨文（Oracle）和微軟等軟體龍頭到較小的公司，還有讓作業自動化的低程式碼平台Appian——它讓生命科學產業的公司可專注於生物製藥的創新。埃森哲在官網上寫道，「公司與廣泛生態系的主要合作夥伴結盟，協助你藉由科技推展你的事業。」[15]底下，接著是數百家公司的連結。組織這個龐大的生態系需要強大的手眼協調及對背景脈絡的敏銳理解。埃森哲時時刻刻都必須判斷，要加入哪些領域競爭，哪些該留給它的合作夥伴。史威特相信，為客戶提供服務的最好方式就是提供他們最好的科技，即使這個科技要透過第三方取得。

二〇二〇年十月，《財星》雜誌將史威特列為年度企業界最具權勢女性第一名，並提到，埃森哲在她擔任執行長的第一年獲利就提升百分之七，同時，「史威特領導埃森哲遍布五十一個國家，逾五十萬名員工度過疫情期間，而這場危機讓這家公司的技能變得更加重要……。在新冠疫情蔓延之際，這家公司運用這套專業，協助遠距連結英國一百二十萬名國民健保署（National Health Service）的員工，並和賽富時（Salesforce）在追蹤接觸者和疫苗管理科技（vaccine management technology）方面結盟合作。」[16]

埃森者這間結合「腦」與「力」的公司，在全球疫情蔓延之際都能持續發展，未來確實充滿光明。

## 數位和實體的新世界

二〇二一年年初，我完成本書的寫作；過去一年的經歷讓所有和破壞、不確定、快速變化相關的流行語成了令人發噱的含蓄說法。二〇二〇年一月，我看到中國出現新病毒的新聞時，還曾懷疑它有任何特殊的重要性。到了十二月，我覺得自己已經成為遠距教學的專業老手，固定從家中的辦公室進行線上課程和工作坊，參與的企業主管和學生遠至雅加達、吉隆坡、里約熱內盧、倫敦、利雅德、斯德哥爾摩和芝加哥。我也不斷升級我的居家辦公室，添購高解析度的４Ｋ攝影機、工作室燈光以及更好的音響系統。

雖然我無法準確預測，疫情結束後我們「新常態」（new normal）的完整樣貌為何，但我知道親自現身做報告、飛來飛去開會演說的過往已經一去不復返。到了今天，我已經可以透過科技，在千里之外提供有吸引力、可進行互動的教學體驗。這些新的解決方案實在太過方便有效，不可能就此銷聲匿跡。放眼未來，我預期自己會根據實際需求來選擇適當的形式，進行結合現場和線上的會議和活動。

我的將來和各位一樣，必然是數位和實體、虛擬和現場、創新和傳統以及腦力與體力的最佳混合。祝願大家在適應這個未來時，持續扮演系統領導者的旅程一切順利。

# 註釋

## 第11章

1. Much of the background information on Daimler in this chapter is adapted from the Stanford GSB case study E-642 “Daimler: Reinventing Mobility” by Amadeus Orleans and Robert E. Siegel, copyright 2017 by the Board of Trustees of the Leland Stanford Junior University.
2. https://www.mercedes-benz.com/en/classic/museum/ (1/6/21).
3. Greg Schneider and Kimberly Edds, “Fans of GM Electric Car Fight the Crusher,” *Washington Post*, March 10, 2005.
4. “The Electric Car Revolution Is Accelerating,” *Bloomberg Businessweek*, July 6, 2017.
5. https://twitter.com/elonmusk/status/912036765287845888 (1/6/21).
6. https://twitter.com/Daimler/status/912349809662496768 (1/6/21).
7. “All Tesla Cars Being Produced Now Have Full Self-Driving Hardware,” Tesla Press Release, October 19, 2016.
8. “GM and Cruise Announce First Mass-Production Self-Driving Car,” TechCrunch, September 11, 2017.
9. https://www.car2go.com/US/en/ (1/6/21).
10. https://www.businessinsider.com/mytaxi-has-just-dropped-its-prices-by-50-after-tfl-took-ubers-licence-2017-9 (1/6/21).
11. https://www.mercedes-benz.com/en/innovation/connected/car-to-x-communication/ (1/7/21).
12. https://www.statista.com/statistics/233743/vehicle-sales-in-china/ (1/25/21).
13. https://www.iea.org/reports/global-ev-outlook-2020 (1/25/21).
14. https://insideevs.com/news/394229/plugin-electric-car-sales-china-2019/(1/25/21).
15. Orleans and Siegel, Interview with Nicholas Speeks.
16. Orleans and Siegel, Interview with Dr. Uwe Ernstberge.
17. Orelans and Siegel, Interview with Markus Schäfer.
18. “Workers at Daimler in Germany Fight for Their Future Jobs,” IndustriALL Global Union, June 29, 2017.
19. Interview with Wilko Stark.
20. https://www.forbes.com/sites/bradtempleton/2020/06/26/amazon-buys-self-driving-company-zoox-for-12b-and-may-rule-the-world/?sh=1ac8e109769c (1/26/21).
21. https://www.axios.com/apple-car-what-we-know-421ac809-2560-4609-8f66-809dd5f80d71.html (1/26/21).
22. https://www.ft.com/content/047507bb-d5b8-44cb-bc20-06efb983eac7 (1/26/21).
23. Much of the background information on 23andMe in this chapter is adapted from the Stanford GSB case study E-688 “23andMe: A Virtuous Loop” by Jeffrey Conn and Robert E. Siegel, copyright 2019 by the Board of Trustees of the Leland Stanford Junior University.
24. Conn and Siegel, Interview with Anne Wojcicki.
25. Conn and Siegel, Interview with Anne Wojcicki.

26. https://www.fda.gov/news-events/press-announcements/fda-allows-marketing-first-direct-consumer-tests-provide-genetic-risk-information-certain-conditions (1/7/21).
27. Heather Murphy, "Don't Count on 23andMe to Detect Most Breast Cancer Risks, Study Warns," *New York Times*, April 16, 2019, https://www.nytimes.com/2019/04/16/health/23andme-brca-gene-testing.html (1/7/21).
28. Conn and Siegel, Interview with Anne Wojcicki.
29. Conn and Siegel, Interview with Roelof Botha, June 28, 2019.
30. "Lark Health and 23andMe Collaborate to Integrate Genetic Information in Two New Health Programs," 23andMe website, January 8, 2019.
31. Conn and Siegel, Interview with Dr. Emily Conley.
32. Conn and Siegel, Interview with Anne Wojcicki.

## 第11章

1. Dana Mattioli, "Amazon Scooped Up Data from Its Own Sellers to Launch Competing Products," *Wall Street Journal*, April 23, 2020.
2. Nicholas Confessor, "Cambridge Analytica and Facebook: The Scandal and the Fallout So Far," *New York Times*, April 4, 2018.
3. Much of the background information on Schwab in this chapter is adapted from the Stanford GSB case study SM-282 "Charles Schwab Corp in 2017," by Julie Makinen and Robert E. Siegel, copyright 2017 by the Board of Trustees of the Leland Stanford Junior University.
4. John Kador, *Charles Schwab: How One Company Beat Wall Street and Reinvented the Brokerage Industry* (Hoboken, NJ: John Wiley & Sons, Inc., 2002), p. 54.
5. Ibid.
6. Makinen and Siegel, Interview with Walt Bettinger, August 17, 2017.
7. Makinen and Siegel, Interview with Walt Bettinger, August 17, 2017.
8. Interview with Walt Bettinger, June 17, 2020.
9. Lisa Beilfuss, "How Schwab Ate Wall Street," *Wall Street Journal*, April 28, 2019.
10. https://www.aboutschwab.com/who-we-are (1/8/21).
11. Document from Charles Schwab Corp.
12. Interview with Walt Bettinger, June 17, 2020.
13. Interview with Walt Bettinger, June 17, 2020.
14. Makinen and Siegel, Interview with Walt Bettinger, August 17, 2017.
15. Alexander Osipovich and Lisa Beilfuss, "Why 'Free Trading' on Robinhood Isn't Really Free," *Wall Street Journal*, November 9, 2018.
16. Interview with Walt Bettinger, June 17, 2020.
17. Maggie Fitzgerald, "Charles Schwab Says Broker's Move to Zero Commissions Was an Ultimate Goal for the Firm," CNBC.com, October 7, 2019.
18. Makinen and Siegel, Interview with Walt Bettinger, August 17, 2017.
19. Makinen and Siegel, Interview with Joe Martinetto.
20. Makinen and Siegel, Interview with Joe Martinetto.
21. https://www.cnbc.com/2021/01/28/robinhood-interactive-brokers-restrict-trading-in-gamestop-s.html (3/28/21).
22. Interview with Walt Bettinger, June 17, 2020.
23. Makinen and Siegel, Interview with Tim Heier.
24. Makinen and Siegel, Interview with Tim Heier.

25. https://www.wsj.com/articles/charles-schwab-to-buy-td-ameritrade-for-26 -billion-11574681426 (1/8/21).
26. Makinen and Siegel, Interview with Mike Hecht.
27. Makinen and Siegel, Interview with Joe Martinetto.
28. Makinen and Siegel, Interview with Joe Martinetto.
29. Makinen and Siegel, Interview with Tim Heier.
30. Theresa W. Carey, "Robo-Advisors 2019: Still Waiting for the Revolution," Investopedia, September 24, 2019.

## 第四章

1. https://www.lego.com/en-us/aboutus/lego-group/the-lego-group-history/(1/9/21).
2. https://www.legoland.com/about/ (1/9/21).
3. https://www.nytimes.com/2009/09/06/business/global/06lego.html (1/9/21).
4. https://www.boxofficemojo.com/release/rl643728897/ (1/9/21).
5. Gabe Cohn, "What's on TV Wednesday: Lego Masters," *New York Times*, February 5, 2020.
6. https://www.lego.com/en-us/aboutus/news/2020/march/annual-results/(1/9/21).
7. David Pogue, "Software as a Monthly Rental," *New York Times*, July 3, 2013.
8. Phil Knight, *Shoe Dog*, Simon & Schuster, 2016.
9. https://news.nike.com/news/nike-inc-reports-fiscal-2019-fourth-quarter-and-full-year-results (1/9/21).
10. https://www.aligntech.com/about (1/9/21).
11. Anne Coughlin, Julie Hennessey, and Andrei Najjar, "Invisalign: Orthodontics Unwired," Case number KEL032, Kellogg School of Management, 2004.
12. https://www.aligntech.com/about (1/2/21).
13. Much of the background information on Align in this chapter is adapted from the Stanford GSB case study E-686 "Align Technology: Clearing the Way for Digital" by Patrick Robinson and Robert E. Siegel, copyright 2019 by the Board of Trustees of the Leland Stanford Junior University.
14. https://www.aligntech.com/about (1/9/21).
15. Robinson and Siegel, Interview with Emory Wright.
16. Align Technology public statement.
17. http://investor.aligntech.com/news-releases/news-release-details/align-technology-named-class-action-lawsuit-company-believes (1/9/21).
18. Interview with Joe Hogan, August 14, 2020.
19. Interview with Joe Hogan, August 14, 2020.
20. Robinson and Siegel, Interview with Shannon Henderson.
21. Interview with Joe Hogan, August 14, 2020.
22. https://medium.com/systemsleadership/adapting-business-models-joe-hogan-ceo-align-technologies-fee6b4720f58 (1/9/21).
23. Robinson and Siegel, Interview with Joe Hogan, May 10, 2019.
24. Robinson and Siegel, Interview with Joe Hogan, May 10, 2019.
25. IBISWorld Industry Report 62121, "Dentists in the US" (December 2018).
26. Robinson and Siegel, Interview with Raphael Pascaud.
27. Robinson and Siegel, Interview with Raphael Pascaud.

28. Robinson and Siegel, Interview with Shannon Henderson, May 10, 2019.
29. Robinson and Siegel.
30. Robinson and Siegel, Interview with Raphael Pascaud, May 10, 2019.
31. Robinson and Siegel, Interview with Raphael Pascaud, May 10, 2019.
32. Robinson and Siegel, Interview with Raphael Pascaud, May 10, 2019.
33. Megan Rose Dickey, "Teeth-Straightening Startup SmileDirectClub Is Now Worth $3.2 Billion," *TechCrunch*, November 2018, https://techcrunch.com/2018/10/10/teeth-straightening-startup-smiledirectclub-is-now-worth-3-2-billion (1/9/21).
34. Interview with Shannon Henderson, May 10, 2019.
35. https://www.forbes.com/sites/laurendebter/2019/09/11/smiledirectclub-ipo/#325b42ba6aca (1/9/21).
36. http://investor.aligntech.com/news-releases/news-release-details/align-technology-announces-fourth-quarter-and-fiscal-2019 (1/9/21).

## 第五章

1. https://www.merriam-webster.com/dictionary/empathy (1/11/21).
2. https://fleishmanhillard.com/wp-content/uploads/meta/resource-file/2019/what-could-empathy-look-like-1550775510.pdf (1/11/21).
3. https://fleishmanhillard.com/wp-content/uploads/meta/resource-file/2019/what-could-empathy-look-like-1550775510.pdf (1/11/21).
4. https://thepointsguy.com/guide/southwest-underrated-airline/ (1/11/21).
5. https://thepointsguy.com/guide/southwest-underrated-airline/ (1/11/21).
6. https://skift.com/2014/06/17/why-southwest-air-skips-the-safety-videos-in-favor-of-free-styling-flight-attendants/(1/11/21).
7. https://www.forbes.com/sites/stanphelps/2014/09/14/southwest-airlines-understands-the-heart-of-marketing-is-experience/#2436cdae2bda (1/11/21).
8. https://www.forbes.com/sites/stanphelps/2014/09/14/southwest-airlines-understands-the-heart-of-marketing-is-experience/#2436cdae2bda (1/11/21).
9. https://www.jitbit.com/news/201-hire-customer-support-like-southwest-hires-flight-attendants/ (1/11/21).
10. https://ffbsccn.wordpress.com/2010/08/27/the-key-to-business-success-in-one-sentence-from-herb-kelleher-via-tom-peters/ (1/11/21).
11. https://www.fastcompany.com/1681023/how-patagonia-makes-more-money-by-trying-to-make-less (1/11/21).
12. https://www.fastcompany.com/1681023/how-patagonia-makes-more-money-by-trying-to-make-less (1/11/21).
13. https://www.fastcompany.com/1681023/how-patagonia-makes-more-money-by-trying-to-make-less (1/11/21).
14. https://wornwear.patagonia.com (1/11/21).
15. https://contently.com/2019/05/20/empathetic-marketing-fake-empathy/(1/11/21).
16. https://contently.com/2019/05/20/empathetic-marketing-fake-empathy/(1/11/21).
17. https://archive.thinkprogress.org/patagonia-employees-can-stay-home-on-thanksgiving-day-f554ea75c6ae/ (1/11/21).
18. https://www.inc.com/scott-mautz/how-can-patagonia-have-only-4-percent-worker-turnover-hint-they-pay-activist-employees-bail.html (1/11/21).
19. Thomas A. Kochan and Richard Schmalensee (2003), *Management: Inventing and Delivering Its Future*, MIT Press, p. 117.
20. https://www.fastcompany.com/3004953/how-sas-became-worlds-best-place-work (1/11/21).
21. https://about.kaiserpermanente.org/who-we-are/leadership-team/board-of-directors/bernard-j-tyson.
22. Interview with Bernard Tyson, February 11, 2016, https://youtu.be/mxUMZJd2zN4 (1/11/21).
23. Interview with Bernard Tyson, February 11, 2016, https://youtu.be/mxUMZJd2zN4 (1/11/21).
24. Interview with Bernard Tyson, February 11, 2016, https://youtu.be/mxUMZJd2zN4 (1/11/21).

25. https://www.mentalfloss.com/article/53525/11-actors-you-might-not-realize-do-commercial-voiceovers (1/11/21).
26. https://thrive.kaiserpermanente.org/care-experience/healthy-adults (1/11/21).
27. https://thrive.kaiserpermanente.org/care-experience/healthy-adults (1/11/21).
28. Interview with Bernard Tyson, February 11, 2016, https://youtu.be/mxUMZJd2zN4 (1/11/21).
29. https://www.salesforce.com/video/3402968/ (1/11/21).
30. https://kpproud-midatlantic.kaiserpermanente.org/kpmas-good-health-great-hair-third-year (1/11/21).
31. https://www.salesforce.com/video/3402968/ (1/11/21).
32. Interview with Bernard Tyson, February 11, 2016, https://youtu.be/mxUMZJd2zN4 (1/11/21).
33. Interview with Bernard Tyson, February 11, 2016, https://youtu.be/mxUMZJd2zN4 (1/11/21).
34. https://www.wsj.com/articles/kaiser-permanente-cultivates-the-digital-doctor-patient-relationship-1527559500 (1/11/21).
35. Interview with Bernard Tyson, February 11, 2016, https://youtu.be/mxUMZJd2zN4 (1/11/21).
36. https://www.wsj.com/articles/kaiser-permanente-cultivates-the-digital-doctor-patient-relationship-1527559500 (1/11/21).
37. Interview with Bernard Tyson, February 11, 2016, https://youtu.be/mxUMZJd2zN4 (1/11/21).
38. Interview with Bernard Tyson, February 11, 2016, https://youtu.be/mxUMZJd2zN4 (1/11/21).
39. Interview with Bernard Tyson, February 11, 2016, https://youtu.be/mxUMZJd2zN4 (1/11/21).
40. https://www.salesforce.com/video/3402968/ (1/11/21).
41. https://www.salesforce.com/video/3402968/ (1/11/21).
42. Interview with Bernard Tyson, February 11, 2016, https://youtu.be/mxUMZJd2zN4 (1/11/21).
43. Interview with Bernard Tyson, February 11, 2016, https://youtu.be/mxUMZJd2zN4 (1/11/21).

## 第六章

1. https://www.salesforlife.com/blog/no-one-ever-got-fired-for-buying-ibm/(1/13/21).
2. Much of the background information on Stripe in this chapter is adapted from the Stanford GSB case study E-601 “Stripe: Increasing the GDP of the Internet,” by Ryan Kissick and Robert E. Siegel, copyright 2016 by the Board of Trustees of the Leland Stanford Junior University.
3. Kissick and Siegel.
4. https://www.fastcompany.com/1813087/inside-stripe-paypal-competitor-backed-paypal-founders-peter-thiel-elon-musk (1/13/21).
5. Kissick and Siegel.
6. Kissick and Siegel.
7. https://social.techcrunch.com/2019/09/05/stripe-launches-stripe-capital-to-make-instant-loan-offers-to-customers-on-its-platform/ (1/13/21).
8. https://techcrunch.com/2020/12/03/stripe-announces-embedded-business-banking-service-stripe-treasury/ (1/12/21).
9. https://hbr.org/2017/05/why-some-digital-companies-should-resist-profitability-for-as-long-as-they-can (1/12/21).
10. www.JohnDeere.com (1/13/21).
11. https://www.wired.com/story/why-john-deere-just-spent-dollar305-million-on-a-lettuce-farming-robot/ (1/13/21).
12. Much of the background information on AB InBev in this chapter is adapted from the Stanford GSB case study E-643 “AB InBev: Brewing an Innovation Strategy,” by Amadeus Orleans and Robert E. Siegel, copyright 2017 by the Board of Trustees of the Leland Stanford Junior University.
13. Orleans and Siegel, Interview with Carlos Brito, 2017.

14. https://firstwefeast.com/features/illustrated-history-of-craft-beer-in-america (1/12/21).
15. Orleans and Siegel.
16. Orleans and Siegel, Interview with Carlos Brito, 2017.
17. Orleans and Siegel, Interview with Pedro Earp, 2017.
18. AB InBev's 2015 Annual Report, p. 4.
19. Orleans and Siegel, Interview with Pedro Earp, 2017.
20. Orleans and Siegel, Interview with Pedro Earp, 2017.
21. Interview with Pedro Earp, September 13, 2020.
22. Orleans and Siegel, Interview with Michel Doukeris, 2017.
23. Orleans and Siegel, Interview with Alex Nelson, 2017.
24. Orleans and Siegel, Interview with Alex Nelson, 2017.
25. Orleans and Siegel, Interview with David Almeida, 2017.
26. https://finance.yahoo.com/news/ab-inbev-bud-beats-q2-154403266.html (1/13/21).
27. https://www.ab-inbev.com/who-we-are/people.html (1/13/21).
28. Interview with Carlos Brito, September 14, 2020.
29. Interview with Pedro Earp, September 13, 2020.

## 第七章

1. https://edgeeffects.net/fordlandia/ (1/14/21).
2. https://www.christenseninstitute.org/interdependence-modularity/(1/14/21).
3. https://customerthink.com/peter_drucker_jack_welch_and_outsourcing/(1/14/21).
4. https://www.atmmarketplace.com/blogs/the-outsourcing-debate (1/14/21).
5. Interview with Dr. Emily Conley.
6. https://www.techradar.com/news/best-apple-carplay-apps (1/14/21).
7. https://money.cnn.com/2001/04/11/companies/amazon/?s=2 (1/14/21).
8. https://highexistence.com/50-elon-musk-quotes/ (1/14/21).
9. https://highexistence.com/50-elon-musk-quotes/ (1/14/21).
10. https://cleantechnica.com/2020/06/18/elon-musk-uses-economies-of-scale-vertical-integration-to-revolutionize-auto-industry/ (1/14/21).
11. https://www.tesla.com/gigafactory (1/14/21).
12. https://electrek.co/2016/02/26/tesla-vertically-integrated/ (1/14/21).
13. https://www.forbes.com/sites/enriquedans/2020/06/05/for-elon-musk-economies-of-scale-are-not-rocket-science-or-arethey/#525f873a5316 (1/14/21).
14. https://www.latimes.com/business/technology/la-fi-himi-apoorva-mehta-20170105-story.html (1/14/21).
15. https://www.latimes.com/business/technology/la-fi-himi-apoorva-mehta-20170105-story.html (1/14/21).
16. Fortune interview https://www.youtube.com/watch?v=HxaPgNrceos (1/14/21).
17. https://www.bloomberg.com/news/articles/2020-06-11/instacart-valuation-hits-13-7-billion-in-pandemic-investment (1/14/21).
18. https://www.wsj.com/articles/online-orders-force-supermarkets-to-rethink-their-stores-1538532420 (1/14/21).

19. September 2018 Recode interview, https://www.youtube.com/watch?v=kDUxjO1Hd4g (1/14/21).
20. https://hbr.org/2020/07/delivery-apps-need-to-start-treating-suppliers-as-partners (1/14/21).
21. https://www.eater.com/2020/4/28/21239754/instacart-brings-in-10-million-profit-in-april-coronavirus-deliveries (1/14/21).
22. https://hbr.org/2020/07/delivery-apps-need-to-start-treating-suppliers-as-partners (1/14/21).
23. https://www.foxbusiness.com/money/instacart-shopper-income-manahawkin-nj (1/14/21).
24. https://www.businessinsider.com/instacart-hiring-spree-coronavirus-working-conditions-worse-for-everyone-report-2020-5 (1/14/21).
25. Fortune interview https://www.youtube.com/watch?v=HxaPgNrceos (1/14/21).
26. Fortune interview https://www.youtube.com/watch?v=HxaPgNrceos (1/14/21).
27. https://nypost.com/2017/03/08/instacart-now-valued-at-3-4b-after-major-investment/ (1/14/21).
28. https://www.cnbc.com/2017/11/28/instacart-albertsons-delivery-partnership-takes-on-amazon-whole-foods.html (1/14/21).
29. https://www.grocerydive.com/news/grocery--grocery-executive-of-the-year-apoorva-mehta-ceo-of-instacart/534438/ (1/14/21).
30. https://www.recode.net/2018/10/16/17981074/instacart-600-million-funding-7-billion-d1-capital-partners (1/14/21).
31. https://www.cnbc.com/2020/08/11/walmart-and-instacart-partner-in-fight-against-amazons-whole-foods.html (1/14/21).
32. https://www.supermarketnews.com/online-retail/walmart-bring-two-hour-express-delivery-2000-stores (1/14/21).
33. https://www.wsj.com/articles/online-orders-force-supermarkets-to-rethink-their-stores-1538532420 (1/14/21).
34. https://investorplace.com/2020/08/hottest-upcoming-ipos-to-watch-instacart-airbnb/ (1/14/21).
35. https://www.wsj.com/articles/grocers-embrace-food-delivery-but-they-still-dont-love-it-11592056800 (1/14/21).
36. https://www.digitalcommerce360.com/2019/03/08/amazon_grocery_stores_market_strategy_dominance/ (1/14/21).

## 第八章

1. https://mashable.com/shopping/warby-parker-affordable-designer-glasses/(1/15/21).
2. https://mashable.com/shopping/warby-parker-affordable-designer-glasses/ (1/15/21).
3. https://www.inc.com/magazine/201706/tom-foster/warby-parker-eyewear.html (1/15/21).
4. https://www.inc.com/magazine/201706/tom-foster/warby-parker-eyewear.html (1/15/21).
5. https://www.inc.com/magazine/201706/tom-foster/warby-parker-eyewear.html (1/15/21).
6. Interview with Hubert Joly, March 2019, https://youtu.be/1SUvA5XQCVg (1/15/21).
7. Interview with Hubert Joly, March 2019, https://youtu.be/1SUvA5XQCVg (1/15/21).
8. Interview with Hubert Joly, March 2019, https://youtu.be/1SUvA5XQCVg (1/15/21).
9. https://www.wsj.com/articles/best-buys-future-is-still-made-of-brick-11598371372 (1/15/21).
10. https://www.marketplace.org/2017/12/20/home-depot-may-be-e-commerce-model-retail-industry (1/15/21).
11. https://www.mmh.com/article/the_home_depot_builds_an_omni_channel_supply_chain (1/15/21).
12. https://www.mmh.com/article/the_home_depot_builds_an_omni_channel_supply_chain (1/15/21).
13. https://www.mmh.com/article/the_home_depot_builds_an_omni_channel_supply_chain (1/15/21).
14. https://www.marketplace.org/2017/12/20/home-depot-may-be-e-commerce-model-retail-industry (1/15/21).
15. https://www.wsj.com/articles/home-depot-sets-1-2-billion-supply-chain-overhaul-1528739061 (1/15/21).
16. https://ir.homedepot.com/news-releases/2020/08-18-2020-110014886 (1/15/21).

17. Interview with Brian Cornell, April 2019 https://youtu.be/AzCQ56KJHy4 (1/15/21).
18. Some of the background information on Target and this quote is adapted from the Stanford GSB case study SM-308 "Target: Creating a Data-Driven Product Management Organization," by David Kingbo and Robert E. Siegel, copyright 2018 by the Board of Trustees of the Leland Stanford Junior University.
19. Interview with Brian Cornell, April 2019 https://youtu.be/AzCQ56KJHy4 (1/15/21).
20. https://www.wsj.com/articles/targets-answer-to-discounters-is-an-even-cheaper-store-brand-1538827200 (1/15/21).
21. https://www.inc.com/justin-bariso/amazon-almost-killed-target-then-target-did-impossible.html (1/15/21).
22. Interview with Brian Cornell, April 2019 https://youtu.be/AzCQ56KJHy4 (1/15/21).

## 第九章

1. https://additivemanufacturing.com/basics/ (1/16/21).
2. Robert A. Burgelman, *Strategic Management*, Stanford University, 2015, Elsevier, pages 511–513.
3. https://investor.aligntech.com/news-releases/news-release-details/align-technology-announces-invisalign-g8-new-smartforce (3/25/21).
4. https://media.daimler.com/marsMediaSite/en/instance/ko/The-production-network-The-worldwide-plants.xhtml?oid=9272049 (1/16/21).
5. https://media.daimler.com/marsMediaSite/en/instance/ko/Industrie-40--Digitalisation-at-Mercedes-Benz-The-Next-Step-in-the-Industrial-Revolution.xhtml?oid=9272047 (1/16/21).
6. https://media.daimler.com/marsMediaSite/en/instance/ko/Industrie-40--Digitalisation-at-Mercedes-Benz-The-Next-Step-in-the-Industrial-Revolution.xhtml?oid=9272047 (1/16/21).
7. https://media.daimler.com/marsMediaSite/en/instance/ko/Industrie-40--Digitalisation-at-Mercedes-Benz-The-Next-Step-in-the-Industrial-Revolution.xhtml?oid=9272047 (1/16/21).
8. https://www.wsj.com/articles/samsung-harman-getting-in-an-automotive-groove-1479123162 (1/17/21).
9. https://www.wsj.com/articles/samsungs-drugmaking-future-includes-a-2-billion-super-plant-bigger-than-the-louvre-11599125658 (1/17/21).
10. https://medium.com/systemsleadership/innovating-in-business-and-technology-young-sohn-president-and-chief-strategy-officer-samsung-bac4e6d1070f (1/17/21).
11. https://medium.com/the-industrialist-s-dilemma/the-transformation-of-an-industrial-and-digital-giant-young-sohn-corporate-president-and-chief-617540d860b2 (1/17/21)
12. https://www.desktopmetal.com/about-us (1/17/21).
13. https://www.desktopmetal.com/about-us/team/ric-fulop-1 (1/17/21).
14. https://www.forbes.com/sites/amyfeldman/2018/09/27/the-next-industrial-revolution-how-a-tech-unicorns-3-d-metal-printers-could-remake-manufacturing/?sh=400a646713be (1/17/21).
15. https://medium.com/ipo-2-0/desktop-metal-the-next-10-billion-company-2dc85bcde194 (1/17/21).
16. Desktop Metal investor conference call transcript, August 2020.
17. https://medium.com/ipo-2-0/desktop-metal-the-next-10-billion-company-2dc85bcde194 (1/17/21).
18. Desktop Metal investor conference call transcript, August 2020.
19. https://www.desktopmetal.com/about-us (1/17/21).
20. https://medium.com/ipo-2-0/desktop-metal-the-next-10-billion-company-2dc85bcde194 (1/17/21).
21. https://www.forbes.com/sites/amyfeldman/2018/09/27/the-next-industrial-revolution-how-a-tech-unicorns-3-d-metal-printers-could-remake-

manufacturing/?sh=3b49447613be (1/17/21).
22. Desktop Metal investor presentation slide deck, August 2020.
23. https://www.forbes.com/sites/amyfeldman/2018/09/27/the-next-industrial-revolution-how-a-tech-unicorns-3-d-metal-printers-could-remake-manufacturing/?sh=3b49447613be (1/17/21).
24. https://www.forbes.com/sites/amyfeldman/2018/09/27/the-next-industrial-revolution-how-a-tech-unicorns-3-d-metal-printers-could-remake-manufacturing/?sh=3b49447613be (1/17/21).
25. https://www.forbes.com/sites/amyfeldman/2018/09/27/the-next-industrial-revolution-how-a-tech-unicorns-3-d-metal-printers-could-remake-manufacturing/?sh=3b49447613be (1/17/21).
26. Trine conference call with investors, August 2020.
27. Trine conference call with investors, August 2020.
28. Desktop Metal investor presentation slide deck, August 2020.
29. Trine conference call with investors, August 2020.
30. https://medium.com/ipo-2-0/desktop-metal-the-next-10-billion-company-2dc85bcde194 (1/17/21).

## 第十章

1. https://finance.yahoo.com/news/ab-inbev-bud-beats-q2-154403266.html.
2. https://www.cnn.com/about (1/18/21).
3. https://www.wsj.com/articles/life-at-cnn-skeleton-staff-record-ratings-and-vanishing-ads-11586984881 (1/18/21).
4. https://www.wsj.com/articles/cnn-president-jeff-zucker-faces-what-might-be-his-last-lap-11603487817 (1/18/21).
5. https://annualreport.visa.com/financials/default.aspx (1/18/21).
6. Interview with Charlie Scharf, February 18, 2016.
7. Interview with Charlie Scharf, February 18, 2016.
8. Interview with Charlie Scharf, February 18, 2016.
9. https://medium.com/the-industrialist-s-dilemma/outpacing-change-charlie-scharf-ceo-visa-c1156a94d00c (1/18/21).
10. Interview with Charlie Scharf, February 18, 2016.
11. Some of the background information on Michelin is adapted from the Stanford GSB case study SM-315 "Michelin Group: Embracing Culture While Adapting to Change" by Jocelyn Hornblower and Robert E. Siegel, copyright 2019 by the Board of Trustees of the Leland Stanford Junior University.
12. "The Michelin Group Presents its Global Reorganization Project to Better Serve its Customers," Michelin press release, https://www.michelin.com/eng/media-room/press-and-news/press-releases/Group/The-Michelin-Group-presents-its-global-reorganization-project-to-better-serve-its-customers (1/17/21).
13. Sunil Gupta and Christian Godwin, Harvard Business School case study #9-520-061, "Michelin: Building a Digital Service Platform," March 2020.
14. Hornblower and Siegel, Interview with Scott Clark, August 30, 2018.
15. Hornblower and Siegel, Interview with Eric Duverger, August 30, 2018.
16. Hornblower and Siegel, Interview with Eric Duverger, August 30, 2018.
17. Hornblower and Siegel, Interview with Florent Menegaux, August 30, 2018.
18. Hornblower and Siegel, Interview with Eric Duverger, August 30, 2018.
19. Tire Business Magazine, August 2017, https://www.tirebusiness.com/this-week-issue/archives?year=2017 (1/18/21).

20. Hornblower and Siegel, Interview with Yves Chapot, July 16, 2018.
21. Hornblower and Siegel, Interview with Scott Clark, August 30, 2018.
22. Interview with Florent Menegaux, April 11, 2019, https://youtu.be/UN2WBLzh3Ts (1/18/21).
23. Hornblower and Siegel, Interview with Florent Menegaux, August 30, 2018.
24. Sunil Gupta and Christian Godwin, Harvard Business School case study #9-520-061, "Michelin: Building a Digital Service Platform," March 2020.
25. Hornblower and Siegel, Interview with Terry Gettys, July 16, 2018.
26. Hornblower and Siegel, Interview with Sonia Artinian-Fredou, July 16, 2018.
27. Interview with Florent Menegaux, April 11, 2019, https://youtu.be/UN2WBLzh3Ts (1/18/21).
28. Hornblower and Siegel, Interview with Florent Menegaux, August 30, 2018.
29. https://webarchive.fivesgroup.com/news-press/news/the-michelin-group-and-fives-join-forces-and-create-fives-michelin-additive-solutions-to-become-a-major-metal-3d-printing-player.html (1/18/21).
30. Interview with Ralph DiMenna, Director of Services and Solutions, December 4, 2020.
31. Hornblower and Siegel, Interview with Florent Menegaux, August 30, 2018.
32. Hornblower and Siegel.
33. Sunil Gupta and Christian Godwin, Harvard Business School case study #9-520-061, "Michelin: Building a Digital Service Platform," March 2020.
34. Hornblower and Siegel, Interview with Eric Duverger, August 30, 2018.
35. Hornblower and Siegel, Interview with Terry Gettys, July 16, 2018.
36. Interview with Florent Menegaux, April 11, 2019, https://youtu.be/UN2WBLzh3Ts (1/18/21).

## 第十一章

1. https://www.independent.co.uk/news/obituaries/ray-noorda-422415.html (1/18/21).
2. L. Bourne and D. H.Walker (2005), "Visualising and Mapping Stakeholder Influence," *Management Decision*, 43(5), 649–660.
3. https://www.quirks.com/articles/mapping-the-chain-of-influence-on-consumer-choice (1/18/21).
4. R. A. Burgelman, *Strategy Is Destiny: How Strategy Making Shapes a Company's Future*, The Free Press, 2002.
5. https://chancellor.ucsf.edu/leadership/chancellors-cabinet/mark-laret (1/18/21).
6. https://www.ucsf.edu/sites/default/files/UCSF_General_Fact_Sheet.pdf (1/18/21).
7. https://www.beckershospitalreview.com/news-analysis/ceo-mark-laret-discusses-ucsf-medical-centers-rise-from-near-financial-ruin-to-recent-success-new-mission-bay-hospital.html (1/18/21).
8. Interview with Mark Laret, May 29, 2018, https://youtu.be/xHwd45qEoL8 (1/18/21).
9. Interview with Mark Laret, May 29, 2018, https://youtu.be/xHwd45qEoL8 (1/18/21).
10. https://www.cnbc.com/2020/11/05/california-prop-22-win-improves-doordash-instacart-ipo-prospects.html (1/18/21).
11. https://archive.fortune.com/galleries/2012/news/companies/1203/gallery.greatest-entrepreneurs.fortune/12.html (1/18/21).
12. https://www.fastcompany.com/47593/wal-mart-you-dont-know (1/18/21).
13. https://www.cips.org/supply-management/news/2017/march/wal-mart-to-squeeze-suppliers-to-win-discount-chain-price-war-/ (1/18/21).
14. https://www.cips.org/supply-management/news/2017/march/wal-mart-to-squeeze-suppliers-to-win-discount-chain-price-war-/ (1/18/21).
15. https://corporate.walmart.com/our-story/our-business (12/5/20).

16. https://www.android.com/everyone/facts/ (1/18/21).
17. https://www.theverge.com/2019/5/7/18528297/google-io-2019-android-devices-play-store-total-number-statistic-keynote (1/18/21).
18. https://www.kamilfranek.com/how-google-makes-money-from-android/(1/18/21).
19. https://www.nytimes.com/2015/05/28/technology/personaltech/a-murky-road-ahead-for-android-despite-market-dominance.html (1/18/21).
20. Some of the background information on Android is adapted from two Stanford GSB case studies: SM-176C "Google and Android in 2015: Looking Towards the Future" by Michael Seltzer, Robert E. Siegel, and Robert A. Burgelman, August 2015, copyright 2015 by the Board of Trustees of the Leland Stanford Junior University, and SM-176D "Google and Android in 2018: A Changing World Order" by Cameron Lehman, Robert E. Siegel, and Robert A. Burgelman, November 2018, copyright © 2018 by the Board of Trustees of the Leland Stanford Junior University.
21. Lehman, Siegel, and Burgelman, Interview with Bob Borchers on June 1, 2018.
22. Lehman, Siegel, and Burgelman, Interview with Bob Borchers on June 1, 2018.
23. Lehman, Siegel, and Burgelman, Interview with Bob Borchers on June 1, 2018.
24. Lehman, Siegel, and Burgelman, Interview with Sagar Kamdar on June 1, 2018.
25. https://www.statista.com/statistics/271539/worldwide-shipments-of-leading-smartphone-vendors-since-2007/ (1/18/21).
26. *Business Insider*, "Samsung's Plan to Distance Itself from Android Is Finally Taking Shape," May 1, 2015, http://www.businessinsider.com/samsung-unleashes-tizen-store-to-the-world-2015-5 (1/18/21).
27. DroidViews, "Easily Root Amazon Fire Phone," February 3, 2015, http://www.droidviews.com/easlily-root-amazon-fire-phone-using-towelroot (1/18/21)
28. Seltzer, Siegel, and Burgelman, Interview with Jamie Rosenberg on February 24, 2015.
29. https://www.news18.com/news/tech/smartphone-users-in-india-crossed-500-million-in-2019-states-report-2479529.html (1/18/21).
30. Seltzer, Siegel, and Burgelman, Interview with Jamie Rosenberg on February 24, 2015.
31. Lehman, Siegel, and Burgelman, Interview with Paul Gennai on June 1, 2018.
32. Lehman, Siegel, and Burgelman, Interview with Paul Gennai on June 1, 2018.
33. Seltzer, Siegel, and Burgelman, Interview with Sundar Pinchai on April 28, 2015.
34. Seltzer, Siegel, and Burgelman, Interview with Sundar Pinchai on April 28, 2015.
35. Lehman, Siegel, and Burgelman, Interview with Sagar Kamdar on June 1, 2018.
36. Lehman, Siegel, and Burgelman, Interview with Sabrina Ellis on June 1, 2018.
37. https://arstechnica.com/gadgets/2020/06/idc-google-outsells-oneplus-with-7-2-million-pixel-smartphones-in-2019/ (1/18/21).
38. Lehman, Siegel, and Burgelman, Interview with Sabrina Ellis on June 1, 2018.
39. https://www.nytimes.com/2018/07/18/technology/google-eu-android-fine.html (1/18/21).
40. https://blog.google/around-the-globe/google-europe/android-has-created-more-choice-not-less/ (1/18/21).
41. https://www.android.com/everyone/facts/ (1/18/21).

## 第十二章

1. https://www.history.com/this-day-in-history/national-geographic-society-founded (1/19/21).
2. https://www.nationalgeographic.org/about-us/ (1/19/21).
3. https://www.nationalgeographic.org/about-us/ (1/19/21).
4. https://www.nationalgeographic.com/mediakit/assets/img/downloads/2020/NGM_2020_Media_Kit.pdf (1/19/21).

5. https://nationalgeographicpartners.com/about/ (1/19/21).
6. https://www.forbes.com/sites/adamhartung/2012/05/12/oops-5-ceos-that-should-have-already-been-fired-cisco-ge-walmart-sears-microsoft/?sh=64383dd827c0 (1/19/21).
7. https://www.wsj.com/articles/microsofts-resurgence-under-satya-nadella-11549022422 (1/19/21).
8. https://interestingengineering.com/the-fascinating-history-of-netflix (1/19/21).
9. https://entertainmentstrategyguy.com/2019/10/03/why-most-netflix-charts-start-in-2012-a-history-of-netflix-subscribers/ (1/19/21).
10. https://www.huffpost.com/entry/qwikster-dead-netflix-kills_n_1003098 (1/19/21).
11. https://entertainmentstrategyguy.com/2019/10/03/why-most-netflix-charts-start-in-2012-a-history-of-netflix-subscribers/ (1/19/21).
12. https://mediadecoder.blogs.nytimes.com/2011/03/18/netflix-gets-into-the-tv-business-with-fincher-deal/?searchResultPosition=29 (1/19/21).
13. https://www.wsj.com/articles/netflix-adds-16-million-new-subscribers-as-home-bound-consumers-stream-away-11587501078 (1/19/21).
14. "Our History," *Johnson and Johnson*, https://www.jnj.com.ph/about-jnj/company-history/timeline (1/19/21).
15. Hannah Blake, "A History of Johnson & Johnson," *Pharmaphorum*, June 26, 2013, https://pharmaphorum.com/articles/a-history-of-johnson-johnson/(1/19/21).
16. https://www.drugreport.com/brands-owned-by-johnson-and-johnson/(1/19/21).
17. "Johnson and Johnson Form 10-K," *Johnson and Johnson*, February 20, 2019, https://johnsonandjohnson.gcs-web.com/sec-filings/sec-filing/10-k/0000200406-19-000009 (1/19/21).
18. https://www.upcounsel.com/how-long-does-a-drug-patent-last (1/19/21).
19. https://www.jnj.com/credo/ (1/19/21).
20. https://www.jnj.com/sites/default/files/pdf/our-credo.pdf (1/19/21).
21. Interview with Alex Gorsky, February 15, 2018, https://youtu.be/PG1-eiF7okM (1/19/21).
22. Interview with Alex Gorsky, February 15, 2018, https://youtu.be/PG1-eiF7okM (1/19/21).
23. Background information courtesy of Johnson & Johnson.
24. Karla Lant, "Scientists Modify Viruses with CRISPR to Kill Antibiotic-Resistant Bacteria," *Futurism*, June 24, 2017, https://futurism.com/scientists-modify-viruses-with-crispr-to-kill-antibiotic-resistant-bacteria (1/19/21).
25. "T Cell," *Encyclopedia Britannica*, https://www.britannica.com/science/T-cell(1/19/21).
26. Background information courtesy of Johnson & Johnson.
27. Interview with Alex Gorsky, February 15, 2018, https://youtu.be/PG1-eiF7okM (1/19/21).
28. Interview with Alex Gorsky, February 15, 2018, https://youtu.be/PG1-eiF7okM (1/19/21).
29. https://www.reuters.com/article/us-usa-crime-shkreli/pharma-bro-shkreli-sentenced-to-seven-years-for-defrauding-investors-idUSKCN1GL1EA (2/5/21).
30. "2018 Edelman Trust Barometer, Trust in Healthcare: Global," Edelman, June 2018, https://www.edelman.com/sites/g/files/aatuss191/files/2018-10/Edelman_Trust_Barometer_Global_Healthcare_2018.pdf (3/25/20).
31. Peter Loftus, "Johnson & Johnson's Legal Challenges Mount," *Wall Street Journal*, October 14, 2019, https://www.wsj.com/articles/johnson-johnsons-legal-challenges-mount-11571055242 (1/19/21).
32. "Sweeping Plan to Lower Drug Prices Introduced in Senate and House," *Bernie Sanders U.S. Senator*, January 10, 2019, https://www.sanders.senate.gov/newsroom/press-releases/sweeping-plan-to-lower-drug-prices-introduced-in-senate-and-house (1/31/20).
33. Jessie Hellmann, "Support Drops for 'Medicare for All' but Increases for Public Option," *The Hill*, October 15, 2019, https://thehill.com/policy/

healthcare/465786-support-drops-for-medicare-for-all-but-increases-for-public-option (1/19/21).
34. "Largest Health Insurance Companies of 2020, *ValuePenguin by LendingTree*, January 2020, https://www.valuepenguin.com/largest-health-insurance-companies (1/19/21).
35. "Largest-ever analysis of baby powder and ovarian cancer finds no link between the two," *Los Angeles Times*, January 7, 2020, https://www.latimes.com/science/story/2020-01-07/largest-ever-analysis-baby-powder-ovarian-cancer (1/19/21).
36. Katie Thomas, "$8 Billion Verdict in Drug Lawsuit Is Reduced to $6.8 Million," *New York Times*, January 17, 2020, https://www.nytimes.com/2020/01/17/health/jnj-risperdal-verdict-reduced.html (1/19/21).
37. Josh Nathan-Kazis, "J&J Stock Gets Another Thumbs Up. Analyst Says Legal Worries Are 'Priced In.'," *Barron's*, December 19, 2019, https://www.barrons.com/articles/johnson-johnson-stock-opioids-talc-ligitation-51576770923 (1/19/21).
38. Interview with Alex Gorsky, February 15, 2018, https://youtu.be/PG1-eiF7okM (1/19/21).

## 第十三章

1. https://medium.com/systemsleadership/optimizing-market-structure-carl-ice-ceo-bnsf-railway-924142008521 (1/21/21).
2. https://www.lexico.com/en/definition/context (1/20/21).
3. https://www.wsj.com/articles/china-once-germanys-partner-in-growth-turns-into-a-rival-11600338663 (1/20/21).
4. https://www.nokia.com/blog/study-ai-machine-learning/ (1/21/21).
5. Goldberg, et al., "Fitting In or Standing Out? The Tradeoffs of Structural and Cultural Embeddedness." *American Sociological Review*, October 31, 2016.
6. Andy Grove, *Only the Paranoid Survive*, Currency / Doubleday, 1996, page 126.
7. Interview with Katrina Lake, January 21, 2021.
8. https://www.nytimes.com/2017/05/10/business/dealbook/as-department-stores-close-stitch-fix-expands-online.html (1/20/21).
9. https://www.accenture.com/us-en/accenture-timeline (1/21/21).
10. https://newsroom.accenture.com//content/1101/files/Accenture_Factsheet_Q1_FY21_FINAL.pdf (1/21/21).
11. Interview with Julie Sweet, February 14, 2019, https://youtu.be/BxYdT84S3pw (1/20/21).
12. https://www.wsj.com/articles/tech-consultants-are-the-new-mad-men-1541765256 (1/20/21).
13. Interview with Julie Sweet, February 14, 2019, https://youtu.be/BxYdT84S3pw (1/20/21).
14. Interview with Julie Sweet, February 14, 2019, https://youtu.be/BxYdT84S3pw (1/20/21).
15. https://www.accenture.com/us-en/services/technology/ecosystem (1/20/21).
16. https://fortune.com/most-powerful-women/2020/julie-sweet/ (1/20/21).

附錄

# 腦與力十大核心能力評分表

每一項最高10分

| | | |
|---|---|---|
| 1 | 左腦：使用分析法 | |
| 2 | 右腦：駕馭創造力 | |
| 3 | 杏仁核：善用同理心 | |
| 4 | 前額葉皮質：風險管理 | |
| 5 | 內耳：持有和結盟的平衡 | |
| | | 腦的總分＝　／50 |

| | | |
|---|---|---|
| 6 | 脊椎：物流 | |
| 7 | 手：製造物件 | |
| 8 | 肌肉：運用規模 | |
| 9 | 手眼協調：生態系管理 | |
| 10 | 韌性：長期存活能力 | |
| | | 力的總分＝　／50 |
| | | 腦與力加總＝　／100 |

說明：評分是主觀的判斷，重要的是企業本身離這個能力的目標（10分的程度）有幾分的距離，以及接下來可以如何往10分改進。對不同產業和規模的公司，這個改進方案會有不一樣的計畫，但都會是重要的策略選擇。

國家圖書館出版品預行編目資料

腦與力無限公司：虛實整合的挑戰!史丹佛商學院教你領先企業必備的十大核心能力／勞勃・席格（Robert E. Siegel）著；葉中仁 譯.
-- 初版. -- 臺北市：遠流出版事業股份有限公司, 2022.06
376 面：14.8 × 21公分
譯自：The brains and brawn company : how leading organizations blend the best of digital and physical

ISBN 978-957-32-9579-2（平裝）

1. CST: 策略規劃　2.CST: 企業管理

494.1　　111006682

# 腦與力無限公司

## 虛實整合的挑戰！史丹佛商學院教你領先企業必備的十大核心能力

作者／勞勃・席格（Robert E. Siegel）
譯者／葉中仁
總監暨總編輯／林馨琴
特約編輯／施靜沂
行銷企劃／陳盈潔
封面設計／陳文德
內頁排版／新鑫電腦排版工作室

發行人／王榮文
出版發行／遠流出版事業股份有限公司
地址：臺北市中山北路一段 11 號 13 樓
電話：（02）2571-0297
傳真：（02）2571-0197
郵撥：0189456-1

著作權顧問／蕭雄淋律師
2022 年 6 月 1 日　初版一刷
新台幣 定價 480 元（如有缺頁或破損，請寄回更換）

ISBN　978-957-32-9579-2

YLib 遠流博識網
http://www.ylib.com
E-mail: ylib @ ylib.com

The Brains and Brawn Company：How Leading Organizations Blend The Best of Digital and Physical